官井洋野生大黄鱼繁殖水域
资源与环境特征

徐兆礼　著

U0195419

海洋出版社

2018年 · 北京

图书在版编目（CIP）数据

官井洋野生大黄鱼繁殖水域资源与环境特征/徐兆礼著.
—北京：海洋出版社，2018.8

ISBN 978-7-5210-0183-9

Ⅰ. ①官…　Ⅱ. ①徐…　Ⅲ. ①大黄鱼–繁殖–宁德　Ⅳ. ①S965.322

中国版本图书馆 CIP 数据核字（2018）第 212391 号

责任编辑：杨海萍　张　荣
责任印制：赵麟苏

海洋出版社　**出版发行**

http：//www.oceanpress.com.cn

北京市海淀区大慧寺路 8 号　邮编：100081

北京朝阳印刷厂有限责任公司印刷　　新华书店发行所经销

2018 年 8 月第 1 版　2018 年 8 月北京第 1 次印刷

开本：787mm×1092mm　1/16　印张：21

字数：400 千字　定价：98.00 元

发行部：62132549　邮购部：68038093　总编室：62114335

海洋版图书印、装错误可随时退换

前　言

在我国渔业历史上，大黄鱼与带鱼、小黄鱼、墨鱼一起构成我国的四大海洋渔业。大黄鱼体呈金黄色，有"国鱼"之称。我国大黄鱼资源鼎盛年代为 20 世纪 50~60 年代，全国年捕捞量可达 $12×10^4$ t。福建三沙湾官井洋大黄鱼隶属于中国沿海大黄鱼的第一地理种群，该种群从南黄海分布到闽江口外以北的闽东渔场，包括了三沙湾的官井洋和东引列岛的大黄鱼产卵场，其中官井洋大黄鱼产卵场是我国首批国家级水产种质资源保护区之一。大黄鱼群体生命周期长，属于鱼类生活史 K 选择型，剩余群体多于补充群体，资源稳定性较好，但是一旦遭受过度捕捞，资源则不易恢复。官井洋大黄鱼渔汛期间每年都是从立夏开始，到夏至（即端午节前后）结束。

官井洋位于福建省东北部宁德市境内，是福建三沙湾的一部分。三沙湾形似伸展的右手掌，海湾总面积 713.89 km^2。该湾四周群山环绕，海岸线曲折复杂，海湾口小腹大，东南方通过东冲口水道与东海相连。东冲口水道宽度仅 3 km，是典型的半封闭海湾。该湾由三沙湾、白马港、官井洋、东吾洋、覆鼎洋、鲈门港和盐田港等水域组成，有白马河、霍童溪、北溪和杯溪等 8 条溪河注入。湾内岛屿较多，主要有斗帽岛、三都岛、青山岛、鸡公山、纱帽屿和圆屿等。官井洋位于三沙湾的掌心部位，即东冲半岛的西部，溪南半岛的南部，青山岛的北部，三都岛的东部。官井洋海域东西长 17 km，南北宽 13 km。湾内海淡水交汇，潮流湍急，水色较混浊，浮游生物丰富，形成了大黄鱼产卵及其幼鱼索饵生长的优良场所。根据渔业生产习惯，以青山岛象鼻头和东冲半岛三屿连线为界，在连线以北称为上官井洋，连线以南称下官井洋。下官井洋水深较深，40~50 m，为大黄鱼中心产卵场。其渔场的特点是水深、流急、暗礁多，表层流速 2~3 kn，深层流速约 1 kn，渔场内有许多暗礁和海沟，是我国唯一的内湾性大黄鱼产卵场。

在 20 世纪 70 年代以前，由于生产力低下，海岛缺乏耕地，粮食供应非常紧张，海岛渔民一般为半渔半农。当地渔谚云："官井洋，半年粮"，可见官井洋大黄鱼资源对民生的重要性。自 20 世纪 70 年代后期以后，由于酷渔滥捕、过度养殖、全球变暖、环境污染、栖息地破坏，我国近海大黄鱼资源日渐枯竭。官井洋大黄鱼渔场也已形不成渔汛，同时大黄鱼资源生物学特性也发生了一系列适应性变化，主要表现为生长速度加快，性成熟提早，渔获组成趋向小型化、低龄化，生活史类型已从K选择型演变为r选择型。

1985年10月16日，由福建省人大常委会批准颁布《官井洋大黄鱼繁殖保护区管理规定》，设立了官井洋大黄鱼繁殖保护区。鉴于官井洋是我国唯一的内湾性大黄鱼产卵场及其对我国发展大黄鱼产业的重要性，2007年，官井洋大黄鱼繁殖保护区入选农业部划定首批国家级水产种质资源保护区，在原有的"官井洋大黄鱼繁殖保护区"基础上建立"官井洋大黄鱼国家级种质资源保护区"。近年来，保护区面积经历了几次调整。1997年7月28日，为了开发城澳港口码头，福建省八届人大常委会第三十三次会议通过了《官井洋大黄鱼繁殖保护区管理规定》修正案，对保护区的范围作了调整，面积由原来329.5 km² 调整为314.7 km²。随着宁德市沿海经济的快速发展，三沙湾临海工业包括港口和交通运输、石化、冶金等工业的发展与保护区管理的矛盾日益突出。2011年3月24日，福建省第十一届人民代表大会常务委员会第二十次会议通过了"关于修改《官井洋大黄鱼繁殖保护区管理规定》的决定"，在此把大黄鱼繁殖保护区面积调整为约190 km²，并把保护区的范围向东冲口水道南侧延伸，一直到达罗源湾可门水道的外侧，减少了近岸水域的大黄鱼及其他鱼类索饵场面积。官井洋之所以成为我国唯一的内湾性大黄鱼产卵场是因为海域的自然地理与环境条件的特殊性。首先是水温因素，决定了该湾大黄鱼产卵季节和时间；其次，东冲口水道狭窄，中心产卵场所在水域潮差和流速大，在产卵期对大黄鱼卵巢形成刺激作用；其三，底质环境复杂，海底岩礁密布和砂砾的存在，为大黄鱼亲鱼提供了隐蔽条件，一般的捕捞工具难以奏效，只能使用当地渔民自己创造的"掩网"捕鱼；第四，官井洋以及邻近的三都澳、东吾洋等水面宽阔，风平浪静，饵料丰富，为大黄鱼鱼卵的孵化以及仔稚幼鱼生长和躲避敌害提供了良好的环境条件，最后，大黄鱼亲鱼资源的丰富则是该产卵场存在的决定性因素。大黄鱼水产种质资源保护区调整以后，上述条件将可能发生根本的变化。为了研究该保护区调整后可能对官井洋大黄鱼繁殖保护区的影响并为保护区的调整提供科学依据，受福建省宁德市海洋与渔业局的委托，中国水产科学研究院东海水产研究所于 2010 年 5 月至 2011 年 5 月对官井洋大黄鱼繁殖保护区及邻近水域开展了周年调查，调查内容包括海洋环境质量、浮游生物和鱼类饵料生物、鱼卵仔鱼、渔业资源、大黄鱼资源以及鱼卵和仔稚幼鱼。同时分析了大黄鱼生态习性、官井洋大黄鱼产卵场形成的水文与地形条件，官井洋大黄鱼产卵洄游路线和产卵场位置，官井洋大黄鱼产卵场面临的生境压力，提出了大黄鱼产卵场资源和生境与环境保护建议等。本书则是该项调查和研究的主要成果，也是本研究团队关于我国东、黄海大黄鱼资源保护与环境生态学研究成果的一部分。

本调查和研究工作得到各级领导和诸位同仁的鼎力支持和帮助：福建省海洋与渔业厅、宁德市海洋与渔业局给予部分经费资助并提供了许多宝贵的资料；本研究团队的叶金清硕士协助编写了大黄鱼生物学特征和鱼卵仔鱼等章节内容，徐佳奕硕士协助编写了大黄鱼渔场饵料特征和摄食特征等章节内容，刘守海硕士和叶金清硕士共同承担了大黄鱼野外采样工作，陈佳杰助理研究员在组织渔业资源调查和本书统稿绘图中承担了许多工作。柏育才、赵蒙蒙、毕亚梅、刘守海等硕士参加了本书数据整理工作，倪勇研究员鉴定了鱼类标本，陈莲芳研究员鉴定了鱼卵仔鱼标本，宁德市海洋与渔业局吴国强副局长提供了部分水质、生态学资料。厦门大学杨圣云教授和张其永教授，福建省海洋水产研究所张壮丽研究员分别提供了他们长期积累的珍贵资料。沈晓民先生提出了很好的写作思路并全程参加了本书的编写。没有大家一直以来为学术研究所执着的科学精神和付出的艰辛劳动，没有他们多年的相知、相随，我是无法完成这一复杂而艰难的研究工作的。在本著作付梓面世之际，我向他们表示由衷的敬意和深深的感谢！

"山不在高，有仙则名；水不在深，有龙则灵"，大自然的鬼斧神工造就了官井洋和大黄鱼的唯一生境，为人类留下了宝贵的海域资源遗产。保护官井洋、善待官井洋，恢复官井洋大黄鱼的资源和产卵场的功能，就是我被需要持之以恒的努力方向；愿本书能为大黄鱼资源的保护和恢复尽一份微薄之力。

徐兆礼

2017 年 10 月 10 日

目　录

第1章　东、黄海野生大黄鱼和主要产卵场

1.1　东、黄海野生大黄鱼的生物学概况

大黄鱼（*Larimichthys crocea*），属于硬骨鱼纲（*Actinoptevygii*），鲈形目（*Perciformes*），石首鱼科（*Sciaenidae*），黄鱼属（*Larimichthys*）。大黄鱼主要栖息在北纬34°以南的中国近海，为暖水性近海鱼类。早年，大黄鱼曾与小黄鱼、带鱼、乌贼一起，并称为东、黄海渔业资源的"四大海产"。由于东、黄海大黄鱼资源占我国大黄鱼资源95%以上，是中国大黄鱼资源的主要群体。

在东、黄海，大黄鱼主要栖息于沿岸和近海水域50 m深以下的中下层水体。产卵鱼群怕强光，喜逆流，好透明度较小的混浊水域。多在大潮期黎明、黄昏时上浮，白昼或小潮时下沉。成鱼主要摄食各种小型鱼类及甲壳动物（虾、蟹、虾蛄类）。生殖盛期摄食强度显著降低；生殖活动结束后摄食强度增加。幼鱼主食桡足类、糠虾和磷虾等浮游动物。

大黄鱼产卵场一般位于河口附近岛屿或内湾近岸低盐水域的浅水区。水深在东海、黄海区一般不超过20 m，但在岱衢洋产卵场，大黄鱼产卵广水深最深可达20~30 m。在南海区，大黄鱼产卵场也往往不超过30 m；产卵场的水色往往混浊，透明度大都在1 m以内，底质为软泥或泥质沙海区。中国沿海大黄鱼的产卵场约10个，有江苏的吕泗洋，浙江的岱衢洋、大戢洋、大目洋、猫头洋和洞头洋，福建的官井洋和东引渔场，广东的南澳渔场和硇洲岛渔场。其中前8个产卵场是中国沿海大黄鱼的主要产卵场。

每年春季，当产卵场水温上升到15~17℃时，大黄鱼开始集群产卵，旺汛期，浙江大黄鱼产卵场水温为17~19℃，当水温达到20℃以上（在吕泗洋为21~22℃，在官井洋为22~24℃）时渔汛结束。吕泗洋和官井洋大黄鱼产卵场盐度范围为28~31，岱衢洋和大戢洋大黄鱼产卵场盐度范围为17~28。

春季，随着中国沿岸水温逐渐增高，鱼群从越冬场游向沿岸、河口等附近的浅海区做生殖洄游。东、黄海大黄鱼的越冬海区有两个：一是江外、舟外、大沙和沙

外等越冬场；二是浙闽近海越冬场。

江浙沿海生殖洄游的大黄鱼亲鱼于 4 月中、下旬开始结成大群，从深水的越冬区向西洄游进入吕泗洋、岱衢洋、大戢洋、人目洋、猫头洋、洞头洋等产卵场。产卵期为 5—6 月。亲鱼产卵后分散在岛屿与河口一带海区索饵肥育。9 月还有较小鱼群到江苏、浙江近岸产卵，形成秋汛。秋末冬初，东黄海沿岸水温下降，大黄鱼返回越冬海区。

闽东沿海生殖洄游的大黄鱼在闽江口外 60~80 m 深水海域越冬，一路于 4 月下旬至 5 月中旬进入东引渔场产卵，另一路于 4 月下旬至 6 月中旬经白犬列岛、马祖岛等分 3~4 批进入三沙湾，于 5 月中旬至 6 月中旬每逢大潮在官井洋产卵。秋末冬初分散于各处索饵的鱼群开始在四礵列岛一带形成秋冬季大黄鱼汛。此后随水温下降，一部分鱼群游向 60 m 等深线暖水处进行越冬，一部分鱼群继续向四礵列岛以南游去。

粤东大黄鱼的南部群体的生殖洄游始于珠江口以东沿岸海区，1 月鱼群开始由外海集中到达汕尾，转向东北方向洄游，2—3 月抵甲子、神泉，3 月在南澳岛东北渔场和东南渔场形成渔汛，至 4 月结束。秋汛自 8 月开始，鱼群从福建南部沿海一带进入广东沿海，由东北向西南进行洄游，9 月抵达饶平近海和南澳岛西南沿岸，10 月出现于神泉、甲子，11 月到达汕尾，12 月在平海、澳头（大亚湾内外）附近，1 月开始向外海逸散。粤西群 10 月初从吴川等附近向硇洲岛南、北产卵场游去，11 月为产卵盛期，产卵后分成小群，转向深水区栖息，秋汛结束。翌年春汛自 2 月开始鱼群集结于硇洲岛南面进行产卵，3 月为旺汛，至 4 月初水温上升，正值春雨时期，近岸河口浅海水域盐度明显下降，不宜大黄鱼栖息，鱼群迅速离开，春汛即告结束。

大黄鱼一生能多次重复产卵，生殖期中一般排卵 2~3 次。怀卵量与个体大小成正比，10 万~275 万粒不等，一般为 20 万~50 万粒。卵浮性，球形，卵径 1.19~1.55 mm，卵膜光滑，有一无色油球，直径为 0.35~0.46 mm。受精卵在水温 18℃ 时约经 50 h 孵出仔鱼。

不同海域，大黄鱼的年龄组成结构各不相同，个体的寿命、性成熟年龄也不相同。其中，东海北部、中部大黄鱼的个体寿命最长，最高龄鱼为 29 龄，但开始性成熟年龄较迟，少数为 2 龄，一般为 3~4 龄；粤西的大黄鱼寿命最短，最高龄鱼仅为 9 龄，但性成熟年龄最早，少数个体 1 龄开始性成熟，大部分个体为 2~3 龄才开始性成熟。粤东的大黄鱼处于上述两者之间，最高龄鱼为 17 龄，大量性成熟个体为 2~3 龄。大黄鱼最大个体全长可达 755 mm，重 3.8 kg。

1.2　东、黄海野生大黄鱼资源的兴衰历程

长期以来捕捞大黄鱼的渔具在浙江主要为囊网类（大对、小对、围缯网），其次为流网、张网和钓钩。而福建捕捞大黄鱼的渔具以大围缯和流刺网为主；广东过去以"敲𦋐"作业最为著名，还使用拖网、手钓、罟（围）网和地拉网捕捞。"敲𦋐"作业因对资源破坏甚大，早已被禁止。

我国对大黄鱼捕捞的历史悠久（张立修和毕定邦，1990）。早在吴越春秋时代，约阖庐十年（公元前 505 年），中国东海已有捕捞大黄鱼活动，主要在舟山海域。当时志书记载，大约在 2 500 余年前，洋山海域发生了一场激烈的海战。《吴地记》曰："吴王阖闾十年（公元前 505 年）夷人闻王亲征不敢敌，收军入海，据东州沙上，吴亦入海逐之，据沙洲上，相守一月。属时风涛，粮不得度。"在此粮尽、风狂的危难时刻，"王焚香祷天，言讫东风大震，水上见金鱼逼海而来，绕吴王沙洲百匝。所司捞漉，得鱼食之美，三军踊跃"。又云："鱼出海中作金色，不知其名。吴王见脑中有骨如白'石'，号为石首鱼。"可见，从那时起，我国就有了大黄鱼的捕捞史。

从宋元直至明代（张立修和毕定邦，1990），大黄鱼的主渔场在嵊泗的洋山海域。元·大德《昌国州图志》曰："石首鱼，一名鲛，又名洋山鱼。"明《闽中海错疏》记载了四明（今宁波）沿海大黄鱼的渔期。明天启《舟山志》云："石首，鱼首有枕，坚如石，故名。冬日得之，又紧皮者良。三月、八月出者次之。至四月、五月，海郡民发巨艘，往海山竞取。有潮汐往来，谓之洋山鱼。"

但是，随着历史的进程和海况的变化，大黄鱼的渔场逐步向外推移（张立修和毕定邦，1990）。清康熙年间，洋山大黄鱼渔场已转移到衢山洋面。《岱山县志》（岱山县志编纂委员会，1994）提道："清康熙年间，衢山岛以西及寨子山、大鱼山一带海域，已形成大黄鱼中心渔场。乾隆至嘉庆间，逐渐东移至岱山岛与衢山岛间。"以此观之，岱衢洋大黄鱼渔场的兴起，始于清朝康熙年间，至乾隆、嘉庆年间，日益繁荣，直至道光年间趋向顶峰，影响遍及海内外。《浙江当代渔业史》提到："每逢渔汛，衢山岛斗镇里大小船至数千，人至数十万，停泊晒鲞，殆无虚地。"并有"前门一港金，后门一港银。"之说。

舟山的大黄鱼渔场，直至解放初期，岱衢洋都是中心渔场。例如，1950—1952年间的大黄鱼渔汛时，岱衢洋内有渔船 6 500 余艘，渔民 5 万余人，超过 20 世纪 20 年代的规模。1954 年，舟山鱼类产量达 30 万担，其中 15 万担是大黄鱼，可见当年之兴旺。

但到了 20 世纪 60 年代后期，大黄鱼的中心渔场，已从岱衢洋移至三星与长涂

之间海域，东沙镇的港口也因淤积而难以使用。

新中国成立后，大黄鱼为我国东南沿海群众渔业主要的捕捞对象之一（孔祥雨，洪港船，毛锡林等，1987），东海区的捕捞量在 200 万担以上。由于 1974 年舟山数千对机轮渔船到大黄鱼越冬场，当年产量高达近 $20×10^4$ t（不包括南朝鲜 4 万多吨）。从此大黄鱼资源走上了快速衰退的道路，到 1977 年之后，捕捞量下降到 $10×10^4$ t 以下，1982 年又急剧下降到 $5×10^4$ t，仅为 1974 年的 1/4。同时单位捕捞渔获量显著减少，如主要产卵场——岱衢洋 1967—1973 年，平均单产 10 t，1977 年仅为 0.6 t，为前者年平均单产的 6%左右，而从 1978 年至今，在岱衢洋海域几乎已捕不到野生大黄鱼。在野生大黄鱼主要的越冬场——江外、舟外渔场，1974 年机帆船平均对产为 73 t，到 1977 年为 100 担；机帆船单位捕捞渔获量 1974 年为 55 担/（对·日），到 1975 年为 8.8 担/（对·日），仅及 1974 年的 7%左右。1982 年以后大黄鱼的产量一蹶不振，越冬场已失去捕捞价值。

大黄鱼产卵群体分布在沿岸浅海水域，主要的产卵场有江苏南部沿海吕泗洋产卵场，浙江北部沿海的岱衢洋产卵场，浙江中部的猫头洋，洞头洋产卵场和福建北部的官井洋产卵场等。根据 20 世纪 80 年代孔祥雨等的估算（孔祥雨，洪港船，毛锡林等，1987），吕泗渔场大黄鱼的最大持续产量为 $3.7×10^4$ t，浙江沿海大黄鱼的最大持续产量为 $6.0×10^4$ t，福建沿海为 $2.25×10^4$ t，这样，整个东海区大黄鱼的最大持续产量为 $12×10^4$ t 左右。而实际上，1966—1976 年间，整个东海区大黄鱼捕捞产量均超过了 $12×10^4$ t，捕捞强度远远超过了资源能够承受的能力。而且起始捕捞年龄太低，对大黄鱼资源的利用 60 年代以剩余群体为主，到 70 年代后换转以补充群体为主，80 年代初，大黄鱼资源开始急剧下降，到 80 年代末 90 年代初，大黄鱼资源已衰退到相当低的水平，例如，到 1993 年，浙江省大黄鱼产量只有 190 t，而舟山仅有 27 t。

由于资源遭受破坏，大黄鱼的生物学特性也发生了一系列的变化，主要表现为生长加快，性成熟提早，渔获组成趋向小型化、低龄化。例如，浙江岱衢洋大黄鱼 50 年代和 60 年代初期，2 龄鱼成熟个体仅占 2%~4%，1979 年增加到 30%，1982 年达到 88%。江苏吕泗洋大黄鱼，1958 年时，其渔获物的平均年龄为 8.38 龄。11 龄以上的高龄鱼占 33.2%。1965 年时平均年龄下降为 7.54 龄，11 龄以上的鱼降到 17.4%，至 1975 年时，平均年龄仅为 3.77 龄，11 龄以上的鱼没有发现。由于大黄鱼的年龄组成达 20 多个龄组，所以产生补充型过度捕捞后，资源不易得到恢复。

20 世纪 70 年代以前，大黄鱼具有明显的渔场和渔汛期，东海渔区最高年捕捞量曾经达到 $19.61×10^4$ t（1974 年）。1974 年以后，由于对大黄鱼资源的过度利用，致使 20 世纪 70 年代以后，大黄鱼群体数量急剧下降，到 20 世纪 80 年代末 90 年代初，全国大黄鱼的年产量仅为 2 000 t 左右。到了 21 世纪，大黄鱼产量进一步下降到只有几百千克，个别年份甚至不足 100 kg（图 1-1）。考虑到大黄鱼的集群性，因此，大黄鱼成了东、黄海的一个名副其实的稀有种。

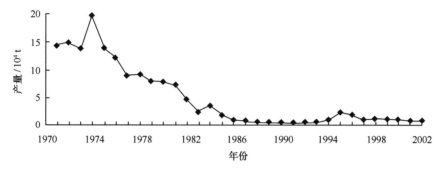

图 1-1　1970—2002 年东、黄海野生大黄鱼捕捞产量走势图

1.3　福建野生大黄鱼捕捞和资源

就福建大黄鱼的情况来看，根据 1956—1981 年统计，大黄鱼年产量波动于 $0.82×10^4 \sim 4.6×10^4$ t 之间，年平均产量 $2.9×10^4$ t。大黄鱼占福建省海洋渔业捕捞量的 3.8%～34.2%，仅次于带鱼和中、上层鱼类，居鱼类产量的第三位。其中 50 年代（1956—1960 年）年平均产量 $1.8×10^4$ t，60 年代年平均产量 $3.33×10^4$ t，70 年代年平均产量 $2.85×10^4$ t，1981 年为 $4.3×10^4$ t，1982 年为 $2.6×10^4$ t。

然而，随着捕捞力量的加强，福建大黄鱼渔获量和单位捕捞力渔获量显著减少，如主要越冬场的闽东渔场和闽中渔场，1979 年冬汛产量为 $4×10^4$ t，1992 年只有 $0.78×10^4$ t，下降 83.1%。以渔获尾数来看，1979 年为 13 085 万尾，1982 年为 1 767 万尾，下降 86.5%。单位捕捞力量渔获量，从 1979 年的 54 t 下降到 1982 年的 3 t，下降 94.3%，资源量从 1979 年的 $9.21×10^4$ t，下降到 1982 年的 $1.56×10^4$ t，下降 83.1%；资源量渔获尾数也由 1979 年的 32 821 万尾，下降到 1982 年的 4 653 万尾，下降 85.8%。

闽东和闽中渔场占福建省大黄鱼产量的 80%～90%，1967 年以前，产量大部分来自春汛的产卵群体，而在这以后主要来自冬汛的越冬群体（洪港船等，1985）。自 1967 年机帆船大围缯开始在闽东渔场捕捞越冬大黄鱼（俗称"青水瓜"）以来，特别是 1975 年以后逐年上升。随着台湾海峡局势缓和，1979 年捕捞越冬大黄鱼达 $4.02×10^4$ t。此后，闽东和闽中渔场大黄鱼资源也走上了迅速衰退之路。1979 年以后，随着捕捞力量的加强，除了渔获量和单位产量下降，渔获群体明显呈现小型化趋势，1979—1982 年统计的分析资料表明：闽东和闽中渔场越冬鱼群渔获大、小鱼的百分比平均"大鱼"占 38.9%，"小鱼"占 61.1%；其中 1979 年"大鱼"占

38.6%，"小鱼"占61.4%；1980年"大鱼"占23.4%，"小鱼"占76.6%；1981年"大鱼"占52.2%，"小鱼"占47.8%；1982年"大鱼"占38.2%，"小鱼"占61.8%。此外，还有不少机帆船大围缯夏季在沿岸近海渔场兼搞拖网，大量地用拖网捕捞大黄鱼的幼鱼，数量相当可观。对机轮渔轮在近海渔场生产，就1980年统计，全年共捕捞大黄鱼977 t，其中大黄鱼幼鱼占62.3%；1983年3月和5月在"211"海区捕捞大黄鱼85 kg，其中大黄鱼幼鱼占88.2%，"228"渔区捕捞大黄鱼170 kg，其中大黄鱼幼鱼占82.4%。另根据福建省水产资源调查队对闽中渔场周年的探捕调查（单拖），虽然拖网捕捞的大黄鱼占总渔获物的比重小，但基本上每月都有出现，尤以11—12月出现频率达50%~100%，周年渔获率达1.14 kg/h。这些大黄鱼的渔获物皆为幼鱼，平均体长为116.6 mm，平均体重为38.7 g。

官井洋大黄鱼产卵场历史上最高汛捕捞产量达1 950 t，70年代后产量急剧下降，仅为167~1 354 t。

闽南渔场大黄鱼产卵群体资源量历来少于官井洋，而在50—60年代初，由于大搞"敲𦩑"作业，其资源遭受严重破坏，渔汛无法形成。严禁"敲𦩑"以后，经过十多年休养生息，直到1978年才开始恢复，汛产量最高为3 715 t（1981年），但到1983年又下降为26.9 t，比1981年减产99.3%，单位捕捞力量渔获量由1980年的57.1 t，下降到1982年的25.2 t，减产55.8%；到1983年仅为290 kg，又下降99.5%。

1.4　近年来野生大黄鱼资源现状

1985年大黄鱼人工繁殖取得成功开始大批量生产大黄鱼人工种苗，1994年起大黄鱼海水网箱人工养殖在福建试验成功（肖友红，1998；刘家富，1999；朱振乐，2000），促进了大黄鱼养殖的发展。1994—2004年，浙江东海区养殖大黄鱼的产量分别为2 507 t、8 108 t、9 322 t、1 648 t、3 745 t、2 498 t、1 632 t、1 153 t、965 t、3 283 t、3 097 t。

大黄鱼养殖业迅速发展的同时，我国对沿海大黄鱼进行十多年的放流增殖。然而，野生大黄鱼的资源量依旧很少。虽然浙江省重视大黄鱼放流，渔业部门自2004年起，每年在东海放流500万~1 000万尾5~7 cm的大黄鱼鱼苗。此外，黑鲷、梭子蟹、日本对虾、青蟹等都是近年来在东海放流的主要品种。除了增殖放流，这几年捕捞强度降低，渔船出海次数、捕捞量得到合理控制，加上10年的休渔措施，给了鱼类一个宽松的生长空间。此外，浙江近海还有全国投放量数一数二的人工鱼礁，为鱼类等海洋生物提供繁殖、生长发育、索饵等生息场所，比如舟山朱家尖12×10^4 m³的人工鱼礁区，就是浙江最大的人工鱼礁群。

浙江大黄鱼捕获记录一再出现，例如，2005 年 3 月 21 日，浙普渔 31383 号李林波和浙普鱼 31385 号杨安军的流刺网船，在东海东经 122.57°，北纬附近，一网捕获大黄鱼 1.75 t，经济价值 50 万元。同一天，舟山桃花镇鹁鸪门村渔老大李晓东和虾峙村渔老大王国忠也赶上了这个野生大黄鱼鱼群，共捕获 750 kg，经济价值 20 万元。4 条船一共捕获野生大黄鱼 2.5 t。

然而，上述浙江捕获大黄鱼的事件都仅仅是偶然的事件。依据作者近 5 年在吕泗渔场、岱衢渔场、洋山渔场、大目洋、洞头洋和官井洋的几十次渔业资源调查，仅仅在官井洋可以有稳定的大黄鱼渔获，因而存在可供研究的标本。因此，官井洋是我国现存研究野生大黄鱼的理想场所。

第2章 官井洋大黄鱼产卵场环境特征

官井洋位于福建省东北部宁德市境内,是三沙湾的一部分。三沙湾位于福建省东北部,海湾总面积 713.89 km²,其中滩涂面积为 308.03 km²,水域面积405.86 km²。三沙湾东南方通过东冲口与台湾海峡相连。东冲口的宽度仅 3 km,因此,三沙湾是一个典型的半封闭型港湾。

三沙湾形似伸展的右手掌,四周为山环绕,海岸曲折复杂。共有赛江、七都溪、霍童溪等 8 条河溪注入。水域开阔,腹大口小,主要由三沙湾、白马港、官井洋、东吾洋、覆鼎洋、鲈门港、盐田港等水域组成。岛屿较多,主要有斗帽岛、三都岛、青山岛、鸡公山、纱帽屿、圆屿等。

官井洋海域位于三沙湾的掌心部位,也就是东冲半岛的西部,西南半岛的南部,青山岛的北部,三都岛的东部。东西长约 11 km,南北宽约 9 km。面积约100 km²。水深多超过 20 m,最深处达 77 m,底质为泥沙、石,水温适宜、盐度略低于大洋,是我国唯一的内湾性大黄鱼产卵场所。在农业部公布的首批国家级水产种质资源保护区名单中,官井洋大黄鱼国家级水产种质资源保护区列在其中,总面积 1.9 万 hm²。

大黄鱼繁殖水域的环境特征主要包括水文环境、水质、沉积物、海洋生物等不同部分。在本章里,将简要介绍这些环境特征,作为官井洋大黄鱼繁殖机制分析的背景和参考。

2.1 区域的自然环境概况

2.1.1 气候气象

本区属于中亚热带季风气候区,四季分明,夏无酷暑、冬无严寒,年平均气温16~19℃。气候要素垂直差异明显,山岳地带随海拔高度每上升 100 m,年平均气温下降 0.56℃。受海洋影响,季风气候明显,以东南风向最多,具有显著地秋温比春温高的海洋性气候特点。

2.1.1.1　气温

本地区属中亚热带海洋性季风气候，日平均气温都在 0℃ 以上，年平均气温 19.0℃，沿海高于内陆山区。一年当中 7 月份最热，平均气温 28.7℃，1 月份最冷，平均 9.6℃，极端最高气温 39.4℃，极端最低气温零下 2.4℃ 左右，气温年较差 19.1℃。

2.1.1.2　降水

多年平均年降水量为 2 013.8 mm，最多年降水量为 2 848.4 mm，最少年降水量 1 412.6 mm，最多月降水量 775.6 mm，最大日降水量 206.8 mm。全年降水主要集中在仲春至秋初（4—9月），降水量 1 468.0 mm，占全年降水总量的 72.9%。日降水量 ≥0.1 mm 的年平均降水日数为 187.5 d，其中春季最多，平均月降水日数为 19.7 d，夏季次之，平均每月 16.5 d。

2.1.1.3　风

本地区风况总体上：多年平均风速 1.4 m/s，最大风速 28 m/s，风向西北。全年东南风最多，频率18%。除了静风外，终年盛吹东南风，频率为 14%～24%。全年 ≥8 级风天数平均 5.7 d，年最多大风日数 21 d。

2.1.1.4　相对湿度

多年平均相对湿度为 81%，月最大相对湿度 91%，月最小相对湿度 55%，极端最小值 12%。一年中，2—6 月湿度较大，各月相对湿度均在 82% 以上，其中 5—6 月最大为 85%，10 月至翌年 1 月湿度较小，为 76%～78%。

2.1.2　邻近地域的地质地貌

官井洋所在区域地处洞宫山脉南麓，鹫峰山脉东侧，东临太平洋，地势西北高，东南低，中部隆起为北东向太姥山及西北向的天湖山，从内陆向沿海方向为丘陵——山间盆地——滨海堆积平原——滩涂，其间山谷深切，海岸线漫长曲折，多半岛、港湾。地形总体以丘陵山地兼沿海小平原相结合为特点。地貌区划属闽浙火山岩、花岗岩中—低山亚区，主要岩性为火山岩和岩浆侵入岩。

官井洋所在区域位于华南加里东褶皱系东部闽东沿海中生代火山断折带北段，属于新华夏构造带范围，地质构造比较复杂。区内地层褶皱不发育，断裂构造极为发育，主要有 NNW 和 NEE 向两组，规模较大，控制区内燕山期侵入体、各类岩脉、火山岩地层等的展布及海湾周边地貌景观和形态特征。

官井洋所在区域地势自西向东依次降低，至城关南北一线以东，地势转为南北两侧向中间下降，构成西、北、南三面高、东部低的地势特征。地势呈三级阶梯下降，阶梯形状为向西凹半弧状，总体地形如口小腹大的土箕形状。以形态分，其地貌主要有山地、丘陵、山间盆地和海滩四大类型，所占比例分别为 73.34%、12.73%、7.72%、6.21%，此外，海域面积 280 km² ，占全区面积的 15.84%。区域属滨海地貌，属潮间带地段，地势较平坦，地形总体变化坡度为 2°，无明显构造迹象，无活动性断裂通过，无滑坡、崩塌、泥石流等不良地质作用，无洞穴、暗沟等。

官井洋所在区域的三沙湾四周被山峦丘陵环抱，东南方向有一狭口——东冲口与东海相通，口门宽仅 3 km，湾内水域开阔，海岸线曲折复杂，在平面形态上状似手掌，由一澳（三都内澳）、三港（鲈门港、白马港、盐田港）、三洋（东吾洋、官井洋、覆鼎洋）组成，是个湾中有湾、港中有港的复杂海湾。海湾总面积 570 km² ，其中滩涂面积为 308 km² ，水域面积 262 km² 。湾内海底地形崎岖不平，侵蚀和堆积地貌很发育，湾中有许多可航水道、岛屿和浅滩。

2.1.3　区域水系

宁德市水系沿构造线发育，河流多呈西北—东南走向，形成独流诸河。全区较大的河流有 24 条，流域总面积 1.19×10⁴ km² ，占全区土地面积的 88.8%。流域面积 100 km² 以上的河流 36 条，其中最大的交溪和霍童溪两条水系与干流及其 10 条较大的支流，控制面积 0.78×10⁴ km² ，占全区流域总面积的 65.5%；其余较大自成系统的古田溪、赤溪等 14 条河流，控制面积 0.41 km² ，占全区流域总面积的 34.5%。区内河流的特点是：上源至中游段蜿蜒曲折，河道狭窄陡峭，水流湍急，落差较大；下游河段河面较宽，河床较缓。流速平均平稳，经三沙湾流入东海。

2.1.4　海洋水文的一般特性

2.1.4.1　基面

高程基准面采用黄海高程系，其与当地理论深度基准面的关系如下：

2.1.4.2　潮汐

1）潮位特征值

三沙湾是一个强潮型海湾，湾内平均海面起伏不同，潮差由湾口向湾内逐渐增高，湾内平均涨潮历时大于平均落潮历时。以东冲口为例介绍潮汐的特征值。东冲口最高潮位 3.79 m，最低潮位-3.37 m，平均高潮位 2.84 m，平均低潮位-2.20 m，最大潮差 6.99 m，最小潮差 2.00 m，平均潮差 5.05 m，平均潮位 0.31 m，平均涨潮历时 6 h 24 min，平均落潮历时 5 h 55 min。潮汐性质为正规半日潮。

而根据三都海洋站 1960—1997 年实测资料和国家海洋局第三海洋研究所 1997年 8 月在城澳与三都海洋站进行的同步水位观测以及交通部第二航务工程勘察设计院 2002 年 9 月在城澳与鸟屿进行的同步水位观测资料，三沙湾海区的潮汐形态系数为 0.238，远小于 0.5，属非正规半日浅海潮性质。最高潮位 4.95 m（黄海高程，下同），最低潮位-3.29 m，平均高潮位 3.32 m，平均低潮位-2.21 m。海区潮差大，平均潮差 5.52 m，最大潮差 7.80 m，最小潮差 3.12 m。

2）潮位

高水位　　　　　3.66 m（高潮累积频率 10%）

低水位　　　　　-3.04 m（低潮累积频率 90%）

极端高水位　　　4.97 m（重现期 50 年的年极值高水位）

极端低水位　　　-4.13 m（重现期 50 年的年极值低水位）

2.1.4.3　潮流

三沙湾属强潮海区，潮差大，潮流急，由于岛屿多，支港多，潮流场较为复杂。海区地形复杂，岛屿星罗棋布，水域多呈水道形式。湾内潮流基本呈往复流形式，流向基本与岸线平行。沿东冲水道门而入的潮流，在口门内被鸡公山分割为东、西二门，再加上斗帽岛、青山岛的再次分流，形成两大主要潮流系统。涨潮流时，外海潮波传入东冲口后，由于地形突然收缩，流速较大；涨潮流在鸡公山被分为两路，经小门水道和东冲水道北上；至青山岛后，小门水道进入的潮流部分经钱门墩水道进入三沙湾航道，部分潮流则继续北上；由东冲水道进入的潮流在官井洋分为两股，一股经三屿锚地由关门江水道和大门水道进入东吾洋，另一股向西北，在青山岛东屿与部分小门水道北上的潮流汇合进入覆鼎洋；进入覆鼎洋后，其中部分潮流进入青山水道与钱墩门水道出来的潮流汇入三沙湾航道，另一部分经加仔门水道和赤龙门水道北上分为三股，分别进入白马港、盐田港和卢门港，其中一股经卢门港水道北上，受樟屿、福屿岛的影响，这股潮流被分为三支，分别沿深槽、鸟屿北岸和福屿北岸进入漳湾港。

三沙湾潮流运动受地形地貌的复杂影响，水道区域呈往复式流动，水道交叉区域一般以顺时针方向旋转流为主，其他区域一般是带有放射性质的往复流。

在涨退潮的时间里东冲口要进出 29×10^8 m³ 的水量，也就是每秒钟每米宽的东冲口可达 21.9 m³ 的流量。

而湾外开阔海域潮波为协振潮波，属正规半日潮。西洋岛和大嵛山岛海域平均潮差分别为 4.55 m 和 4.29 m，最大潮差分别为 6.15 m 和 7.01 m。

湾外开阔海域的潮流直接起源于外海潮波运动，并以逆时针方向旋转流动。一般而言，其涨潮流向西，落潮流向东，流速大多在 1~2 kn 之间，且落潮流最大流速略大于涨潮流最大流速。

湾内海域潮流除直接起源于外海潮波运动外，还受到湾内地形明显影响。特别是港湾内岛屿和港汊众多，地形复杂，致使港湾内潮流结构、分布变化规律十分复杂。如三沙湾内三都岛以北海域潮流较强，流向、流速受到地形制约较大，平均最大潮流流速达 2~3 kn。而三都岛以南的三沙湾和官井洋海域的潮流却相对弱些，但整个三沙湾海域仍属潮流较强海域。

本海域余流的流速、流向也是因地而异，总的来说，湾内余流流速大于湾外海域余流流速。

2.1.4.4　波浪

三沙湾属半封闭海湾，湾口口门水域宽度仅为 3 km 左右，口门偏东南向开敞，湾内大小岛屿星罗棋布，四周陆域均为海拔 300 m 以上的小山脉所环抱，加之海湾湾口狭长，外海波浪难以通过宽仅 3 km、长达 9 km 的口门直接进入湾内，更难以传至内湾的许多水域。而湾内因风区短，群山遮挡，岛屿掩护，很难形成大浪。根据湾内象溪龟壁测波站观测资料统计，常浪向为 E 向，频率为 21%；次常浪向为 ENE 向，频率 12%。强浪向为 E 向，最大波高为 0.8 m；次强浪向为 ENE 向，最大波高为 0.7 m。平均波高为 0.1 m，最大平均波高为 0.2 m，出现在 ESE 向。静浪频率为 17%，湾内静浪频率大于湾外静浪频率。

2.1.4.5　余流

三沙湾内澳滩地最大余流为 13 cm/s，橄榄屿西南、宝塔水道南站夏季中层余流较大，冬季底层大。夏季表层余流方向为北向，冬季为东南向；夏季中底层余流为东南向，冬季为北向。东北部 0 m 等深线上，表层余流大于底层，余流方向偏西。

2.1.5　泥沙

2.1.5.1　泥沙来源

三沙湾泥沙主要来源于交溪、霍童溪和大坑溪的入海泥沙，其次是洪水期周边小溪和冲沟中的冲洪积层随雨流向海湾的下泄，以及枯水期湾外沿岸南下浑水随潮流由湾口向湾里扩散和运移。引起海区泥沙运动的动力包括波浪和潮流。三沙湾海区外海波浪相对较大，对沿岸输沙有一定的掀沙作用，但是由于三沙湾为一口小腹大的半封闭型海湾，波浪主要为小风区波浪，且受岛屿掩护，波浪对泥沙运动影响很小。因此，除台风浪对本区局部地区段泥沙运移具有较大作用外，一般情况下，波浪的影响是很小的，潮流是本区泥沙运移的主要动力。

2.1.5.2　含沙量

本海域洋中坂站有部分悬移质泥沙测验资料，1959 年开始施测，1973—1980 年停测，至 2000 年为止有 34 年不连续系列资料。根据资料计算，得出洋中坂站平均含沙量 0.115 kg/m³，年平均输沙量为 29.08×10⁴ t，年平均输沙模数为 140 t/km²。

三沙湾含沙量比较低，实测最高值 0.218 2 kg/m³，最低值 0.001 5 kg/m³，洪水期 0.023 3 kg/m³，前者约为后者的两倍，并以秋季最高，春季最低。含沙量分布受潮汐影响，大潮时含沙量高于小潮，涨潮高于落潮；枯水期湾口含沙量高于湾内，洪水期湾内高于湾口。含沙量垂直于水体的变化，底层一般高于表层。表、底层含沙量垂直变幅具有洪水期大于枯水期、湾口大于湾内、三都岛北侧大于南侧的特点。含沙量的日变化过程中，可看到一个潮周期各具有一个含沙量涨潮高峰和落潮高峰，一般形成在半潮位，并出现在流速最大时刻，同时底层的含沙量峰值特别显著，而表层却不明显。

2.1.6　底质

本区沉积物主要有中砂、黏土质砂、砂—粉砂—黏土及粉砂质黏土等 6 种类型，且以粉砂质黏土和砂—粉砂—黏土分布最广。

根据钻探成果，场地岩土体根据其成因类型、颗粒组合、工程地质性状，场地岩土层可划分为 5 层，其当地地质特征自上而下分述如下：

（1）淤泥（Q4m）：浅灰黄—灰色，流塑，饱和。成分主要由黏粒组成，底部 3.00~6.50 m 局部夹薄层状粉砂，滑感强，干强度中等、韧性中等、光泽反应光滑、摇震反应无，海相沉积。该土层整个场地均有分布，层厚 33.10~33.30 m，顶板标高-4.61~-0.24 m，顶板整体坡度小于 2°，顶板平缓。

（2）粉质黏土（Q4al）：灰白色，软—可塑。成分主要由黏粉粒及少量粉细砂组成，局部粉细砂含量不均匀，干强度中等、韧性中等、光泽反应稍有光滑、摇振反应无，冲积成因。除 JK6、JK7 钻孔未揭示外，其余钻孔均揭示，揭示层厚 1.40~7.10 m，顶板标高-37.88~-36.85 m，顶板埋深 32.40~33.30 m。

（3）粉砂（Q4al）：灰白—灰黄色，松散，饱和。成分主要由石英质粉细砂组成，颗粒级配不良，局部夹 20~40 cm 粉质黏土及少量强风化状砾石，整体土质不均匀，冲积成因。场地内分布不均匀，仅揭示于 JK2、ZK4、ZK5、JK6 钻孔，揭示层厚 2.40~4.70 m，顶板标高-40.25~-33.42 m，顶板埋深 31.20~35.80 m。

（4）卵石（Q4al-pl）：灰白、灰黄色，稍密—中密，饱和。卵石成分主要为凝灰岩，呈中风化状，含量占 50%~60%，粒径一般 30~70 mm，少数可达 110~180 mm，呈次圆状，砂砾充填为主，冲洪积成因（其中 ZK1 钻孔孔深 40.30~44.80 m、JK3 钻孔孔深 36.50~44.30 m、JK7 钻孔 31.10~33.10 m，圆砾含量较多，局部软硬不均匀，整体土质不均）。该层揭示于场地内所有钻孔，层厚 5.70~14.30 m，顶板标高-44.91~-31.34 m，顶板埋深 31.10~40.30 m，顶板整体坡度小于 6°。

（5）中风化花岗岩［γ52（3）c］：浅肉红色，花岗结构、块状构造，裂隙发育，多呈闭合状，倾角 70°~90°，岩芯较破碎呈块状、短柱状，岩质坚硬，锤击声脆。RQD=26.50%。仅揭示于 JK7 钻孔，未揭穿，揭示厚度 3.20 m，顶板标高-37.04 m，顶板埋深 36.80 m。

2.2 官井洋及其邻近水域的水质环境特征

2.2.1 季节变化特征

官井洋及其邻近水域主要水环境指标概况。

2010 年 5 月官井洋及其邻近水域水温在高、低潮和表、底层上无明显区别，均在（20±1）℃左右。9 月水体呈现层化，表、底层水温差明显增大。

2010 年 5 月高潮盐度为 20.44~34.71，均值为 30.09；低潮盐度为 26.20~34.70，均值为 30.58。盐度分布由湾外向湾内降低。9 月高潮盐度为 25.26~31.06，均值为 27.63，较 5 月盐度均值有所降低；低潮盐度为 25.05~30.59，均值为 27.37，较 5 月盐度均值有所降低。

2010 年 5 月高潮悬浮颗粒物浓度为 2~207 mg/L，均值为 76 mg/L；低潮悬浮颗粒物浓度为 18~320 mg/L，均值为 83 mg/L。表层悬浮颗粒物浓度官井洋变化不大，且都低于东吾洋和湾外。9 月高潮悬浮颗粒物浓度为 12.6~48.3 mg/L，均值为 23.2 mg/L；低潮悬浮颗粒物浓度为 18.5~63.5 mg/L，均值为 30.2 mg/L。9 月悬浮颗粒物浓度较 5 月降低较大，且 9 月表、底层悬浮颗粒物浓度相对 5 月差异较少。可能与 9 月水体层化形成稳定的水体结构有关。

2010 年 5 月和 9 月，大多数海域海水的 pH 值符合第一类海水水质标准；一类海水水质站位超标率为 7.7%。

2010 年 5 月溶解氧含量值为 7.64~8.80 mg/L，均值为 8.11 mg/L；9 月溶解氧含量值为 3.8~6.1 mg/L，均值为 5.6 mg/L。大多数海域溶解氧含量值均不符合第一类海水水质标准，高潮期一类海水水质站位超标率为 92.3%，二类海水水质站位超标率为 15.4%，三类海水水质站位超标率为 15.4%。低潮期一类海水水质超标率为 100%，二类海水水质超标率为 23.1%。9 月平均溶解氧含量值要比 5 月低 2 mg/L，溶解氧含量低值出现在较深站位的底层。

2010 年 5 月化学需氧量为 0.11~2.50 mg/L，均值为 0.76 mg/L，绝大多数站位符合第一类海水水质标准；一类海水站位超标率仅为 6%。9 月高潮化学需氧量为 0.35~0.95 mg/L，均值为 0.62 mg/L，均符合第一类海水水质标准。和 5 月化学需氧量相比，9 月化学需氧量较低。

2010 年 5 月生化需氧量为 0.36~1.84 mg/L，均值为 1.03 mg/L，大多数站位符合第二类海水水质标准；一类海水水质站位超标率为 74%；9 月生化需氧量为 0~0.9 mg/L 之间，均值为 0.65 mg/L，符合第一类海水水质标准。从数量上讲，9 月生化需氧量大约为 5 月的 1/2，可能与 9 月水温较高，许多易分解的有机物被微生物分解有关。

2010 年 5 月表层石油类为 32.0~65.8 μg/L，均值为 40.1 μg/L。绝大多数站位均符合第一类海水水质标准；一类海水水质站位超标率为 6%；9 月表层石油类为 0~30.5 μg/L，均值为 10.3 μg/L，均符合第一类海水水质标准。5 月表层石油类含量较高，为 9 月的两倍，且在湾内外均出现高值。

2010 年 5 月活性磷酸盐为 0.011~0.046 mg/L，均值为 0.026 mg/L，高潮时表、底层浓度分布趋势基本呈现从三沙湾西北向东南外海降低的趋势；低潮湾西北活性磷酸盐浓度有所降低，而湾外浓度有增加趋势，二类海水水质站位超标率为 32%。2010 年 9 月活性磷酸盐为 0.021 1~0.048 mg/L，均值为 0.035 0 mg/L，二类海水水质站位超标率为 89%，大多数站位仅符合第四类海水水质标准，15% 站位劣于第四类海水水质标准。

2010 年 5 月无机氮为 0.160~0.522 mg/L，均值为 0.322 mg/L，湾内浓度大于湾外；一类海水水质站位超标率为 98%，二类海水水质站位超标率为 50%，三类海水水质站位超标率为 34%，四类海水水质站位超标率为 2%。9 月高潮无机氮为

0.169～0.398 mg/L，均值为 0.331 mg/L；一类海水水质站位超标率为 100%，二类海水水质站位超标率为 92%。2010 年 9 月和 5 月相比，均值虽无较大变化，但是 9 月水质优于 5 月。

2010 年 5 月高潮挥发酚为 1.69～17.48 μg/L，均值为 5.95 μg/L。一类海水水质站位超标率为 64%，三类海水水质站位超标率为 32%。9 月高潮挥发酚为 1.2～2.7 μg/L，均值为 1.6 μg/L，均符合第一类海水水质标准。和 5 月相比，9 月挥发酚含量明显较低，可能是由于 9 月温度增加而不利于挥发酚在水中保持的原因。

2010 年 5 月汞为 0～0.041 μg/L，均值为 0.019 μg/L；2010 年 9 月汞为 0.009～0.031 μg/L，均值为 0.016 μg/L，均符合第一类海水水质标准。

2010 年 5 月铜为 0.20～4.11 μg/L，均值为 1.30 μg/L；9 月铜为 0.8～4.3 μg/L，均值为 1.8 μg/L。均符合第一类海水水质标准。

2010 年 5 月铅为 0～3.69 μg/L，均值为 1.34 μg/L，一类海水水质超标率为 88%；9 月铅为 0.98～3.55 μg/L，均值为 1.90 μg/L，一类海水水质超标率为 100%；符合第二类海水水质标准。

2010 年 5 月镉为 0～0.032 μg/L，均值为 0.015 μg/L；9 月镉为 0.18～0.54 μg/L，均值为 0.34 μg/L；均符合第一类海水水质标准。

2010 年 5 月锌为 8.48～85.45 μg/L，均值为 22.61 μg/L，一类海水水质超标率为 72%，二类海水超标率为 4%，大多数符合第二类海水水质标准；9 月锌为 3.20～16.30 μg/L，均值为 10.40 μg/L，均符合第一类海水水质标准；2010 年水体内锌含量 9 月明显较低，从 5 月的部分第三类海水水质标准，降低至符合第一类海水水质标准。

2010 年 5 月高潮总铬为 0.55～3.77 μg/L，均值为 2.05 μg/L；均符合第一类海水水质标准。2010 年 9 月总铬含量未检出。

2010 年 5 月砷为 0.95～1.42 μg/L，均值为 1.10 μg/L；9 月高潮砷为 0.70～1.40 μg/L，均值为 1.10 μg/L；均符合第一类海水水质标准。

2.2.2　水体的健康评价

富营养化评价结果显示，大部分水体呈现富营养化状态，只有在 5 月高潮时部分水体未呈现富营养化状态，其中氮和磷超标的常态化是造成湾内水质富营养化的最主要原因。而在湾外，高潮时由于外海海水的进入导致水体营养化程度降低。因而近岸，氮、磷超标使得近岸水体长期处于富营养化状态，可能对海洋生物资源产生潜在灾害性影响。

有机物污染系数评价结果显示，三沙湾内水体受到有机物污染，9 月污染高于 5 月。

2010 年 5 月由于养殖活动尚未大规模地展开，加上水温较低，水体没有形成层化现象，使得水体垂直混合作用强，有利于氧气溶解并进入底层水体，所以 5 月的溶解氧含量较高。同时也由于水温较低，降低有机物降解菌的降解能力，使得在高溶解氧条件下，生化需氧量也同样含量高，并成为 5 月水质超标的一个影响因素。由于水体的垂直混合作用，使得 5 月悬浮颗粒物浓度普遍较高，伴随着重金属在悬浮颗粒物上的解吸作用，使得重金属（铅、锌）在水体内含量超第一类海水水质标准（但符合第二类海水水质标准），并影响水体水质。在高悬浮颗粒物和低温水体内，使得挥发酚有利于在水体内保存。

2010 年 9 月水温的增加促使水体层化加剧，阻碍了水体垂直方向的水体交换，同时由于 9 月化学需氧量和生化需氧量的降低，说明在水体内被分解能力加强，同时由于水体的层化现象，使得 9 月溶解氧浓度降低，且在水深较深的 5#～7#站底层溶解氧浓度最低，符合第四类海水水质标准，成为严重影响海水水质的重要因素。重金属（铅）依然超第一类海水水质标准（但符合第二类海水水质标准），并可能与湾内水体交换较弱，致使人为排放的铅污染无法消除。

在 2010 年 5 月航次包含湾内和湾外的调查站位，由于湾外水体交换较好，使得湾外多数站位参数的调查结果略小于湾内，所以在高潮时，水质普遍较低潮时好。

2.2.3 三沙湾水质状况的历史变化

历史上，对三沙湾水环境调查有多次，主体是官井洋及其邻近水域。蔡清海等（2006）归纳了 1991—2004 年三沙湾水质环境调查的结果（见表 2-1）。

油类 1991 年均值为 14.5 μg/L，1998 年均值为 15.60 μg/L，2004 年均值为 60.31 μg/L。

海水中的氮和磷浓度在过去的十几年中逐渐增加，例如，磷酸盐 1991 年均值为 0.009 mg/L，1998 年均值为 0.019 mg/L，2004 年均值为 0.034 mg/L。而磷酸盐一类水质标准仅为 0.015 mg/L。因此，从 1998 年起，三沙湾水体中的磷酸盐含量已经超过一类标准。无机氮 1991 年均值为 0.185 mg/L，1998 年均值为 0.243 mg/L，2004 年均值为 0.347 mg/L。无机氮的二类水质标准为 0.30 mg/L，从 1998 年起，三沙湾的无机氮含量已经超过二类标准。以上数据说明，1991—2004 年的 14 年间，三沙湾海水中营养盐含量在升高，磷酸盐浓度 2004 年是 1991 年的 3.77 倍，无机氮浓度 2004 年是 1991 年的 1.87 倍，营养盐含量的升高主要是在丰水期，既是陆源输入的盛期，也是养殖的高峰期。

表 2-1　三沙湾水质各要素历年比较

项目	1991 年均值*	1998 年均值*	2000 年均值*	2004 年均值
pH 值	(7.93~8.39) 8.22	/	(7.95~8.11) 8.04	(7.98~8.14) 8.06
DO (mg/L)	(5.54~8.84) 7.38	(5.57~7.72) 6.48	(4.8~7.3) 6.3	/
COD (mg/L)	(0.60~1.85) 0.75	(0.08~0.55) 0.24	(0.31~0.90) 0.52	(0.28~0.80) 0.40
悬浮物 (mg/L)	/	(8.20~105.40) 32.74	(10.4~54.9) 21.4	(22.0~48.0) 32.0
油类 (μg/L)	(6.70~27.8) 14.5	(10.52~18.45) 15.60	/	(40.4~84.60) 60.31
磷酸盐 (mg/L)	(0.007~0.033) 0.009	(0.009~0.029) 0.019	(0.017~0.036) 0.026	(0.005~0.046) 0.034
无机氮 (mg/L)	(0.036~0.312) 0.185	(0.117~0.682) 0.243	(0.172~0.546) 0.339	(0.028~0.563) 0.347
Hg (μg/L)	/	(0.003~0.018) 0.012	/	(0.050~0.099) 0.079
Cu (μg/L)	(0.21~1.17) 0.45	/	/	(2.46~7.65) 5.00
Cd (μg/L)	(0.004~0.019) 0.011	(0.072~0.267) 0.165	/	(0.06~0.13) 0.08
Pb (μg/L)	(0.008~0.58) 0.26	(0.20~1.20) 0.62	/	(ND~4.45) 2.62
As (μg/L)	/	(1.92~7.12) 5.33	/	(0.79~1.35) 1.05

注：* 表示 1991 年数值参考《中国海湾志》第七分册（中国海湾志编纂委员会，1991）；1998 年数值参考《福建省第二次海洋污染基线调查报告》；2000 年数值参考《福建主要港湾的环境质量》。

重金属污染具有来源广、残毒时间长和积累性，污染后不易被发现并且难以恢复，对水生生物和人体健康有较大的负面影响。水体中的重金属元素（如 Cu^{2+}、Mn^{2+}、Cr^{3+}）在适量时对浮游植物（如骨条藻等）的生长有促进作用。而浓度太大时则存在毒性效应。Hg 在 1998 年均值为 0.012 μg/L，2004 年均值为 0.079 μg/L。Hg 的一类海水水质标准为 0.05 μg/L，三沙湾的 Hg 含量已经超过一类标准。Cu 于 1991 年均值为 0.45 μg/L，2004 年均值为 5.00 μg/L，Cu 的一类海水水质标准为 5.00 μg/L，三沙湾的 Cu 含量也超过一类标准。Pb 于 1991 年均值为 0.26 μg/L，1998 年均值为 0.62 μg/L，2004 年均值为 2.62 μg/L，Pb 的一类海水水质标准为 1.0 μg/L，三沙湾的 Pb 含量也超过一类标准。

由表 2-1 可知，DO、COD 符合一类水质标准，1991 年前三沙湾还没有大规模网箱养鱼，海水中的磷酸盐和无机氮含量都较低。90 年代开始，三沙湾海水养殖迅速发展，目前在湾内养殖的有对虾、大黄鱼、鲍鱼、鲈鱼、真鲷、美国红鱼、牡蛎、海带和紫菜等十几个品种，其中增长最快是虾蟹的网箱养殖，面积由 1992 年的 7.3 hm² 增加到 2000 年的 1 431.5 hm²。养殖产量从 1992 年的 535 t，持续增长到 2000 年的 33 901 t，增长了约 63 倍，产值逾 5 亿元，已成为重要的水产养殖区。网箱养鱼多分布于近岸海区，由于鱼类的排泄物和残饵大量进入海水中，使三沙湾中营养盐含量呈增加趋势。

以上分析显示出，三沙湾大体显示出水质在逐步向污染方向变化，特别是石油烃含量迅速增大，磷酸盐和无机氮含量逐年增加，而且近年来以 Hg 为代表的重金属数量明显增加，Pb 从 1991 年的 0.26 μg/L 增加到 2004 年的 2.62 μg/L，数量增长了 10 倍。但是，目前三沙湾的水质尚未对大黄鱼等海洋渔业资源生物造成威胁。在近海海湾中，水质上处于较好的水平。

此外，依据研究，三沙湾 3 个港湾的 9 项评价参数测定结果、质量指数和水质标准见表 2-2。官井洋水质单项评价指数范围为 0.01～1.60，综合评价指数为 0.66，其中 IN 和 $PO_4^{3-}-P$ 的单项质量指数大于 1，超过第一类海水水质标准，其他参数的质量指数小于 1，符合第一类海水水质标准。东吾洋水质单项评价指数范围为0.02～1.53，综合评价指数为 0.71，评价结果与官井洋相同。三沙湾水质单项评价指数范围为 0.01～1.53，综合评价指数为 0.69，其中 IN 和 Cu 的单项质量指数大于 1，超过第一类海水水质标准，其他参数的质量指数小于 1，符合第二类海水水质标准。

表 2-2　2000 年三沙湾不同水域水质指标比较分析（蔡海清等，2004）

地点	评价参数								
	pH 值	DO	COD	IN	$PO_4^{3-}-P$	Hg	Cd	Cu	Pb
官井洋测定平均值	8.04	6.10	0.53	0.294	0.024	0.042	0.06	0.21	0.26

地点	评价参数								
	pH 值	DO	COD	IN	$PO_4^{3-}-P$	Hg	Cd	Cu	Pb
东吾洋测定平均值	8.07	6.40	0.51	0.305	0.023	0.046	0.08	0.45	0.58
三沙湾测定平均值	8.04	6.30	0.52	0.339	0.026	0.099	0.13	7.65	4.45
官井洋水质指数	0.74	0.52	0.26	1.47	1.60	0.84	0.01	0.21	0.26
东吾洋水质指数	0.72	0.39	0.25	1.52	1.53	0.92	0.02	0.45	0.58
三沙湾水质指数	0.69	0.44	0.17	1.13	0.87	0.50	0.01	1.53	0.89
第一类海水水质	7.8~8.5	6	2	0.2	0.015	0.05	5	1	1
第二类海水水质	7.8~8.5	5	3	0.3	0.030	0.2	10	5	5

注：DO、COD、IN、$PO_4^{3-}-P$ 浓度单位为 mg/L，Cu、Pb、Cd、Hg 浓度单位为 μg/L。

2.3　官井洋及其邻近水域的沉积物环境特征

依据蔡清海等（2004）的调查结果，官井洋及其邻近水域表层沉积物中 Cu、Zn、Pb、Cd、Hg 和 As 的实测含量与国家标准《海洋沉积物质量》（GB 18668，2002）中的一类标准进行比较，并且采用瑞典学者 Hakanson 的潜在生态危害指数（ERI）评价的结果，官井洋及其邻近水域各测站沉积物重金属潜在生态危害系数由大到小依次为 Hg、Cd、Pb、Cu 和 Zn。其中，Hg 的潜在生态危害系数 ERI 值与 Cd 的 ERI 值接近，分别为 48.32 和 45.59。Pb 的 ERI 值比 Hg 小约 7 倍；Cu 的 ERI 值比 Hg 小约 9 倍；Zn 的 ERI 值比 Hg 小约 36 倍。表明 Hg 和 Cd 对重金属的潜在危害指数 ERI 值的影响程度大大高于其他重金属。官井洋及其邻近水域 Hg，Cd 的 Eri 值为 40≤ERI<80（属中等生态危害），而其他 3 种重金属 Pb、Cu 和 Zn 的 ERI 值均小于其轻微生态危害的划分标准值，说明三沙湾沉积物中除 Hg 和 Cd 污染较为严重外，其他重金属的生态危害很小。

将官井洋及其邻近水域海域沉积物重金属的含量与国内外不同海区相比较可看出，Cd 高于广西近海；Pb 高于南海北部、胶州湾、广西近海、马来西亚沿海；Cu 高于南海北部、胶州湾、广西近海、马来西亚沿海；Zn 高于南海北部、胶州湾、马来西亚沿海。总体上讲，官井洋及其邻近海域沉积物重金属污染的程度在上述比较中处于较低的水平。

2.4　官井洋及其邻近水域的浮游植物

2.4.1　种类组成和种类数的分布

福建省水产研究所于 2009 年对三沙湾水域进行了 4 个航次的浮游植物调查，依据调查报告，调查采集的浮游植物样品经鉴定共有 5 门 152 种，其中硅藻门（Bacillariophyta）131 种，占总种数的 86.2%；甲藻门（Pyrrophyta）14 种，占 9.2%；蓝藻门（Cyanophyta）4 种，占 2.6%；金藻门（Chrysophyta）2 种，占 1.3%；裸藻门（Euglenophyta）1 种，占 0.7%。

其中春季（5 月）和秋季（11 月）共有种 49 种，占 32.2%。各航次浮游植物种类数变化不大，总种数变化于 81~85 种之间，各调查站位种数变化于 21~41 种之间。

5 月 5 日有 85 种，其中三都岛以北、长腰岛西南水域种类最多，有 41 种，官井洋中部种类较少，为 21 种；在种类数分布上以长腰岛南部附近、青山岛西侧水域和东冲口附近水域种类较多。5 月 17 日有 81 种，其中官井洋中部水域种类最多，为 38 种，东吾洋东安岛附近站种类最少，为 23 种；种类数分布以官井洋附近水域和长腰岛以西附近、东冲口附近水域的种类较多。

11 月 14 日有 84 种，其中长腰岛东南水域和东吾洋和官井洋交汇处水域种类数最多，均为 33 种；11 月 30 日有 82 种，其中湾口鸡公山附近水域种类数最多，为 33 种。

2.4.2　生态类群分析

官井洋及其邻近水域浮游植物以适应温度等的性质，可以划分为以下两个主要生态类群。

（1）广布性种类：包括广温广盐性种类和广温低盐性种类，适应盐度范围较广或适应较低的盐度。主要有奇异棍形藻（*Bacillaria paradoxa*）、中华盒形藻（*Biddulphia sinensis*）、琼氏圆筛藻（*Coscinodiscus jonesianus*）、新月筒柱藻（*Cylindrotheca closterium*）、具槽直链藻（*Melosira sulcata*）、夜光藻（*Noctiluca scintillans*）、具齿原甲藻（*Prorocentrum dentatum*）、三角角藻（*Ceratium tripos*）等。这些种类出现频率高，多为主要优势种类。

（2）暖水性种类：主要有洛氏角毛藻（*Chaetoceros lorenzianus*）、大角角藻（*Ceratium macroceros*）、红海束毛藻（*Trichodesmium erythraeum*）等种类，适应较高温度，

种类少，偶尔出现，数量很少。

研究中还发现有一些半咸淡水性质的种类，如裸藻（*Euglena* sp.）、颤藻（未定种）（*Oscillatoria* sp.）等，在个别站位出现，数量少，反映了三沙湾受低盐度水的影响。在 5 月的调查中，甲藻有一定的数量和比例，甲藻主要的种类有夜光藻、具齿原甲藻、三角角藻等，其中夜光藻在一些站位成为优势种，具齿原甲藻也是赤潮种类，应引起重视。

2.4.3　细胞数量的时空分布

4 个航次浮游植物细胞数量变化较大，5 月两个航次明显高于 11 月两个航次的浮游植物平均总细胞数量。5 月 5 日和 17 日浮游植物平均细胞数量分别为 3.48×10^4 cells/m³ 和 3.89×10^4 cells/m³，11 月 14 日和 30 日浮游植物平均细胞数量则分别为 1.97×10^4 cells/m³ 和 1.55×10^4 cells/m³。

官井洋及其邻近水域 5 月 5 日各调查站浮游植物数量范围为 $0.74 \times 10^4 \sim 11.80 \times 10^4$ cells/m³，长腰岛西南水域浮游植物数量最高，官井洋中部最低，这些分布特征与种类数分布特征相似；数量较多的区域主要在三都岛和长腰岛的附近水域、东冲口附近的水域。5 月 17 日，浮游植物平均数量较 5 月 5 日略有增加，各站浮游植物数量范围为 $0.88 \times 10^4 \sim 14.86 \times 10^4$ cells/m³，长腰岛西南水域浮游植物数量仍最高，数量较多的区域主要在三都岛以东附近水域和东及东冲口附近的水域，这些都与种类数较多的水域基本吻合。

官井洋及其邻近水域 11 月 14 日浮游植物数量较低，各调查站数量变动范围为 $1.08 \times 10^4 \sim 4.34 \times 10^4$ cells/m³，其中三都岛以东水域浮游植物数量最高。11 月 30 日，各站浮游植物数量范围为 $0.24 \times 10^4 \sim 9.73 \times 10^4$ cells/m³，也是三都岛以东水域浮游植物的细胞数量最高，数量较多的区域主要在三都岛以东附近水域、东冲口附近的水域。

总体而言，春季（5 月）由于水温上升以及沿岸径流倾注，营养盐较为丰富，促使浮游植物开始大量繁殖，浮游植物数量明显高于秋季（11 月），但从区域分布看，数量较多的区域分布在三都岛和长腰岛交接的附近水域和东冲口附近水域。

2.4.4　优势种类及其分布

春季（5 月）浮游植物主要种类以奇异棍形藻、中肋骨条藻和琼氏圆筛藻为主，其数量分别为 0.81×10^4 cells/m³、0.62×10^4 cells/m³ 和 0.52×10^4 cells/m³。

官井洋及其邻近水域 5 月 5 日浮游植物主要优势种有琼氏圆筛藻、奇异棍形藻、中肋骨条藻等，合占比例为 46.5%，另外中华盒形藻、夜光藻等也有一定比例；5月 17 日，主要优势种为奇异棍形藻、中肋骨条藻，合占比例为 52.3%，其次为琼氏圆筛藻、夜光藻等。各站前 3 种主要优势种类相差不大，所占比例合计一般达到各站浮游植物数量的 40% 以上，最高达 77%；具槽直链藻、具齿原甲藻、新月筒柱藻、三角角藻等也有一定的数量，在个别站位还成为优势的种类。总体上两个航次主要种类基本相同，从 5 月 5 日到 17 日，浮游植物优势种中奇异棍形藻、中肋骨条藻数量和比例增加，而琼氏圆筛藻、中华盒形藻数量和比例则减少，夜光藻、新月筒柱藻等的数量也有所增加。

秋季（11 月）浮游植物主要种类以中肋骨条藻、海生斑条藻和奇异棍形藻和为主，其数量分别为 0.38×10^4 cells/m³、0.31×10^4 cells/m³ 和 0.24×10^4 cells/m³。

官井洋及其邻近水域 11 月 14 日浮游植物主要优势种有海生斑条藻、中肋骨条藻、奇异棍形藻等，合占比例为 54.7%，另外中华盒形藻、海南圆筛藻等也有一定比例；11 月 30 日，主要优势种为中肋骨条藻、海生斑条藻和奇异棍形藻，合占比例为 48.8%，其次为中华盒形藻、海南圆筛藻等。大部分站位主要优势种类为海生斑条藻、中肋骨条藻、奇异棍形藻，中华盒形藻、海南圆筛藻、具槽直链藻、铁氏束毛藻、洛氏角毛藻等也有一定的数量。两个航次主要种类基本相同，从 11 月 14 日到 30 日，浮游植物优势种中肋骨条藻数量和比例增加，而海生斑条藻、奇异棍形藻、中华盒形藻数量和比例则减少。

总体而言，本海区浮游植物主要种类各季节有一定的更替，浮游植物优势种除奇异棍形藻、中肋骨条藻、海生斑条藻和琼氏圆筛藻外，其他的优势种不明显，体现了亚热带海域浮游植物群落结构的特点。

奇异棍形藻：广布性种类，春季（5 月）和秋季（11 月）均为本海区优势种类。5 月主要密集区在三都岛和长腰岛的附近水域；11 月主要分布于三都岛和长腰岛的附近水域，长腰岛、溪南半岛和东安岛南部的官井洋水域也有一定数量的分布，在空间分布上春秋季基本相同。

中肋骨条藻：世界性广布种，在营养盐丰富的内湾容易生长。5 月和 11 月各站均有分布，主要密集区在长腰岛、溪南半岛和东安岛南部的官井洋水域。

琼氏圆筛藻：广布性种类，偏高温。春季各站数量相对均匀，主要密集区在三都岛和长腰岛的附近水域和东冲口水域；秋季数量很少。

海生斑条藻：春季各站数量很少；秋季是本海区优势种类，主要散布在长腰岛、三都岛和东冲口水域。

夜光藻：广布性种类。春季数量较多，5 月主要密集区在长腰岛以南和东冲口水域；秋季（11 月）数量很少。

2.4.5　种类的多样性指数

官井洋及其邻近水域春季（5月）各站浮游植物多样性指数变化于2.40~3.85，5日平均值为3.11，17日平均值为3.22；均匀度指数变化于0.49~0.82，5日平均值为0.71，17日平均值为0.72；秋季（11月）各站浮游植物丰富度指数变化于1.49~2.54，14日平均值为1.85，30日平均值为2.02；多样性指数变化于3.10~4.15，14日平均值为3.47，30日平均值为3.60；均匀度指数变化于0.66~0.89，14日平均值为0.73，30日平均值为0.75；优势度指数变化于0.28~0.59，14日平均值为0.45，30日平均为值0.43。浮游植物多样性指数可以从一定程度上反映出水体受污染的程度，从官井洋及其邻近水域浮游植物多样性指数看，多样性指数值处于一个正常的范围内，11月多样性指数高于5月。而均匀度是站位上各种类间数量分布是否均衡的一个量度，均匀度值大时，体现种间个体数分布较均匀；反之，均匀度值小反映种间个体数分布欠均匀。从浮游植物均匀度数值看，5月和11月均匀度均处于正常范围内。

2.4.6　不同时期浮游植物数量特征

官井洋所在的三沙湾海域是一个腹大口小的半封闭型海湾，湾内有霍童溪和交河等淡水的注入，在不同的季节，受闽浙沿岸流和海峡暖流等不同水系的运动与消长的影响，湾口至三都岛一带涨落潮时流速快。从2010年9月所记录的种类和丰度看，中肋骨条藻、奇异棍形藻、琼氏圆筛藻为主要优势种，大部分种类的生态性质为近岸广温种，夹杂着一些暖水性种类，表明了浮游植物为近岸群落的性质且受到暖流水的影响，半咸水种类细弱角毛藻等的出现，则反映了官井洋及其邻近水域受到低盐度水的影响。在近岸的湾内，风浪的搅动可使得浮游植物群落中混有一些底栖性的种类。

该海域相关历史调查有：福建省水产研究所2004年对三沙湾浮游植物调查结果，浮游植物的种类数85种，平均丰度$45.68×10^4$ cells/m³，多样性指数平均值2.93；2003年9月，国家海洋局第三海洋研究所在三沙湾进行宁德火电厂周边海域浮游植物调查，发现浮游植物种类77种，平均丰度$92.07×10^4$ cells/m³，多样性指数平均值1.68。

国家海洋局闽东环境监测中心站于2010年5月在官井洋及其邻近海域进行浮游植物调查，与其结果比较见表2-3。本次调查站的位置、季节有所不同，本次站主要分布于官井洋及其邻近海域，2009年5月站位布设于三都岛附近海域和三沙湾西北海域。

表 2-3　2009 年 5 月和 2010 年 5 月浮游植物调查结果比较

调查时间	平均丰度 （×10⁴ cells/m³）	总种数	平均 H'	平均 J'	主要优势种
2009.5	31.21	124	3.05	0.59	琼氏圆筛藻、中肋骨条藻、蛇目圆筛藻
2010.5	82.27	99	2.02	0.39	中肋骨条藻、奇异棍形藻、琼氏圆筛藻

第3章 官井洋及其邻近水域鱼类
幼体饵料浮游动物种类组成

3.1 种类组成

2010年6月至2011年5月东海水产研究所对官井洋及其邻近海域5个航次的调查结果显示，在官井洋及其邻近海域共鉴定出浮游动物99种，分别隶属介形类、桡足类、水母类、浮游幼虫等11类。各类别所占比例见图3-1，其中桡足类种类最多，42种，占总种数的42.42%；其次为浮游幼虫类（28种），占总种数的28.28%；水母类11种，占11.11%；毛颚类4种，占4.04%；介形类、被囊类和糠虾类各3种，分别占总种数的3.03%；十足类2种，占总种数的2.02%；其余各类别分别只有1种，共占总种数的3.03%。

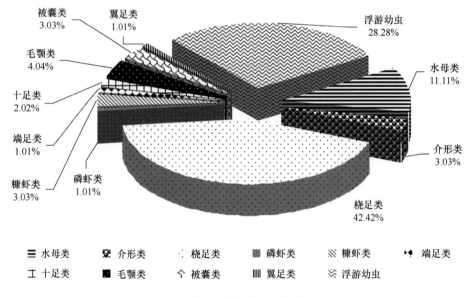

图3-1 调查海域浮游动物各主要类别种数百分比

3.2　种类数的季节变化平面分布

由图 3-2 可见，官井洋及其邻近海域浮游动物种类数季节变化明显，2010 年 6 月种类数最多（45 种），随后递减，2011 年 4 月种类数最少仅 17 种，5 月稍有升高。

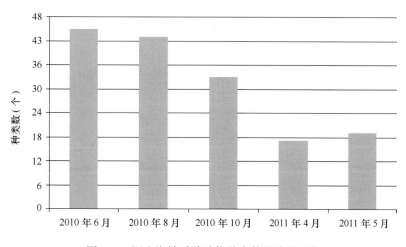

图 3-2　调查海域浮游动物种类数的季节变化

2010 年 6 月官井洋及其邻近海域各站种类数在 8~34 种之间，东南部及外海种类相对较丰富（>25 种），种类数由三沙湾湾外向内逐渐减少［图 3-3（a）］。

2010 年 8 月官井洋及其邻近海域各站种类数在 18~32 种之间，种类数分布与 6 月相似，以调查水域的东南部及外海种类相对较丰富（>25 种）［图 3-3（b）］。

2010 年 10 月官井洋及其邻近海域各站种类数在 4~19 种之间，调查水域的青山岛东路、东冲口及外海种类相对较丰富（>16 种）［图 3-3（c）］。

2011 年 4 月官井洋及其邻近海域各站种类数在 5~18 种之间，其中三沙湾湾内西北面近岸水域和湾口水域种类相对较丰富（>12 种）［图 3-3（d）］。

2011 年 5 月官井洋及其邻近海域各站种类数在 3~16 种之间，种类数总体较低，湾口和外海水域种类相对较丰富（>10 种）［图 3-3（e）］。

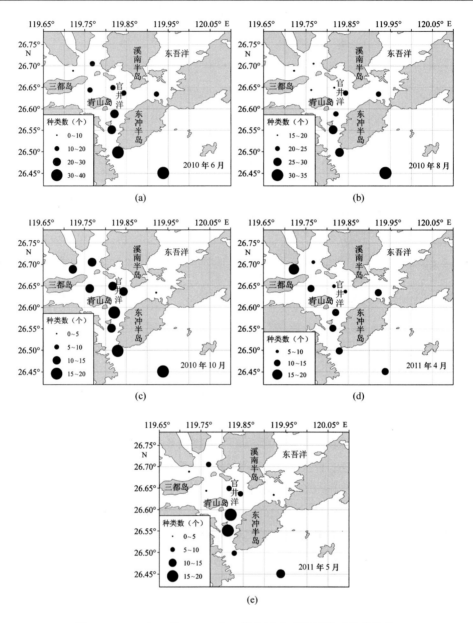

图 3-3　2010 年 6 月—2011 年 5 月各站出现的浮游动物种类数

3.3　总生物量及其平面分布

2010 年 6 月浮游动物生物量（湿重）平均值为 125.3 mg/m³（40~247 mg/m³），三沙湾湾口为大于 100 mg/m³ 的高生物量区，湾口水域生物量最高，三沙湾近岸水域生物量较低，最低值则出现在西北部水域。各站浮游动物的生物量见图 3-4。

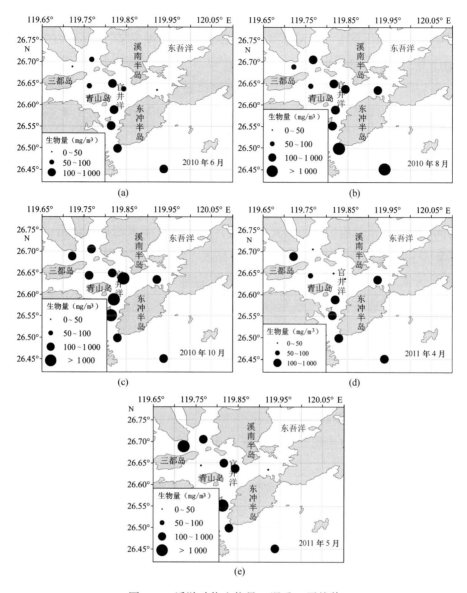

图 3-4　浮游动物生物量（湿重）平均值

2010 年 8 月浮游动物生物量（湿重）平均值为 518.5 mg/m³（80 ~ 2 018 mg/m³），湾口外海域生物量最高，三沙湾西北部海域生物量较低。各站浮游动物的生物量见图 3-4（a）。

2010 年 10 月浮游动物生物量（湿重）平均值为 674.0 mg/m³（110 ~ 1 442 mg/m³），三沙湾东南部接近湾口处生物量较高，最低值则出现在东安岛以南水域。各站浮游动物的生物量见图 3-4（b）。

2011 年 4 月浮游动物生物量（湿重）平均值为 277.0 mg/m³（23~910 mg/m³），

接近湾外处生物量较高，湾口生物量最高，而三沙湾北部水域生物量<40 mg/m³，最低值则出现在青山岛以北。各站浮游动物的生物量见图3-4（d）。

2011 年 5 月浮游动物生物量（湿重）平均值为 736.5 mg/m³（34 ~ 2 189 mg/m³），三沙湾西北部和三沙湾接近湾口处生物量较高，青山岛东南生物量最高，最低值则出现在青山岛东北部。各站浮游动物的生物量见图 3-4（e）。

3.4　总丰度及其平面分布

2010 年 6 月官井洋及其邻近海域浮游动物平均总丰度为 18.69 ind./m³（6.43 ~ 36.85 ind./m³），最低值出现在东安岛以南，三沙湾北部水域丰度较高，最高值出现在青山岛以北 [图 3-5（a）]。

2010 年 8 月官井洋及其邻近海域浮游动物平均总丰度为 188.03 ind./m³（55.56 ~ 462.78 ind./m³），最低值出现在青山岛西北，最高值出现在青山岛以北 [图 3-5（b）]。

2010 年 10 月官井洋及其邻近海域浮游动物平均总丰度为 15.10 ind./m³（2.65 ~ 44.94 ind./m³），湾内东南部水域丰度较低<10 ind./m³，最低值出现在东安岛以南站位，最高值出现在湾外站位 [图 3-5（c）]。

2011 年 4 月官井洋及其邻近海域浮游动物平均总丰度为 25.06 ind./m³（3.51 ~ 57.33 ind./m³），最低值出现在青山岛东北部，最高值出现在三都岛以北 [图 3-5（d）]。

2011 年 5 月官井洋及其邻近海域浮游动物丰度普遍较低，平均总丰度为 8.74 ind./m³（1.47 ~ 23.63 ind./m³），最低值出现在东安岛以南，最高值出现在湾口站位 [图 3-5（e）]。

在丰度上桡足类占绝对优势（不考虑浮游幼虫）（表 3-1），占浮游动物总丰度的 79.82%。其中驼背隆哲水蚤（*Acrocalanus gibber*）的平均丰度达 17.00 ind./m³，占浮游动物总丰度的 34.52%；背针胸刺水蚤（*Centropages dorsispinatus*）平均丰度为 11.34 ind./m³，占总丰度的 23.03%。此外，微刺哲水蚤（*Canthocalanus pauper*）、中华哲水蚤（*Calanus sinicus*）、太平洋纺锤水蚤（*Acartia pacifica*）等丰度也较多。

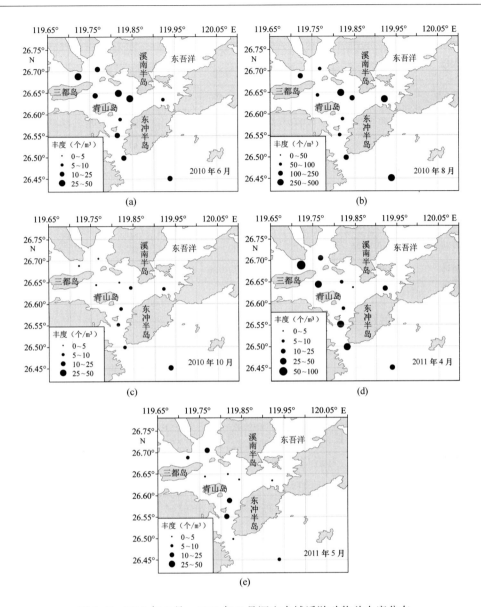

图 3-5　2010 年 6 月—2011 年 5 月调查水域浮游动物总丰度分布

表 3-1　浮游动物各类群总丰度及其百分比的季节变化　　　单位：ind./m³

类群	2011 年 4 月		2011 年 5 月		2010 年 6 月		2010 年 8 月		2010 年 10 月	
	丰度	百分比	丰度	百分比	丰度	百分比	丰度	百分比	丰度	百分比
水母类	2.27	4.01	3.02	11.79	0.28	0.16	9.13	1.14	0.28	0.42
介形类	0.00	0.00	0.00	0.00	0.27	0.16	5.56	0.69	1.24	1.85
桡足类	19.26	34.03	2.87	11.20	12.14	7.13	154.31	19.24	7.95	11.88
磷虾类	0.35	0.62	0.25	0.98	1.49	0.87	0.55	0.07	1.37	2.05

续表

类群	2011 年 4 月		2011 年 5 月		2010 年 6 月		2010 年 8 月		2010 年 10 月	
	丰度	百分比	丰度	百分比	丰度	百分比	丰度	百分比	丰度	百分比
糠虾类	0.01	0.02	0.08	0.31	0.98	0.58	1.99	0.25	0.08	0.12
端足类	0.00	0.00	0.00	0.00	0.00	0.00	0.02	0.00	0.01	0.01
十足类	0.00	0.00	0.01	0.04	0.02	0.01	0.57	0.07	0.06	0.09
毛颚类	1.11	1.96	1.52	5.93	0.64	0.38	9.05	1.13	3.45	5.15
被囊类	0.36	0.64	0.08	0.31	0.01	0.01	3.48	0.43	0.06	0.09
翼足类	0.00	0.00	0.00	0.00	0.00	0.00	0.03	0.00	0.00	0.00
浮游幼虫	33.24	58.73	17.79	69.44	154.53	90.71	617.44	76.98	52.44	78.34
总计	56.60	100.00	25.62	100.00	170.36	100.00	802.13	100.00	66.94	100.00

3.5 优势种及分布

从表 3-2 中可以看出，2010 年 6 月分布在该海区的浮游动物的优势种（优势度 $Y \geqslant 0.02$）有太平洋纺锤水蚤、真刺唇角水蚤（Labidocera euchaeta）、中华假磷虾（Pseudeuphausia sinica）、瘦尾胸刺水蚤（Centropages tenuiremis）、缘齿厚壳水蚤（Scolecithrix nicobarica）、长刺小厚壳水蚤（Scolecithricella longispinosa），其中，太平洋纺锤水蚤（$Y = 0.070$）为近岸亚热带种，占绝大多数，主要集中分布在 1#站附近，丰度为 23.61 ind./m³，其他站位丰度均小于 2.12 ind./m³。近岸暖温带种的真刺唇角水蚤（$Y = 0.056$）优势度也较高，全海区分布均匀。

2010 年 8 月分布在该海区的浮游动物的优势种（优势度 $Y \geqslant 0.02$）有驼背隆哲水蚤、背针胸刺水蚤、微刺哲水蚤、太平洋纺锤水蚤、精致真刺水蚤（Euchaeta concinna）、汤氏长足水蚤（Calanopia thompsoni）、百陶箭虫（Sagitta bedoti），均为亚热带种。其中，驼背隆哲水蚤（$Y = 0.204$）占绝大多数，在 4#站和 10#站有大量分布，背针胸刺水蚤（$Y = 0.118$）和微刺哲水蚤（$Y = 0.092$）的优势度也较高，且都集中分布于 4#站。

2010 年 10 月分布在该海区的浮游动物的优势种（优势度 $Y \geqslant 0.02$）有针刺拟哲水蚤（Paracalanus aculeatus）、百陶箭虫、精致真刺水蚤、中华假磷虾、微刺哲水蚤、肥胖箭虫（Sagitta enflata）、背针胸刺水蚤、齿形海萤（Cypridina dentata）、亚强次真哲水蚤（Subeucalanus subcrassus），多为亚热带外海种。其中，针刺拟哲水蚤（$Y = 0.100$）和百陶箭虫（$Y = 0.099$）占绝大多数，各站均有一定分布，精致真刺水蚤（$Y = 0.080$）的优势度也较高，10#站丰度最高为 15.00 ind./m³，其余站丰度均小于 4.00 ind./m³。

表 3-2　优势种的优势度、丰度百分比和出现率

优势种	2011年4月				2010年5月				2010年6月				2010年8月				2010年10月			
	Y	$\bar{x}$	$\bar{x}\%$(%)	O(%)	Y	$\bar{x}$	$\bar{x}\%$(%)	O(%)	Y	$\bar{x}$	$\bar{x}\%$(%)	O(%)	Y	$\bar{x}$	$\bar{x}\%$(%)	O(%)	Y	$\bar{x}$	$\bar{x}\%$(%)	O(%)
中华哲水蚤	0.54	15.2	53.6	100	0.17	2.57	24.38	70												
五角水母	0.08	2.24	7.9	100																
近缘大眼剑水蚤	0.05	1.38	4.86	100																
海龙箭虫	0.03	1.11	3.91	80	0.05	0.62	5.85	80												
球形侧腕水母					0.24	2.56	24.37	100												
百陶箭虫					0.05	0.81	7.65	70					0.02	5.95	2.38	100	0.1	2.25	11.05	90
太平洋纺锤水蚤									0.07	2.98	8.74	80	0.05	13.01	5.21	100				
真刺唇角水蚤									0.06	1.9	5.56	100								
中华假磷虾									0.04	1.49	4.37	90					0.07	1.37	6.74	100
瘦尾胸刺水蚤									0.04	1.47	4.29	90								
缘齿厚壳水蚤									0.04	2.02	5.92	60								
长刺小厚壳水蚤									0.02	0.98	2.86	80								
驼背隆哲水蚤													0.2	50.93	20.39	100				
背针胸刺水蚤													0.12	32.76	13.12	90	0.04	1.08	5.29	80
微刺哲水蚤													0.09	23.09	9.24	100	0.05	1.07	5.28	90
精致真刺水蚤													0.04	9.94	3.98	100	0.08	2.32	11.42	70

续表

优势种	2011年4月				2010年5月				2010年6月				2010年8月				2010年10月			
	Y	$\bar{x}$	$\bar{x}\%$ (%)	O (%)	Y	$\bar{x}$	$\bar{x}\%$ (%)	O (%)	Y	$\bar{x}$	$\bar{x}\%$ (%)	O (%)	Y	$\bar{x}$	$\bar{x}\%$ (%)	O (%)	Y	$\bar{x}$	$\bar{x}\%$ (%)	O (%)
汤氏长足水蚤													0.03	7.03	2.82	90				
针刺拟哲水蚤																	0.1	2.25	11.06	90
肥胖箭虫																	0.04	1.12	5.51	80
齿形海萤																	0.04	0.97	4.79	80
亚强真哲水蚤																	0.03	0.63	3.1	90

2011 年 4 月分布在该海区的浮游动物的优势种（优势度 $Y \geqslant 0.02$）有中华哲水蚤、五角水母（*Muggiaea atlantica*）、近缘大眼剑水蚤（*Corycaeus affinis*）、海龙箭虫（*Sagitta nagae*）。其中，中华哲水蚤（$Y=0.536$）占绝大多数，1#站和9#站丰度较高。五角水母（$Y=0.079$）的优势度也较高，较多分布于8#站和9#站。

2011 年 5 月分布在该海区的浮游动物的优势种（优势度 $Y \geqslant 0.02$）有球形侧腕水母（*Pleurobrachia globosa*）、中华哲水蚤、海龙箭虫、百陶箭虫。其中，球形侧腕水母（$Y=0.244$）占绝大多数，多分布于湾内西北部水域1#站和2#站，中华哲水蚤（$Y=0.171$）的优势度也较高，集中在7#站和8#站。

3.6 浮游动物综合性指数分析

浮游动物调查结果（图 3-6）表明：

2010 年 6 月，海区内浮游动物多样性指数 H' 的平均值为 3.48（范围 1.83 ~ 4.55），均匀度 J' 平均值为 0.76（范围 0.49 ~ 0.89），丰富度 D 平均值为 5.22（范围 2.06 ~ 8.96），最小值出现在三者岛以北，最大值出现在湾口。单纯度指数 C 平均值为 0.15（范围 0.05 ~ 0.38），最小值出现在湾口，最大值出现在三都岛以北。

2010 年 8 月，海区内浮游动物多样性指数 H' 的平均值为 3.59（范围 2.91 ~ 4.10），最小值出现在青山岛以北，最大值出现在湾口。均匀度 J' 平均值为 0.73（范围 0.59 ~ 0.85），最小值出现在青山岛以东，最大值出现在青山岛西北。丰富度 D 平均值为 3.98（范围 2.65 ~ 5.02），最小值出现在青山岛以北，最大值出现在湾口。单纯度指数 C 平均值为 0.13（范围 0.08 ~ 0.27），最小值出现在青山岛西北，最大值出现在青山岛以东。

2010 年 10 月，海区内浮游动物多样性指数 H' 的平均值为 3.28（范围 1.77 ~ 3.71），最小值出现在东安岛以南，最大值出现在青山岛以东。均匀度 J' 平均值为 0.82（范围 0.76 ~ 0.90），最小值出现在东安岛以南，最大值出现在青山岛东北。丰富度 D 平均值为 4.41（范围 2.57 ~ 7.74），最小值出现在东安岛以南，最大值出现在湾口。单纯度指数 C 平均值为 0.15（范围 0.11 ~ 0.40），最小值出现在青山岛西北，最大值出现在东安岛以南。

2011 年 4 月，海区内浮游动物多样性指数 H' 的平均值为 2.37（范围 1.34 ~ 3.02），最小值出现在青山岛以北，最大值出现在青山岛以东。均匀度 J' 平均值为 0.62（范围 0.42 ~ 0.77），最小值出现在外海，最大值出现在青山岛东北。丰富度 D 平均值为 3.54（范围 1.79 ~ 7.00），最小值出现在三都岛东北，最大值出现在青山岛东北。单纯度指数 C 平均值为 0.35（范围 0.20 ~ 0.59），最小值出现在东安岛以南，最大值出现在青山岛以北。

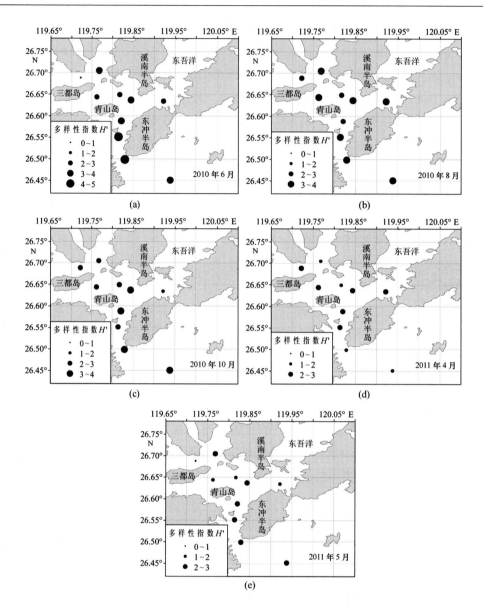

图 3-6　2010 年 6 月—2011 年 5 月调查海域浮游动物多样性指数 H' 分布

2011 年 5 月，海区内浮游动物多样性指数 H' 的平均值为 2.25（范围 0.93 ~ 3.20），最小值出现在三都岛以北，最大值出现在外海。均匀度 J' 平均值为 0.76（范围 0.40 ~ 0.96），最小值出现在三都岛以北，最大值出现在东安岛以南。丰富度 D 平均值为 3.49（范围 1.20 ~ 6.60），最小值出现在三都岛以北，最大值出现在青山岛东北。单纯度指数 C 平均值为 0.31（范围 0.15 ~ 0.72），最小值出现在外海，最大值出现在三都岛以北。

由图 3-7 可见，2010 年 6—8 月，海区浮游动物种类丰富度较高，单纯度指数低，生物多样性指数高；相反，2011 年 4 月和 5 月，浮游动物种类较少，丰富度低，单纯度指数较前 3 个月高，生物多样性指数低。各月均匀度变化不大，其中 2010 年 10 月平均均匀度最大，2011 年 4 月平均均匀度最小。

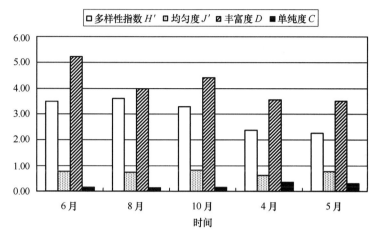

图 3-7　2010 年 6 月—2011 年 5 月调查海域浮游动物多样性指数 H'、均匀度 J'、丰富度 D、单纯度 C 的季节变化

3.7　官井洋饵料浮游动物概况

官井洋及其邻近海域研究共鉴定出浮游动物 99 种，分别隶属介形类、桡足类、水母类、浮游幼虫等 11 类，其中桡足类种类和浮游幼虫最多，分别占总种数的 42.42% 和 28.28%；总生物量均值为 466.3 mg/m³（23~2 189 mg/m³）；总丰度均值为 51.13 ind./m³（1.47~462.78 ind./m³）；主要优势种有百陶箭虫、中华哲水蚤、背针胸刺水蚤、微刺哲水蚤、精致真刺水蚤、太平洋纺锤水蚤、中华假磷虾、海龙箭虫，其中百陶箭虫为 2010 年 8 月、10 月和 2011 年 5 月 3 个月的优势种，中华哲水蚤在 2011 年 4 月和 5 月占绝对优势。另外，饵料浮游动物中的鱼卵、仔鱼种类组成、数量分布、优势种是官井洋大黄鱼繁殖水域渔业资源研究内容，将在下一章详细叙述。

官井洋及其邻近海域浮游动物平均多样性指数 $H' = 2.62$、均匀度 $J' = 0.71$、丰富度 $D = 3.34$、单纯度 $C = 0.27$。

第4章 官井洋大黄鱼繁殖水域的鱼卵仔鱼的分布

4.1 内容和方法

4.1.1 方法、时间和站位布设

鱼卵仔鱼调查根据《海洋调查规范》（GB 12763.6—2007），定量样品采用浅水 I 型浮游生物由底到表进行垂直拖网，拖速 0.5 m/s；定性样品采用大型浮游生物网进行水平拖网 10 min，拖速约 2.0 km/h。所有样品保存于 5% 的海水福尔马林溶液中，带回实验室内从浮游动物样品中挑取鱼卵、仔稚鱼标本，对各站标本进行种类鉴定、个体计数和发育阶段的判别。

2010 年 5—11 月，东海水产研究所对官井洋及其邻近海域的大黄鱼繁殖水域共进行了 10 个航次的鱼卵仔鱼调查，具体调查时间见表 4-1。调查范围为 26.40°—26.80°N、119.70°—120.10°E 水域，共设置 41 个鱼卵和仔稚鱼调查站位（图 4-1），各个航次调查站位略有变化详见表 4-2。其中，在大黄鱼繁殖保护区内设置 15 个站位，保护区外设置 22 个站位，外海的外浒水域设置 4 个站位。

表 4-1 官井洋大黄鱼繁殖水域鱼卵仔鱼调查时间和方式

航次名称简称	调查时间	调查站位数	调查方式
1	2010.5.26—29	20	垂直、水平拖网
2	2010.6.11—6.12	20	垂直、水平拖网
3	2010.6.13—6.14	20	垂直、水平拖网
4	2010.6.15—6.17	25	垂直、水平拖网
5	2010.6.23—6.27	34	垂直、水平拖网
6	2010.8.21—8.26	28	垂直、水平拖网
7	2010.9.22—9.26	25	垂直、水平拖网

续表

航次名称简称	调查时间	调查站位数	调查方式
8	2010.10.21—25	25	垂直、水平拖网
9	2010.10.29—31	24	垂直、水平拖网
10	2010.11.19—22	24	垂直、水平拖网

表 4-2　官井洋大黄鱼繁殖水域鱼卵仔鱼各航次调查地点和区域划分

区域	站号	北纬	东经	航次名称简称									
				1	2	3	4	5	6	7	8	9	10
大黄鱼繁殖保护区	6	26°39.998′	119°47.457′	√	√	√	√	√		√	√		
	10	26°38.960′	119°49.013′	√	√	√	√			√	√		
	12	26°38.212′	119°50.620′	√	√	√	√			√	√		
	13	26°36.884′	119°49.277′	√	√	√	√			√	√		
	16	26°38.222′	119°53.418′	√	√	√	√			√	√		
	17	26°36.821′	119°51.632′	√	√	√	√			√	√		
	19	26°35.297′	119°49.237′	√	√	√	√	√	√	√	√	√	√
	20	26°33.075′	119°48.834′	√	√	√	√	√	√	√	√	√	√
	21	26°29.919′	119°49.745′				√	√	√	√	√	√	√
	22	26°31.985′	119°56.035′				√	√	√	√	√	√	√
	23	26°28.798′	119°52.691′				√	√	√	√	√	√	√
	25	26°26.355′	119°52.182′				√	√	√	√	√	√	√
	29	26°39.102′	119°47.270′					√	√			√	√
	31	26°38.281′	119°49.762′					√	√			√	√
	32	26°37.226′	119°52.902′					√	√			√	√

区域	站号	北纬	东经	航次名称简称									
				1	2	3	4	5	6	7	8	9	10
保护区外	1	26°43.185′	119°44.851′	√	√	√	√			√	√		
	2	26°41.306′	119°43.309′	√	√	√	√	√	√	√	√	√	√
	3	26°42.299′	119°46.076′	√	√	√	√			√	√		
	4	26°41.384′	119°45.314′	√	√	√	√			√	√		
	5	26°41.107′	119°49.296′	√	√	√	√	√		√	√		
	7	26°38.632′	119°45.745′	√	√	√	√	√	√	√	√	√	√
	8	26°37.594′	119°43.303′	√	√	√	√	√	√	√	√	√	√
	9	26°40.042′	119°51.202′	√	√	√	√			√	√		
	11	26°38.096′	119°47.342′	√	√	√	√			√	√		
	14	26°35.472′	119°46.746′										
	15	26°39.900′	119°54.662′	√	√	√	√	√	√	√	√	√	√
	18	26°38.063′	119°55.308′	√	√	√	√			√	√		
	24	26°27.055′	119°56.283′				√	√	√	√	√	√	√
	26	26°45.383′	119°46.821′					√	√			√	√
	27	26°42.891′	119°46.490′					√	√			√	√
	28	26°40.385′	119°45.744′					√	√			√	√
	30	26°39.750′	119°49.408′					√	√			√	√
	33	26°43.076′	119°56.307′					√	√			√	√
	34	26°41.859′	119°57.609′					√	√			√	√
	35	26°43.866′	119°59.048′					√	√			√	√
	36	26°44.330′	119°57.113′					√	√			√	√
	37	26°45.211′	120°0.847′					√	√			√	√
外浒	38	26°34.944′	120°4.127′					√	√				
	39	26°34.828′	120°3.133′					√	√				
	40	26°33.809′	120°3.121′					√	√				
	41	26°33.814′	120°4.193′					√	√				

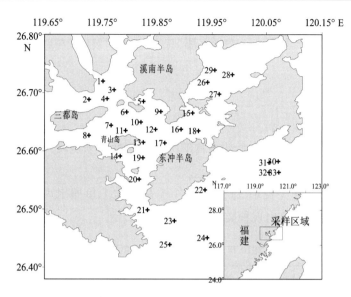

图 4-1 官井洋大黄鱼繁殖水域鱼卵仔鱼调查站位

4.1.2 数据处理

鱼卵仔鱼数据定量资料取自垂直网采数据，水平网以每网的实际数量（粒、尾）为指标来计算鱼卵、仔稚鱼的密度（粒或尾/网）；垂直网采用 $C_b = N_b /$（网口面积×拖网绳长×cosα）计算鱼卵、仔稚鱼密度 C_b，N_b 为全网鱼卵和仔稚鱼的个体数，C_b 单位为 ind./m³。

4.2 海况背景

6 月调查期间，东南风 4~5 级，海面天气以阴为主，时有雨，海面能见度一般，附近海水表温 24~25.1℃，底温 23.9~25℃，表盐 24.8~27.8，底盐 23.9~27.8。

8 月调查，东南风 4~5 级，海面天气以晴为主，时多云，海面能见度一般，附近海水表温 26.4~31.8℃，底温 26~31.7℃，表盐 18.8~20.6，底盐 19~20.1。

10 月调查期间，无持续风向，微风，海面天气以阴为主，时有雨，海面能见度一般，附近海水表温 22.0~24.2℃，底温 22.6~25.0℃，表盐 20.9~28.4，底盐 20.9~28.5。

11 月调查期间，无持续风向，微风，海面天气以阴为主，时有雨，海面能见度一般，附近海水表温 18.6~19.9℃，底温 18.2~19.9℃，表盐 19.7~27.8，底盐 19.3~27.8。

4.3　5月鱼卵仔鱼研究结果

4.3.1　种类组成

2010年5月航次1调查水平和垂直拖网采集的样品共鉴定鱼卵为3目6科9种以及一未定种。仔鱼为1目1科1种。

从标本鉴定结果看（表4-3），2010年5月航次1鱼卵出现种类是鲽形目、鲱形目和鲈形目种类；仔鱼出现种类是鲈形目。

表4-3　2010年5月航次1出现的鱼卵、仔鱼种类

目	科	种名	拉丁文	2010年5月航次1	
				鱼卵	仔鱼
鲽形目	舌鳎科	半滑舌鳎	*Cynoglossus semilaevis*	*	
		焦氏舌鳎	*Cynoglossus joyneri*	*	
鲱行目	鲱科	脂眼鲱	*Etrumeus micropus*	*	
鲈形目	鲾科	鲾属	*Leiognathus* sp.	*	
	鲷科	黑鲷	*Acanthopagrus schlegelii*	*	
	鳄齿鱼科	鳄齿鱼	*Champsodon snyderi*	*	
	鲭科	鲐鱼	*Scomber japonicus*	*	
	石首鱼科	大黄鱼	*Larimichthys crocea*	*	
	鳚科	美肩鳃鳚	*Omobranchus elegans*	*	
	虾虎鱼科		*Gobiidae* sp.		*
	鲻科	梭鱼	*Mugil soiuy*	*	
		未定种	sp.	*	

注：＊代表出现。

4.3.2　数量分布及优势种

2010年5月航次1调查期间鱼卵平均密度为0.74 ind./m³，仔鱼为0.02 ind./m³。

2010年5月航次1调查期间，垂直网调查鱼卵中黑鲷出现最多，占全部鱼卵总数的60.00%，其次为鲐鱼，占全部鱼卵的20.00%；仔鱼只出现了2尾虾虎鱼科；水平网鱼卵中鲐鱼出现最高，占全部鱼卵的50.12%，水平网调查中未出现仔鱼（表4-4）。

表 4-4　2010 年 5 月航次 1 鱼卵仔鱼种类数量组成及百分比　　　单位：ind./m³

种名	拉丁文	2010 年 5 月航次 1							
		垂直网				水平网			
		鱼卵		仔鱼		鱼卵		仔鱼	
		个数	%	个数	%	个数	%	个数	%
半滑舌鳎	*Cynoglossus semilaevis*	1	1.67						
鲾属	*Leiognathus* sp.	1	1.67			13	3.00		
大黄鱼	*Larimichthys crocea*		0.00			12	2.77		
鳄齿鱼	*Champsodon snyderi*	3	5.00			12	2.77		
凤鲚	*Coilia mystus*		0.00			2	0.46		
黑鲷	*Acanthopagrus schlegelii*	36	60.00			108	24.94		
焦氏舌鳎	*Cynoglossus joyneri*	1	1.67			10	2.31		
美肩鳃鳚	*Omobranchus elegans*		0.00			1	0.23		
石首鱼科	*Sciaenidae* sp.	1	1.67				0.00		
梭鱼	*Mugil soiuy*	1	1.67			50	11.55		
鲐鱼	*Scomber japonicus*	12	20.00			217	50.12		
未定种 0	sp.		0.00			1	0.23		
虾虎鱼科	*Gobiidae* sp.		0.00	2	100		0.00		
脂眼鲱	*Etrumeus micropus*	4	6.67			7	1.62		

2010 年 5 月航次 1 调查鱼卵和仔鱼数量分布不均匀。鱼卵和仔鱼密度分别在 4#站和 7#站位附近呈现较高值（图 4-2 和图 4-3）。

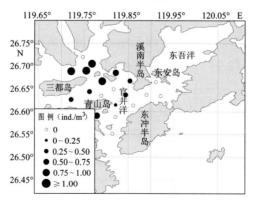

图 4-2　2010 年 5 月航次 1 鱼卵密度平面分布（ind./m³）

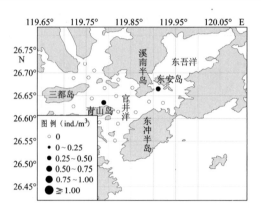

图4-3　2010年5月航次1仔鱼密度平面分布（ind./m³）

4.4　6月鱼卵仔鱼研究结果

4.4.1　种类组成

2010年6月共进行了4个航次的调查（表4-5~表4-7）。

2010年6月航次2调查水平和垂直拖网采集的样品共鉴定鱼卵为3目6科7种，仔鱼为1目1科1种。鱼卵出现种类是鲻形目、鲱行目和鲈形目种类；仔鱼出现种类是鲈形目。

2010年6月航次3调查水平和垂直拖网采集的样品共鉴定鱼卵为1目5科8种，其中有1个未定种；仔鱼为1目1科1种。鱼卵出现种类为鲈形目以及一未定种；仔鱼出现种类是鲈形目。

2010年6月航次4调查水平和垂直拖网采集的样品共鉴定鱼卵为4目9科11种以及一未定种，仔鱼为3目5科7种以及一未定种。鱼卵出现种类是鲱行目、灯笼鱼目、鲽形目和鲈形目以及一未定种；仔鱼出现种类是鲈形目、银汉鱼目和鲱行目及一未定种。

2010年6月航次5调查水平和垂直拖网共鉴定鱼卵4目11科14种，仔鱼5目11科15种。鱼卵出现种类是鲱行目、鲈形目、鳗鲡目、鲽形目及一未定种；仔鱼出现种类是鲈形目、鲱行目刺鱼目、颌针鱼目、银汉鱼目。

表 4-5　2010 年 6 月调查海域鱼卵、仔鱼种类组成

目	科	种名	拉丁文	航次 2 鱼卵	航次 2 仔鱼	航次 3 鱼卵	航次 3 仔鱼	航次 4 鱼卵	航次 4 仔鱼	航次 5 鱼卵	航次 5 仔鱼
刺鱼目	海龙科	粗吻海龙鱼	*Trachyrhamphus serratus*								*
灯笼鱼目	狗母鱼科	长蛇鲻	*Saurida elongata*					*			
鲽形目	舌鳎科	焦氏舌鳎	*Cynoglossus joyneri*					*		*	*
鲱行目	鲱科	鲱科	Clupeidae sp.							*	*
		金色小沙丁鱼	*Sardinella aurita*								*
		鳓鱼	*Ilisha elongata*						*		
		小公鱼属	*Stolephorus* sp.								*
	鳀科	脂眼鲱	*Etrumeus micropus*	*				*		*	
		中华小公鱼	*Stolephorus chinensis*						*	*	
颌针鱼目	颌针鱼科	圆颌针鱼	*Tylosurus melanotus*								*

续表

目	科	种名	拉丁文	航次2 鱼卵	航次2 仔鱼	航次3 鱼卵	航次3 仔鱼	航次4 鱼卵	航次4 仔鱼	航次5 鱼卵	航次5 仔鱼
鲈形目	鲾科	鲾属	*Leiognathus* sp.			*					
	带鱼科	带鱼	*Trachyrhamphus Linnaeus*					*		*	
		小带鱼	*Eupleurogrammus muticus*							*	*
	鲷科	鲷科	*Sparidae* sp.	*							
		黑鲷	*Acanthopagrus schlegelii*			*		*		*	
	鳄齿鱼科	鳄齿鱼	*Champsodon snyderi*			*		*		*	*
	鲭科	斑点马鲛	*Scomberomorus guttatus*			*		*		*	
		蓝点马鲛	*Scomberomorus niphonius*	*		*					*
		鲐鱼	*Scomber japonicus*	*		*		*		*	
	鲹科	鲹科	*Carangidae* sp.					*			
	石首鱼科	白姑鱼	*Argyrosomus argentatus*					*	*		
		大黄鱼	*Larimichthys crocea*	*		*		*		*	*
		石首鱼科	*Sciaenidae* sp.					*	*	*	*
	鳚科	美肩鳃鳚	*Omobranchus elegans*				*				*
		鳚科	*Blenniidae* sp.						*		*
	鱚科	少鳞鱚	*Sillago japonica*							*	*
	虾虎鱼科	牙尾虾虎鱼	*Chaeturichthys stigmatias*						*	*	
		虾虎鱼科	*Gobiidae* sp.						*		*
		虾虎鱼科	*Gobiidae* sp.		*						
	鲻科	梭鱼	*Mugil soiuy*	*				*		*	

续表

目	科	种名	拉丁文	航次2 鱼卵	航次2 仔鱼	航次3 鱼卵	航次3 仔鱼	航次4 鱼卵	航次4 仔鱼	航次5 鱼卵	航次5 仔鱼
鳗鲡目	蛇鳗科	蛇鳗科	Ophichthyidae sp.							*	
银汉鱼目	银汉鱼科	白氏银汉鱼	Atherina bleekeri						*		*
鲻形目	鲻科	鲻属	Mugil sp.	*							
		未定种1	sp1.			*		*		*	
		未定种2	sp2.						*		*

注: * 代表出现。

表4-6　2010年6月垂直网调查海域鱼卵、仔鱼种类数量组成及百分比

单位: ind./m³

种名	拉丁文	航次2 鱼卵 个数	航次2 鱼卵 %	航次2 仔鱼 个数	航次2 仔鱼 %	航次3 鱼卵 个数	航次3 鱼卵 %	航次3 仔鱼 个数	航次3 仔鱼 %	航次4 鱼卵 个数	航次4 鱼卵 %	航次4 仔鱼 个数	航次4 仔鱼 %	航次5 鱼卵 个数	航次5 鱼卵 %	航次5 仔鱼 个数	航次5 仔鱼 %
白姑鱼	Argyrosomus argentatus									33	39.29	2	4.65				
白氏银汉鱼	Atherina bleekeri									18	21.43	1	2.33				
斑点马鲛	Scomberomorus guttatus			2	4.26	6	18.18							1	1.01		
鰏属	Leiognathus sp.					1	3.03							4	4.04		
粗吻海龙鱼	Trachyrhamphus serratus															1	1.03
大黄鱼	Larimichthys crocea			7	14.89	3	9.09									2	2.06
带鱼	Trichiurus lepturus Linnaeus					2	2.38										0.00

续表

种名	拉丁文	航次2 鱼卵 个数	%	航次2 仔鱼 个数	%	航次3 鱼卵 个数	%	航次3 仔鱼 个数	%	航次4 鱼卵 个数	%	航次4 仔鱼 个数	%	航次5 鱼卵 个数	%	航次5 仔鱼 个数	%
鲷科	Sparidae sp.															3	3.09
鳄齿鱼	Champsodon snyderi					2	6.06			1	1.19						
鲱科	Clupeidae sp.															1	1.03
黑鲷	Acanthopagrus schlegelii	24	51.06			20	60.61							36	36.36		
焦氏舌鳎	Cynoglossus joyneri									5	5.95			3	3.03		
金色小沙丁鱼	Sardinella aurita															3	3.09
蓝点马鲛	Scomberomorus niphonius			1	2.13												
鰣鱼	Ilisha elongata											1	2.33				
矛尾虾虎鱼	Chaeturichthys stigmatias											20	46.51				
美肩鳃鳚	Omobranchus elegans							2	100							11	11.34
少鳞鱚	Sillago japonica															1	1.03
蛇鳗科	Ophichthyidae sp.													1	1.01		
鲹科	Carangidae sp.									7	8.33						
石首鱼科	Sciaenidae sp.									3	3.57	1	2.33			3	3.09
梭鱼	Mugil soiuy	10	21.28							3	3.57						
鲐鱼	Scomber japonicus	2	4.26							7	8.33						
未定种1	sp1.					1	3.03			2	2.38						

续表

种名	拉丁文	航次2 鱼卵 个数	%	航次2 仔鱼 个数	%	航次3 鱼卵 个数	%	航次3 仔鱼 个数	%	航次4 鱼卵 个数	%	航次4 仔鱼 个数	%	航次5 鱼卵 个数	%	航次5 仔鱼 个数	%
未定种3	sp3.											1	2.33			3	3.09
鳚科	Blenniidae sp.															3	3.09
虾虎鱼科	Gobiidae sp.			3	100							16	37.21			66	68.04
小公鱼属	Stolephorus sp.													36	36.36		
长蛇鲻	Saurida elongata									1	1.19						
脂眼鲱	Etrumeus micropus	1	2.13							2	2.38			17	17.17		
中华小公鱼	Stolephorus chinensis											1	2.33				

表 4-7　2010 年 6 月水平网调查海域鱼卵、仔鱼种类数量组成及百分比

单位：ind./m³

种名	拉丁文	航次2 鱼卵 个数	%	航次2 仔鱼 个数	%	航次3 鱼卵 个数	%	航次3 仔鱼 个数	%	航次4 鱼卵 个数	%	航次4 仔鱼 个数	%	航次5 鱼卵 个数	%	航次5 仔鱼 个数	%
白氏银汉鱼	Atherina bleekeri									33	55.93	2	8.33				
斑点马鲛	Scomberomorus guttatus											1	4.17				
鲾属	Leiognathus sp.	1.00	20.00			6	18.75			18	30.51			1	2.22		
大黄鱼	Larimichthys crocea	4.00	80.00			1	3.13							4	8.89		
鳄牙鱼	Champsodon snyderi															1	4.55

种名	拉丁文	航次2 鱼卵 个数	%	航次2 仔鱼 个数	%	航次3 鱼卵 个数	%	航次3 仔鱼 个数	%	航次4 鱼卵 个数	%	航次4 仔鱼 个数	%	航次5 鱼卵 个数	%	航次5 仔鱼 个数	%
黑鲷	Acanthopagrus schlegelii					3	9.38									2	9.09
焦氏舌鳎	Cynoglossus joyneri									2	3.39						
蓝点马鲛	Scomberomorus niphonius															3	13.64
美肩鳃鳚	Omobranchus elegans					2	6.25			1	1.69						
石首鱼科	Sciaenidae sp.													1	2.22	1	4.55
梭鱼	Mugil soiuy					20	62.50							36	80.00		
鲐鱼	Scomber japonicus									5	8.47			3	6.67		
未定种	sp1.							2	100								
虾虎鱼科	Gobiidae sp.																
小带鱼	Eupleurogrammus muticus											1	4.17				
小公鱼属	Stolephorus sp.											20	83.33				
圆颌针鱼	Tylosurus melanotus															11	50.00
脂眼鲱	Etrumeus micropus															1	4.55

4.4.2　数量分布及优势种

2010 年 6 月航次 2 调查期间鱼卵平均密度为 0.74 ind./m³，仔鱼为 0.02 ind./m³。鱼卵中黑鲷出现最多，占全部鱼卵总数的 51.06%，其次鲾属，占全部鱼卵的 21.43%；仔鱼只出现了 3 尾虾虎鱼科。航次 2 调查鱼卵和仔鱼数量分布不均匀。鱼卵和仔鱼数量分别在 4#站和 7#站位附近呈现较高值（图 4-4 和图 4-5）。在 2010 年 6 月航次 2 调查中主要鱼卵有大黄鱼、黑鲷等，主要仔鱼只有虾虎鱼科。

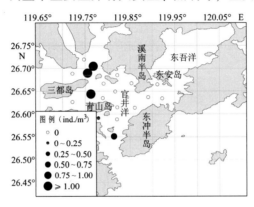

图 4-4　2010 年 6 月航次 2 鱼卵密度平面分布（ind./m³）

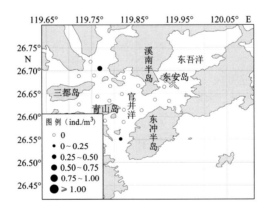

图 4-5　2010 年 6 月航次 2 仔鱼密度平面分布（ind./m³）

2010 年 6 月航次 3 调查期间鱼卵平均密度为 0.34 ind./m³，仔鱼为 0.02 ind./m³。鱼卵中黑鲷出现最多，占全部鱼卵总数的 60.61%，其次为斑点马鲛，占全部鱼卵的 18.18%；仔鱼只出现了 2 尾美肩鳃鳚仔鱼。航次 3 调查鱼卵和仔鱼数量分布不均匀。鱼卵和仔鱼数量分别在 4#站和 12#站位附近呈现较高值（图 4-6 和图 4-7）。2010 年 6 月航次 3 调查中主要鱼卵有斑点马鲛、大黄鱼、黑鲷等，仔鱼只出现了 2 尾美肩鳃鳚。

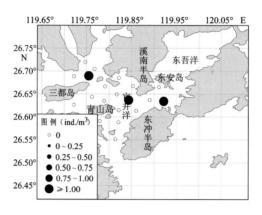

图 4-6　2010 年 6 月航次 3 鱼卵密度平面分布（ind./m³）

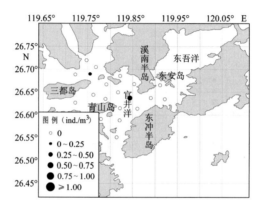

图 4-7　2010 年 6 月航次 3 仔鱼密度平面分布（ind./m³）

2010 年 6 月航次 4 调查期间鱼卵平均密度为 0.78 ind./m³，仔鱼为 0.38 ind./m³。鱼卵中白姑鱼出现最多，占全部鱼卵总数的 39.29%，其次为斑点马鲛，占全部鱼卵总数的 21.43%；仔鱼中矛尾虾虎鱼出现最多，占全部仔鱼数的 46.51%，其次为虾虎鱼科，占全部仔鱼数的 37.21%。航次 4 调查鱼卵和仔鱼数量分布不均匀。鱼卵和仔鱼数量分别在 14#站和 18#站位附近呈现较高值（图 4-8 和图 4-9）。在 2010 年 6 月航次 4 调查中主要鱼卵有蓝点马鲛、矛尾虾虎鱼、虾虎鱼科、焦氏舌鳎、鲐鱼等，主要仔鱼有矛尾虾虎鱼、虾虎鱼科、白姑鱼等。

2010 年 6 月航次 5 调查期间鱼卵平均密度为 2.57 ind./m³，仔鱼为 1.24 ind./m³。鱼卵中黑鲷出现最多，占全部鱼卵总数的 33.54%，其次为小公鱼属和脂眼鲱，分别占全部鱼卵总数的 36.36% 和 14.41%；仔鱼中虾虎鱼科出现最多，占全部仔鱼密度的 48.72%，其次为美肩鳃鳚，占全部仔鱼密度的 32.05%。航次 5 调查鱼卵和仔鱼数量分布不均匀。鱼卵和仔鱼数量分别在 33#站和 35#站位附近呈现较高值（图 4-10 和图 4-11）。2010 年 6 月航次 5 调查中主要鱼卵有黑

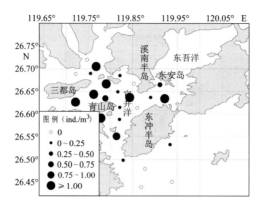

图 4-8　2010 年 6 月航次 4 鱼卵密度平面分布（ind./m³）

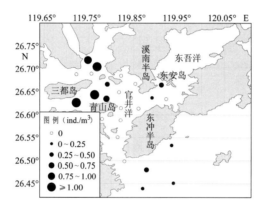

图 4-9　2010 年 6 月航次 4 仔鱼密度平面分布（ind./m³）

鲷、脂眼鲱、大黄鱼、鲐鱼、小公鱼属等，主要仔鱼有斑虾虎鱼科、美肩鳃鳚、金色小沙丁鱼等。

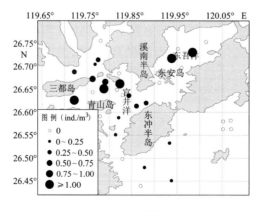

图 4-10　2010 年 6 月航次 5 鱼卵密度平面分布（ind./m³）

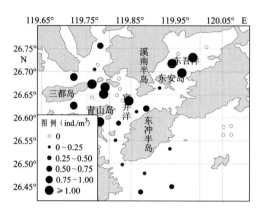

图 4-11　2010 年 6 月航次 5 仔鱼密度平面分布（ind./m³）

4.5　8 月鱼卵仔鱼研究结果

4.5.1　种类组成

2010 年 8 月航次 6 调查水平和垂直拖网鉴定鱼卵为 4 目 7 科 9 种及 1 未定种，仔鱼为 4 目 8 科 11 种及 1 未定种（表 4-8）。

表 4-8　2010 年 8 月航次 6 出现的鱼卵、仔鱼种类

目	科	种名	拉丁文	2010 年 8 月航次 6	
				鱼卵	仔鱼
鲱形目	鳀科	中华小公鱼	*Stolephorus chinensis*		*
灯笼鱼目	狗母鱼科	长蛇鲻	*Saurida elongata*	*	
鲈形目	鲾科	鲾属	*Leiognathus* sp.	*	
	带鱼科	带鱼	*Trachyrhamphus Linnaeus*	*	
		小带鱼	*Eupleurogrammus muticus*	*	
	鲷科	黑鲷	*Acanthopagrus schlegelii*	*	
	鲭科	鲐鱼	*Scomber japonicus*		*
	石首鱼科	白姑鱼	*Argyrosomus argentatus*		*
		大黄鱼	*Larimichthys crocea*	*	*
		棘头梅童鱼	*Collichthys lucidus*		*
	鳚科	肩鳃鳚属	*Omobranchus* sp.		*
		美肩鳃鳚	*Omobranchus elegans*		*
		少鳞鱚	*Sillago japonica*		*
	虾虎鱼科	虾虎鱼科	*Gobiidae* sp.		*

续表

目	科	种名	拉丁文	2010 年 8 月航次 6	
				鱼卵	仔鱼
银汉鱼目	银汉鱼科	白氏银汉鱼	*Atherina bleekeri*		*
鲟形目	舒科	舒属	*Sphyraena* sp.		*
	鲻科	鲻属	*Mugil* sp.	*	
鲽形目	舌鳎科	焦氏舌鳎	*Cynoglossus joyneri*	*	
		未定种 1	sp1. indet.	*	
		未定种 3	sp3. indet.		*

注：* 代表出现。

2010 年 8 月航次 6 鱼卵出现种类是灯笼鱼目、鲟形目、鲽形目和鲈形目及一未定种；仔鱼出现种类是鲈形目、鲱行目、银汉鱼目、鲟形目及一未定种（表 4-8）。

4.5.2 数量分布及优势种

2010 年 8 月航次 6 调查期间鱼卵平均密度为 0.03 ind./m³，仔鱼为 1.54 ind./m³。

2010 年 8 月航次 6 调查期间，垂直网鱼卵调查中长蛇鲻出现比例最高；水平网鱼卵调查中黑鲷出现最多，占全部鱼卵总数的 50.00%，仔鱼中肩鳃鳚属出现最多，占全部仔鱼数的 66.67%（表 4-9）。

2010 年 8 月航次 6 调查鱼卵和仔鱼数量分布不均匀。鱼卵和仔鱼数量分别在 32#号和 33#站位附近呈现较高值（图 4-12 和图 4-13）。2010 年 8 月航次 6 调查中主要鱼卵有黑鲷、长蛇鲻、大黄鱼、鲻属等，主要仔鱼有虾虎鱼科、美肩鳃鳚等。

表 4-9 鱼卵、仔鱼种类数量组成及百分比 单位：ind./m³

种名	拉丁文	2010 年 8 月航次 6							
		垂直网				水平网			
		鱼卵		仔鱼		鱼卵		仔鱼	
		个数	%	个数	%	个数	%	个数	%
白姑鱼	*Argyrosomus argentatus*			3	4.41				
白氏银汉鱼	*Atherina bleekeri*			1	1.47				
鲻属	*Leiognathus* sp.	1	14.29			3	4		
大黄鱼	*Larimichthys crocea*	1	14.29			2	2	1	16.67
带鱼	*Trachyrhamphus Linnaeus*	1	14.29						

续表

种名	拉丁文	2010 年 8 月航次 6							
		垂直网				水平网			
		鱼卵		仔鱼		鱼卵		仔鱼	
		个数	%	个数	%	个数	%	个数	%
黑鲷	*Acanthopagrus schlegelii*					41	50		
棘头梅童鱼	*Collichthys lucidus*			2	2.94				
肩鳃鳚属	*Omobranchus* sp.							4	66.67
焦氏舌鳎	*Cynoglossus joyneri*					1	1		
美肩鳃鳚	*Omobranchus elegans*			10	14.71				
少鳞鱚	*Sillago japonica*			1	1.47				
舌鳎	*Cymoglossus* sp.					3	4		
鲐鱼	*Scomber japonicus*			1	1.47				
未定种	sp. 1					11	13		
未定种 3	sp. 3			2	2.94				
虾虎鱼科	*Gobiidae* sp.			46	67.65			1	16.67
小带鱼	*Eupleurogrammus muticus*	1	14.29						
魣属	*Sphyraena* sp.			1	1.47				
长蛇鲻	*Saurida elongata*	3	42.86			14	17		
中华小公鱼	*Stolephorus chinensis*			1	1.47				
鲻属	*Mugil* sp.					7	9		

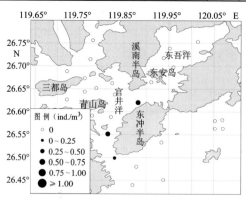

图 4-12　2010 年 8 月航次 6 鱼卵密度平面分布（ind./m^3）

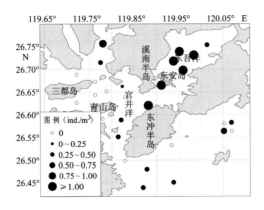

图 4-13　2010 年 8 月航次 6 仔鱼密度平面分布（ind./m³）

4.6　9 月鱼卵仔鱼研究结果

4.6.1　种类组成

2010 年 9 月航次 7 调查水平和垂直拖网采集的样品共鉴定鱼卵为 1 目 3 科 3 种，仔鱼为 1 目 1 科 1 种（表 4-10）。

表 4-10　2010 年 9 月航次 7 鱼卵、仔鱼种类

目	科	种名	拉丁文	2010 年 9 月航次 7	
				鱼卵	仔鱼
鲈形目	鲾科	鲾属	*Leiognathus* sp.	*	
	带鱼科	带鱼	*Trachyrhamphus Linnaeus*	*	
	石首鱼科	白姑鱼	*Argyrosomus argentatus*	*	
	虾虎鱼科	虾虎鱼科	Gobiidae sp.		*

注：＊代表出现。

从调查结果来看（表 4-10），2010 年 9 月航次 7 鱼卵出现种类是鲈形目种类；仔鱼出现种类是鲈形目。

4.6.2　数量分布及优势种

2010 年 9 月航次 7 调查期间鱼卵平均密度为 0.03 ind./m³，仔鱼为 0.07 ind./m³。

2010 年 9 月航次 7 调查期间，鱼卵中白姑鱼、鲾属、带鱼鱼卵出现一个，仔鱼只出虾虎鱼科（表 4-11）。

表 4-11　鱼卵、仔鱼种类数量组成及百分比　　　　　　　单位：ind./m³

种名	拉丁文	2010 年 9 月航次 7							
		垂直				水平网			
		鱼卵		仔鱼		鱼卵		仔鱼	
		个数	%	个数	%	个数	%	个数	%
白姑鱼	*Argyrosomus argentatus*	1	33.33						
鲾属	*Leiognathus* sp.	1	33.33						
带鱼	*Trachyrhamphus Linnaeus*	1	33.33						
虾虎鱼科	Gobiidae sp.			0		7	100		
合计		3		7					

　　2010 年 9 月航次 7 鱼卵和仔鱼数量分布不均匀。鱼卵和仔鱼数量同在 18#站位附近呈现较高值（图 4-14 和图 4-15）。在 2010 年 9 月航次 7 调查中鱼卵有姑鱼、鲾属、带鱼等，主要仔鱼有虾虎鱼科。

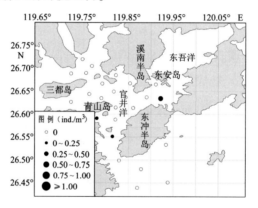

图 4-14　2010 年 9 月航次 7 鱼卵密度平面分布（ind./m³）

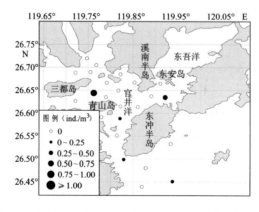

图 4-15　2010 年 9 月航次 7 仔鱼密度平面分布（ind./m³）

4.7　10 月鱼卵仔鱼研究结果

4.7.1　种类组成

2010 年 10 月共进行了 2 个航次的调查（表 4-12）。

表 4-12　2010 年 10 月调查出现的鱼卵、仔鱼种类

目	科	种名	拉丁文	2010 年 10 月航次 8		2010 年 10 月航次 9	
				鱼卵	仔鱼	鱼卵	仔鱼
鲱行目	鲱科	青鳞鱼	*Sardinella zunasi*				*
	鳀科	鳀	*Engraulidae* sp.				*
鲻形目	鲻科	鲻属	*Mugil* sp.	*	*		*
鲈形目	唇指䱾科	背带䱾	*Cheilodactylus quadricornis*	*		*	
	带鱼科	带鱼	*Trachyrhamphus Linnaeus*			*	
	鳄齿鱼科	鳄齿鱼	*Champsodon snyderi*			*	
	䲁	叉牙䱪	*Helotes sexlineatus*				*
	鲻科	鲈鱼	*Liza haematocheila*	*		*	
	石首鱼科	白姑鱼	*Argyrosomus argentatus*	*	*	*	
		未定种	Sciaenidae sp.	*			
		大黄鱼	*Larimichthys crocea*		*		*
	鱚科	少鳞鱚	*Sillago japonica*		*	*	
	虾虎鱼科	虾虎鱼科	Gobiidae sp.		*	*	*
鲽形目	舌鳎科	半滑舌鳎	*Cynoglossus semilaevis*	*		*	
		焦氏舌鳎	*Cynoglossus joyneri*			*	

注：*代表出现。

2010 年 10 月航次 8 调查水平和垂直拖网采集的样品共鉴定鱼卵为 3 目 5 科 6 种，仔鱼为 2 目 4 科 6 种。鱼卵出现种类是鲻形目、鲽形目和鲈形目；仔鱼出现种类是鲈形目和鲻形目。

2010 年 10 月航次 9 调查水平和垂直拖网采集的样品共鉴定鱼卵为 2 目 8 科 9 种及一未定种，仔鱼为 3 目 6 科 6 种。鱼卵出现种类是鲽形目和鲈形目；仔鱼出现种类是鲈形目、鲱行目和鲻形目。

4.7.2　数量分布及优势种

2010 年 10 月航次 8 调查期间鱼卵平均密度为 0.09 ind./m³，仔鱼为 0.04 ind./m³。鱼卵中白姑鱼出现最多，占全部鱼卵总数的 43.75%，仔鱼种大黄鱼出现最多，占全部仔鱼总数的 40.00%，其次为虾虎鱼科，占全部仔鱼的 26.67%（表 4-13）。

表4-13　鱼卵仔鱼种类数量组成及百分比

单位：ind./m³

种名	拉丁文	2010年10月航次8				2010年10月航次9							
		垂直网				垂直网				水平网			
		鱼卵		仔鱼		鱼卵		仔鱼		鱼卵		仔鱼	
		个数	%	个数	%	个数	%	个数	%	个数	%	个数	%
白姑鱼	*Argyrosomus argentatus*	7	43.75	1	6.67	2	22.22			31	15.05		
半滑舌鳎	*Cynoglossus semilaevis*	1	6.25				1.00			12	5.83		
背带翁	*Cheilodactylus quadricornis*	3	18.75				0.00			62	30.10		
叉牙鯻	*Helotes sexlineatus*		1.00								1.00	1	14.29
大黄鱼	*Larimichthys crocea*		0.00	6	40.00		0.00	1	100		0.00	1	14.29
带鱼	*Trachyrhamphus Linnaeus*		0.00				0.00			8	3.88		1.00
鳄齿鱼	*Champsodon snyderi*		0.00			1	11.11				1.00		0.00
焦氏舌鳎	*Cynoglossus joyneri*		0.00				1.00			1	0.49		0.00
鲈鱼	*Liza haematocheila*	2	12.50			1	11.11			92	44.66		0.00
青麟鱼	*Sardinella zunasi*		1.00				1.00					1	14.29
少鳞鱚	*Sillago japonica*		0.00	1	6.67	2	22.22						1.00
石首鱼科	*Sciaenidae* sp.	1	6.25	2	13.33		1.00						0.00
鳀	*Engraulidae* sp.		1.00				0.00					3	42.86
未定种2	sp.2		0.00			2	22.22						1.00
虾虎鱼科	*Gobiidae* sp.		0.00	4	26.67	1	11.11					1	14.29
鯔属	*Mugil* sp.	2	12.50	1	6.67			1					

2010 年 10 月航次 8 调查鱼卵和仔鱼数量分布不均匀（图 4-16 和图 4-17）。鱼卵和仔鱼数量分别在 8#和 23#站位附近呈现较高值。2010 年 10 月航次 8 调查中主要鱼卵有白姑鱼、大黄鱼、鲈鱼等，主要仔鱼有大黄鱼、虾虎鱼科等。

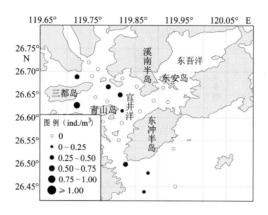

图 4-16　2010 年 10 月航次 8 鱼卵密度平面分布（ind./m³）

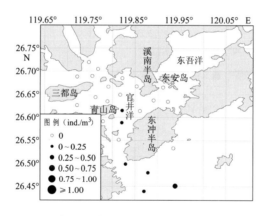

图 4-17　2010 年 10 月航次 8 仔鱼密度平面分布（ind./m³）

2010 年 10 月航次 9 调查期间鱼卵平均密度为 0.14 ind./m³，仔鱼为 0.01 ind./m³。垂直网鱼卵调查中少鳞鱚所占比列最高；水平网调查中鱼卵中鲈鱼出现最多，占全部鱼卵总数的 44.66%，其次为背带鳀，占全部鱼卵的 30.10%；仔鱼中鳀鱼出现最多，占全部仔鱼数的 42.86%。航次 9 调查鱼卵和仔鱼数量分布不均匀（图 4-18 和图 4-19）。鱼卵和仔鱼数量分别在 36#站和 19#站位附近呈现较高值。2010 年 10 月航次 9 调查中主要鱼卵有鲈鱼、背带鳀、白姑鱼和半滑舌鳎等，主要仔鱼有鳀鱼、青鳞鱼和大黄鱼等。

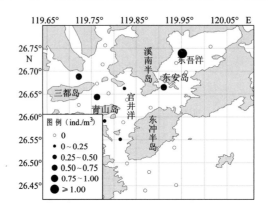

图 4-18　2010 年 10 月航次 9 鱼卵密度平面分布（ind./m³）

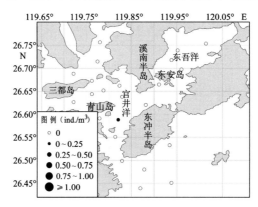

图 4-19　2010 年 10 月航次 9 仔鱼密度平面分布（ind./m³）

4.8　11 月鱼卵仔鱼研究结果

4.8.1　种类组成

2010 年 11 月航次 10 调查水平和垂直拖网采集的样品共鉴定鱼卵为 1 目 3 科 3 种，未出现仔鱼（表 4-14）。鱼卵出现种类是鲈形目；未出现仔鱼。

表 4-14　2010 年 11 月调查鱼卵、仔鱼种类

目	科	种名	拉丁文	2010 年 11 月航次 10	
				鱼卵	仔鱼
鲈形目	鳄齿鱼科	鳄齿鱼	*Champsodon snyderi*	*	
	鮨科	中国花鲈	*Lateolabrax maculatus*	*	
	鱚科	少鳞鱚	*Sillago japonica*	*	

注：＊代表出现。

4.8.2　数量分布及优势种

2010 年 11 月航次 10 调查期间鱼卵平均密度为 0.23 ind./m³，未出现仔鱼。

2010 年 11 月航次 10 调查期间，垂直网中鱼卵中鳄齿鱼出现最多，占全部鱼卵总数的 77.42%，其次为中国花鲈和少鳞鱚，分别占全部鱼卵总数的 12.90% 和 9.68%；未出现仔鱼，水平调查中未出现鱼卵和仔鱼（表 4-15）。

表 4-15　鱼卵、仔鱼种类数量组成及百分比　　　　　　单位：ind./m³

种名	拉丁文	2010 年 11 月航次 10							
		垂直网				水平网			
		鱼卵		仔鱼		鱼卵		仔鱼	
		个数	%	个数	%	个数	%	个数	%
短鳄齿鱼	*Champsodon snyderi*	24	77.42						
中国花鲈	*Lateolabrax maculatus*	4	12.9						
少鳞鱚	*Sillago japonica*	3	9.68						
合计		31							

2010 年 11 月航次 10 调查鱼卵和仔鱼数量分布不均匀（图 4-20 和图 4-21）。鱼卵和密度在 30# 站位附近呈现较高值。2010 年 11 月航次 10 调查中主要鱼卵有短鳄齿鱼、中国花鲈和少鳞鱚，未出现仔鱼。

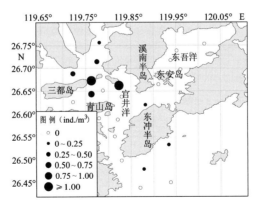

图 4-20　2010 年 11 月航次 10 鱼卵密度平面分布（ind./m³）

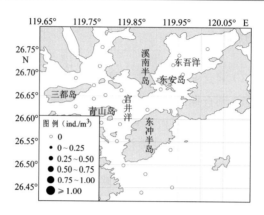

图 4-21　2010 年 11 月航次 10 仔鱼密度平面分布（ind./m³）

4.9　鱼卵和仔鱼的季节变动

4.9.1　鱼卵种类季节变化的特征

2010 年 6 月航次 4 调查水平和垂直拖网采集的样品共鉴定鱼卵为 4 目 11 科 14 种，出现种类是鲱行目、鲈形目、鳗鲡目、鲽形目及一未定种；2010 年 8 月航次 5 调查水平和垂直拖网鉴定鱼卵为 4 目 7 科 9 种及一未定种，出现种类是灯笼鱼目、鲻形目、鲽形目和鲈形目及一未定种；2010 年 10 月航次 8 调查水平和垂直拖网鉴定鱼卵为 2 目 8 科 9 种及一未定种，鱼卵出现种类是鲽形目和鲈形目种类；2010 年 11 月航次 9 调查水平和垂直拖网鉴定鱼卵为 1 目 3 科 3 种，出现种类是鲈形目（表 4-16）。

表 4-16　调查出现的鱼卵种类组成

目	种名		调查时间			
			2010 年 6 月（4）	2010 年 8 月（5）	2010 年 10 月（8）	2010 年 11 月（9）
灯笼鱼目	长蛇鲻	*Saurida elongata*		*		
鲽形目	半滑舌鳎	*Cynoglossus semilaevis*			*	
	焦氏舌鳎	*Cynoglossus joyneri*	*	*	*	
	舌鳎	Cymoglossus sp.		*		
鲱行目	鲱科	Clupeidae sp.	*			
	脂眼鲱	*Etrumeus micropus*	*			
	小公鱼属	Stolephorus sp.	*			

续表

目	种名		调查时间			
			2010 年 6 月 (4)	2010 年 8 月 (5)	2010 年 10 月 (8)	2010 年 11 月 (9)
鲈形目	鰏属	*Leiognathus* sp.	＊	＊		
	背带翁	*Cheilodactylus quadricornis*			＊	
	带鱼	*Trachyrhamphus Linnaeus*		＊	＊	
	小带鱼	*Eupleurogrammus muticus*	＊	＊		
	黑鲷	*Acanthopagrus schlegelii*	＊	＊		
	短鳄齿鱼	*Champsodon snyderi*	＊		＊	＊
	鲈鱼	*Liza haematocheila*			＊	
	中国花鲈	*Lateolabrax maculatus*				＊
	斑点马鲛	*Scomberomorus guttatus*	＊			
	鲐鱼	*Scomber japonicus*	＊			
	白姑鱼	*Argyrosomus argentatus*			＊	
	大黄鱼	*Larimichthys crocea*	＊	＊		
	石首鱼科	Sciaenidae sp.	＊			
	少鳞鱚	*Sillago japonica*			＊	＊
	虾虎鱼科	Gobiidae sp.			＊	
	梭鱼	*Mugil soiuy*	＊			
鳗鲡目	蛇鳗科	Ophichthyidae sp.	＊			
鲻形目	鲻属	Mugil sp.		＊		
未定种 1		sp1. indet.	＊	＊		
未定种 2		sp2. indet.			＊	

注：＊代表出现。

这一水域鱼卵种类组成出现一定的季节特征：6 月和 8 月出现的种类较多，显示出这些季节是鱼类产卵的主要季节。其次是地方性鱼的种类较多，如长蛇鲻、黑鲷、焦氏舌鳎、小公鱼、背带翁、中国花鲈和短鳄齿鱼（*Champsodon snyderi*）等，有些地方鱼类产卵周期较长，例如，焦氏舌鳎 6 月到 10 月都可以产卵，而短鳄齿鱼从 6 月到 11 月也都可以产卵。洄游性鱼类也有较多的种类，带鱼、斑点马鲛、鲐鱼、白姑鱼和大黄鱼都有长距离洄游的特性。大黄鱼主要在 6 月产卵，8 月仍有个别卵被检测到。

4.9.2　鱼卵的数量分布

2010 年 6 月航次 4 调查期间鱼卵平均密度为 2.57 ind./m³。垂直拖网中的鱼卵，黑鲷和小公鱼属出现最多，分别占全部鱼卵总数的36.36%（表4-17）；在水平拖网中的鱼卵，黑鲷最多，其次是小公鱼属，分别占全部鱼卵总数的33.15%和30.67%（表4-18）。2010年6月航次4调查鱼卵数量分布不均匀。鱼卵数量在33#站位附近呈现较高值（图4-22）。主要鱼卵有黑鲷、脂眼鲱、大黄鱼、鲐鱼和小公鱼属等。

表4-17　垂直拖网鱼卵种类数量组成及百分比　　　　单位：ind./m³

种名	调查时间							
	2010年6月（4）		2010年8月（5）		2010年10月（8）		2010年11月（9）	
	个数	%	个数	%	个数	%	个数	%
白姑鱼					2	22.22		
斑点马鲛	1	1.01						
鲾属	4	4.04	1	14.29				
大黄鱼			1	14.29				
带鱼			1	14.29				
短鳄齿鱼					1	11.11	24	77.42
鲱科	1	1.01						
黑鲷	36	36.36						
焦氏舌鳎	3	3.03						
鲈鱼					1	11.11		
少鳞鱚					2	22.22	3	9.68
蛇鳗科	1	1.01						
未定种2					2	22.22		
虾虎鱼科					1	11.11		
小带鱼			1	14.29				
小公鱼属	36	36.36						
长蛇鲻			3	42.86				
脂眼鲱	17	17.17						
中国花鲈							4	12.90
合计	99	100.00	7	100.00	9	100.00	31	100.00

表 4-18　水平拖网鱼卵种类数量组成及百分比　　　　单位：ind./m³

种名	2010 年 6 月（4）		2010 年 8 月（5）		2010 年 10 月（8）		2010 年 11 月（9）	
	个数	%	个数	%	个数	%	个数	%
白姑鱼					31	15.05		
半滑舌鳎					12	5.83		
背带翁					62	30.10		
鳎属	15	2.06	3	3.66				
大黄鱼	6	0.83	2	2.44				
带鱼					8	3.88		
短鳄齿鱼	26	3.58						
黑鲷	241	33.15	41	50.00				
焦氏舌鳎	7	0.96	1	1.22	1	0.49		
鲈鱼					92	44.66		
舌鳎			3	3.66				
石首鱼科	2	0.28						
梭鱼	2	0.28						
鲌鱼	86	11.83						
未定种	15	2.06	11	13.41				
小带鱼	2	0.28						
小公鱼属	223	30.67						
长蛇鲻			14	17.07				
脂眼鲱	102	14.03						
鲻属			7	8.54				
合计	727	100.00	82	100.00	206	100.00		

　　2010 年 8 月航次 5 调查期间鱼卵平均密度为 0.03 ind./m³。垂直拖网中的鱼卵，长蛇鲻出现最多，占全部鱼卵总数的 42.86%（表 4-17）；在水平拖网中的鱼卵，黑鲷最多，其次是长蛇鲻，分别占全部鱼卵总数的 50.00% 和 17.07%（表 4-18）。2010 年 8 月航次 5 调查鱼卵数量分布不均匀。鱼卵数量在 32# 站位附近呈现较高值（图 4-22）。主要鱼卵有黑鲷、长蛇鲻、大黄鱼和鳎属等。

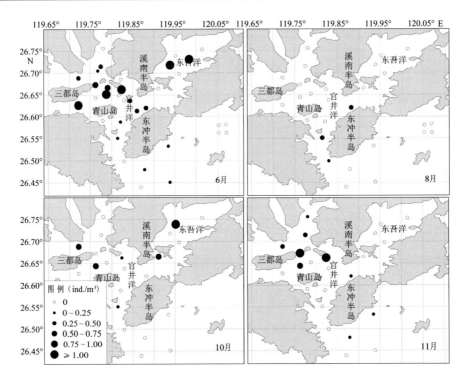

图 4-22　2010 年不同调查时间的鱼卵密度平面分布（ind./m³）

2010 年 10 月航次 8 调查期间鱼卵平均密度为 0.14 ind./m³。垂直拖网中的鱼卵，白姑鱼、少鳞鳝出现较多（表 4-17）；在水平拖网中的鱼卵，鲈鱼出现最多，占全部鱼卵总数的 44.66%，其次为背带翁，占全部鱼卵的 30.10%（表 4-18）。2010 年 10 月航次 8 调查鱼卵数量分布不均匀。鱼卵数量在 36# 站位附近呈现较高值（图 4-22）。主要鱼卵有鲈鱼、背带翁、白姑鱼和半滑舌鳎等。

2010 年 11 月航次 9 调查期间鱼卵平均密度为 0.23 ind./m³。垂直拖网中的鱼卵，鳄齿鱼出现最多，占全部鱼卵总数的 77.42%，其次为中国花鲈和少鳞鳝，分别占全部鱼卵总数的 12.90% 和 9.68%（表 4-17）；在水平拖网中没有出现鱼卵。2010 年 11 月航次 9 调查鱼卵数量分布不均匀。鱼卵密度在 30# 站位附近呈现较高值（图 4-22）。2010 年 11 月航次 9 调查中主要鱼卵有短鳄齿鱼、中国花鲈和少鳞鳝。

这一水域鱼卵数量变化显现出 3 个季节特征：首先 6 月和 11 月鱼卵数量远多于其他季节，6 月和 11 月相比，6 月鱼卵数量远多于 11 月，在官井洋和邻近水域，6 月是鱼类集中产卵的季节。地方性鱼的个体数远大于洄游性鱼类，其中黑鲷、小公鱼、长蛇鲻和鳄齿鱼鱼卵数量占了大部分。6 月主要是黑鲷和小公鱼；8 月主要是黑鲷和长蛇鲻；10 月水平拖网中主要是鲈鱼，11 月主要是鳄齿鱼等，这些数量较多的几乎都是定居性地方鱼类，而洄游性鱼类只有大黄鱼鱼卵有较多的个体数。

4.9.3　仔鱼种类组成

2010 年 6 月航次 4 调查水平和垂直拖网共鉴定仔鱼为 5 目 11 科 15 种，出现种类是鲈形目、鲱行目、刺鱼目、颌针鱼目、银汉鱼目；2010 年 8 月航次 5 调查水平和垂直拖网鉴定仔鱼为 4 目 8 科 11 种及一未定种，仔鱼出现种类是鲈形目、鲱行目、银汉鱼目、鲻形目及一未定种；2010 年 10 月航次 8 调查水平和垂直拖网鉴定仔鱼为 3 目 6 科 6 种，仔鱼出现种类是鲈形目、鲱行目和鲻形目；2010 年 11 月航次 9 调查水平和垂直拖网采集的样品均未出现仔鱼（表 4-19）。

表 4-19　2010 年调查出现的仔鱼种类组成

目	种名		调查时间		
			2010 年 6 月（4）	2010 年 8 月（5）	2010 年 10 月（8）
刺鱼目	粗吻海龙鱼	*Trachyrhamphus serratus*	*		
鲱行目	鲱科	Clupeidae sp.	*		
	金色小沙丁鱼	*Sardinella aurita*	*		
	青鳞鱼	*Sardinella zunasi*			*
	鳀	Engraulidae sp.			*
	小公鱼属	Stolephorus sp.	*		
	中华小公鱼	*Stolephorus chinensis*		*	
颌针鱼目	圆颌针鱼	*Tylosurus melanotus*	*		
鲈形目	鲷科	Sparidae sp.	*		
	叉牙鲾	*Helotes sexlineatus*			*
	斑点马鲛	*Scomberomorus guttatus*	*		
	鲐鱼	*Scomber japonicus*	*	*	
	白姑鱼	*Argyrosomus argentatus*		*	
	大黄鱼	*Larimichthys crocea*	*	*	*
	棘头梅童鱼	*Collichthys lucidus*		*	
	石首鱼科	Sciaenidae sp.	*		
	肩鳃鳚属	Omobranchus sp.		*	
	美肩鳃鳚	*Omobranchus elegans*	*	*	
	鳚科	Blenniidae sp.	*		
	少鳞鱚	*Sillago japonica*	*	*	
	虾虎鱼科	Gobiidae sp.	*	*	*

目		种名	调查时间		
			2010 年 6 月（4）	2010 年 8 月（5）	2010 年 10 月（8）
银汉鱼目	白氏银汉鱼	*Atherina bleekeri*	*	*	
鲻形目	舒属	Sphyraena sp.		*	
	鲻属	Mugil sp.			*
未定种 3		sp3. indet.	*	*	

注：*代表出现。

4.9.4　仔鱼数量分布

2010 年 6 月航次 4 调查期间仔鱼平均密度为 1.24 ind./m³。垂直拖网中的仔鱼，虾虎鱼科出现最多，占全部仔鱼数的 67.35%，其次为美肩鳃鳚，占全部仔鱼数的 11.22%（表 4-20）；在水平拖网中的仔鱼，美肩鳃鳚出现最多，占全部仔鱼数的 67.24%，其次为虾虎鱼科，占全部仔鱼数的 17.24%（表 4-21）。2010 年 6 月航次 4 调查仔鱼数量分布不均匀。仔鱼数量在 35#站位附近呈现较高值（图 4-23）。主要仔鱼有斑虾虎鱼科、美肩鳃鳚、金色小沙丁鱼等。

表 4-20　垂直拖网仔鱼种类数量组成及百分比

种名	调查时间							
	2010 年 6 月（4）		2010 年 8 月（5）		2010 年 10 月（8）		2010 年 11 月（9）	
	个数	%	个数	%	个数	%	个数	%
白姑鱼			3	4.41				
白氏银汉鱼			1	1.47				
粗吻海龙鱼	1	1.02						
大黄鱼	3	3.06			1	50.00		
鲷科	3	3.06						
鲱科	1	1.02						
棘头梅童鱼			2	2.94				
金色小沙丁鱼	3	3.06						
美肩鳃鳚	11	11.22	10	14.71				
少鳞鱚	1	1.02	1	1.47				
石首鱼科	3	3.06						

续表

种名	调查时间							
	2010 年 6 月（4）		2010 年 8 月（5）		2010 年 10 月（8）		2010 年 11 月（9）	
	个数	%	个数	%	个数	%	个数	%
鲐鱼			1	1.47				
未定种 3	3	3.06	2	2.94				
鳚科	3	3.06						
虾虎鱼科	66	67.35	46	67.65				
舒属			1	1.47				
中华小公鱼			1	1.47				
鲻属					1	50.00		
合计	98	100.00	68	100.00	2	100.00		

表 4-21　水平拖网仔鱼种类数量组成及百分比

种名	调查时间							
	2010 年 6 月（4）		2010 年 8 月（5）		2010 年 10 月（8）		2010 年 11 月（9）	
	个数	%	个数	%	个数	%	个数	%
白氏银汉鱼	3	5.17						
斑点马鲛	2	3.45						
叉牙鳚					1	14.29		
大黄鱼	1	1.72	1	16.67	1	14.29		
肩鳃鳚属			4	66.67				
美肩鳃鳚	39	67.24						
青鳞鱼					1	14.29		
鲐鱼	1	1.72						
鲲					3	42.86		
虾虎鱼科	10	17.24	1	16.67	1	14.29		
小公鱼属	1	1.72						
圆颌针鱼	1	1.72						
合计	58	100.00	6	100.00	7	100.00		

2010 年 8 月航次 5 调查期间仔鱼平均密度为 1.54 ind./m³。垂直拖网中的仔鱼，虾虎鱼科出现最多，占全部仔鱼数的 67.65%，其次为美肩鳃鳚，占全部仔鱼数的

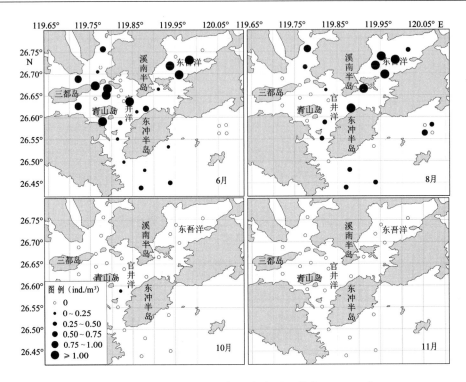

图 4-23　不同调查时间的仔鱼密度平面分布（ind./m³）

14.71%（表 4-20）；在水平拖网中的仔鱼，肩鳃鳚属出现最多，占全部仔鱼数的 66.67%（表 4-21）。2010 年 8 月航次 5 调查仔鱼数量分布不均匀。仔鱼数量在 33# 站位附近呈现较高值（图 4-23）。主要仔鱼有虾虎鱼科、美肩鳃鳚等。

　　2010 年 10 月航次 8 调查期间仔鱼平均密度为 0.01 ind./m³。垂直拖网中的仔鱼，大黄鱼和鲻属有出现（表 4-20）；在水平拖网中的仔鱼，鳀鱼出现最多，占全部仔鱼数的 42.86%（表 4-21）。2010 年 10 月航次 8 调查仔鱼数量分布不均匀。仔鱼数量在 19# 站位附近呈现较高值（图 4-23）。主要仔鱼有鳀鱼、青鳞鱼和大黄鱼等。

　　大黄鱼仔鱼分布特征是：6 月和 8 月仔鱼数量远多于 10 月。6 月和 8 月相比，6 月仔鱼数量远多于 8 月，仔鱼数量集中在官井洋以西或西部水域，10 月是仔鱼几乎由大黄鱼和鲻鱼组成，显示出属于一个大黄鱼和鲻鱼产卵的季节。6 月和 8 月地方性鱼的个体数远大于洄游性鱼类，其中虾虎鱼、黑鲷、鳚和大黄鱼的数量占了大部分。6 月和 8 月优势种相近，主要是虾虎鱼、黑鲷、鳚和大黄鱼；10 月水平拖网中主要是虾虎鱼和大黄鱼。数量较多的鱼类几乎都是定居性地方鱼类，而洄游性鱼类只有大黄鱼仔鱼有较多的个体数。

　　2010 年 11 月航次 9 调查期间未出现仔鱼。

第5章 官井洋大黄鱼繁殖水域的游泳生物

5.1 游泳生物资源调查方法、时间和站位布设

游泳生物资源张网调查按《海洋水产资源调查手册》（1981年）和《建设项目对海洋生物资源影响评价技术规程》（SC/T 9110—2007）进行。使用张网［（10~30）m（宽）×（3~14）m（高）］，网目范围0.5~10 cm，张网调查均在大潮期间进行，每个调查站点调查频次一般最少5次，调查频次的间隔时间大于一个潮周期，有效作业时间平均6 h。鉴定样品渔获物的种类，对主要经济种群进行渔业生物学测定，并记录各种渔获物的尾数、重量和幼体比例；每种渔获物每次取样50~100尾，不足50尾全部取样。依据调查海域物种分布和经济种类等情况，本次调查海域渔获物主要分为鱼类、虾类、蟹类、头足类4大类群进行分别描述，其中，口足目的虾蛄类归入虾类。

成鱼定义：定义成鱼是自性腺初次成熟开始，即进入成鱼期。有些性腺成熟较晚的大中型鱼类，达到食用规格时，虽然性腺尚未成熟，仍然具有商品鱼类的属性。上述两类鱼类均为成鱼，也即商品规格鱼，其他的归入幼体。

2010年6—11月在官井洋大黄鱼繁殖水域设置11个站位，其中大黄鱼繁殖保护区内设置6个站位，保护区外设置5个站位，共进行了4个航次的渔业资源张网调查。具体调查时间、范围和各航次的调查站位布设见表5-1和图5-1。

表 5-1　官井洋大黄鱼繁殖水域游泳生物资源调查地点及时间

类别	站位	纬度	经度	2010 年调查时间			
				6 月	8 月	10 月	11 月
保护区	3	26°40.897′	119°48.771′		√	√	√
	4	26°37.927′	119°48.118′	√	√	√	√
	6	26°36.662′	119°48.560′	√	√	√	√
	7	26°38.321′	119°54.108′	√	√	√	√
	8	26°37.830′	119°53.127′		√	√	√
	11	26°32.871′	119°49.587′	√	√	√	√
保护区外	1	26°41.484′	119°45.328′	√		√	√
	2	26°40.931′	119°45.320′	√	√		
	5	26°37.839′	119°48.500′	√			
	9	26°37.095′	119°52.391′	√	√	√	√
	10	26°34.025′	119°49.977′	√	√	√	√

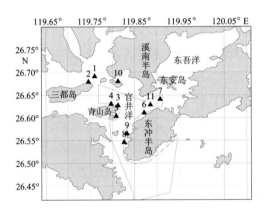

图 5-1　官井洋大黄鱼繁殖水域调查站位分布

5.2　游泳生物资源数据处理

根据《建设项目对海洋生物资源影响评价技术规程》（SC/T 9110—2007），2010 年调查水域各测站据张网试捕调查站点渔获物（重量、尾数）平均值，可按公式计算资源密度（重量、尾数）：

$$V = \frac{C \times d}{v \times t \times a \times q}$$

式中：V 为调查水域资源密度，单位为 kg/km^2；C 为单位网次平均渔获量，单位为尾或 kg；a 为迎流网口面积，单位为 km^2；t 为有效作业时间，平均取 6 小时，单位为 h；v 为涨、落潮平均流速，单位为 km/h；d 为均水深（m），本报告均取 28 m；q 为捕捞效率，取值范围为 0.3~0.7，本报告均取 0.5。

5.3　6 月游泳动物资源调查结果

5.3.1　游泳动物种类组成

2010 年 6 月调查海域共渔获游泳动物 104 种，其中渔获鱼类种数最多，为 65 种，占渔获物总种类数的 62.50%；虾类 24 种；蟹类 13 种；头足类种数最少，2 种，仅占 1.92%（表 5-2）。

表 5-2　2010 年 6 月游泳动物种数及百分比

类群	种数（种）	百分比（%）
鱼类	65	62.50
虾类	24	23.08
蟹类	13	12.50
头足类	2	1.92
合计	104	100.00

6 月渔获物种类数分布不均匀，总体趋势为以官井洋内渔获种类数较少（19~47 种）；自官井洋北上至三都岛与溪南半岛间的湾口种类数最高（67~69 种），南下至东冲半岛西侧湾口渔获的种类数较多（52~56 种）。渔获物种类数最低值 19 种出现在官井洋东部的 9# 站，最高值 69 种出现在三都岛与溪南半岛间湾口的 1# 站（图 5-2）。

5.3.2　游泳动物（尾数、重量）分类群组成

6 月张网渔获物中，鱼类为绝对尾数和重量优势种，分别占 66.37% 和 87.01%。尾数组成上，蟹类和虾类其次，分别为 17.04% 和 16.17%，头足类最低，为 0.42%；重量组成上，其次为蟹类 8.30%，虾类较低，为 3.96%，头足类重量百分比亦最低 0.72%（表 5-3）。

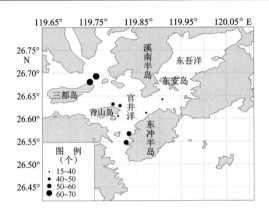

图 5-2　2010 年 6 月游泳动物种类数平面分布

表 5-3　2010 年 6 月游泳动物（尾数、重量）分类群组成

类群	尾数百分比（%）	重量百分比（%）
鱼类	66.37	87.01
虾类	16.17	3.96
蟹类	17.04	8.30
头足类	0.42	0.72

5.3.3　游泳动物资源的数量特征

2010 年 6 月张网渔业资源尾数密度均值为 55.98×10^3 ind./km²。其中鱼类资源尾数密度均值最高，为 37.16×10^3 ind./km²，虾类尾数密度均值为 9.05×10^3 ind./km²，蟹类 9.54×10^3 ind./km²，头足类最低，为 0.24×10^3 ind./km²（表 5-4）。

6 月张网渔业资源重量密度均值为 229.75 kg/km²，鱼类资源重量密度均值最高，为 199.92 kg/km²，蟹类其次，为 19.08 kg/km²，虾类 9.10 kg/km²，头足类最低，为 1.66 kg/km²（表 5-4）。

表 5-4　2010 年 6 月各类群渔业资源平均密度（尾数、重量）

类群	尾数密度（$\times 10^3$ ind./km²）	重量密度（kg/km²）
鱼类	37.16	199.92
虾类	9.05	9.10
蟹类	9.54	19.08
头足类	0.24	1.66
合计	55.98	229.75

5.3.4　游泳动物资源的分布特征

2010 年 6 月各站位张网分潮水渔业资源密度值见表 5-4，其中青山岛附近的 4#和 6#站分潮水渔获量变化幅度较大，其他各站张网各潮水渔获物量较均匀。

6 月渔获物总尾数资源密度分布较不均匀，位于溪南半岛与东冲半岛间的 7#和 9#站及青山岛附近的 4#和 6#站总尾数资源密度较低〔（11.29～31.22）×10^3 ind./km^2）〕；尾数密度最高的是青山岛东侧的 5#站和东冲半岛西侧的 10#站（>100×10^3 ind./km^2），分别渔获了大量尾数的白姑鱼和棱鲅；其他各站密度较高（55.99～77.16×10^3 ind./km^2）（图 5-3）。

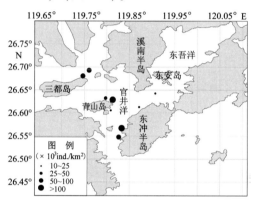

图 5-3　2010 年 6 月游泳动物总尾数密度平面分布（×10^3 ind./km^2）

6 月渔获物总重量资源密度总体分布亦不均匀，最低值出现在溪南半岛和东冲半岛间的 7#和 9#站（39.95～40.26 kg/km^2），较低值出现在青山岛北侧的 4#站（96.83 kg/km^2），而最高值出现在东冲半岛西侧的 10#站（>400 kg/km^2），此站渔获较大重量的棱鲅，其他各站重量密度较高（250～310 kg/km^2）（图 5-4）。

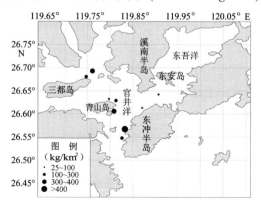

图 5-4　2010 年 6 月张网游泳动物总重量密度平面分布（kg/km^2）

6月三都岛与溪南半岛间的 1#和2#站，青山岛东侧的 5#站，东冲半岛西侧的 10#和 11#站鱼类尾数和重量密度均较高 〔（40～70）×10³ ind./km²，220～360 kg/km²〕；青山岛南侧的6#站因渔获较多大黄鱼，其鱼类重量密度值亦较高（300 kg/km²）；溪南半岛与东冲半岛间的7#和9#站鱼类的重量和尾数密度均较低（<10×10³ ind./km²，<50 kg/km²）（图5-5 和图5-6）。

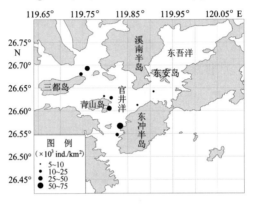

图5-5　2010年6月鱼类尾数资源密度平面分布（×10³ ind./km²）

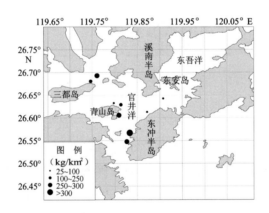

图5-6　2010年6月鱼类重量资源密度平面分布（kg/km²）

6月在溪南半岛与东冲半岛间的 7#和9#站及青山岛南侧的6#站虾类尾数和重量密度均较低，而虾类尾数和重量密度最高值均出现在青山岛东侧的 5#站，其他各站密度较高（图5-7 和图5-8）。

6月东冲半岛西侧的 10#站蟹类尾数和重量密度最高，溪南半岛与东冲半岛间的7#站和9#站渔获蟹类最少（图5-9 和图5-10）。

6月东冲半岛近岸的 9#、10#和11#站渔获较多的头足类，其余各站头足类密度均较低，其中青山岛东侧的5#站未渔获头足类（图5-11 和图5-12）。

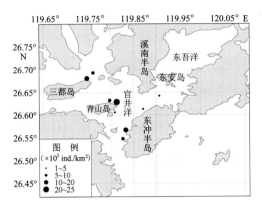

图 5-7 2010 年 6 月虾类尾数资源密度平面分布（×10³ ind./km²）

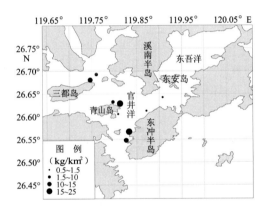

图 5-8 2010 年 6 月虾类重量资源密度平面分布（kg/km²）

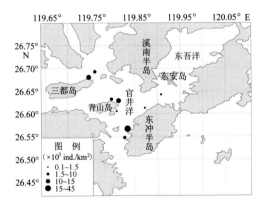

图 5-9 2010 年 6 月蟹类尾数资源密度平面分布（×10³ ind./km²）

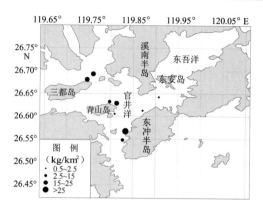

图 5-10　2010 年 6 月蟹类重量资源密度平面分布（kg/km²）

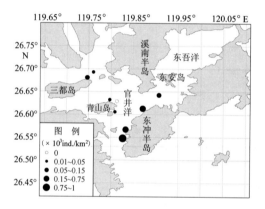

图 5-11　2010 年 6 月头足类尾数资源密度平面分布（×10³ ind. /km²）

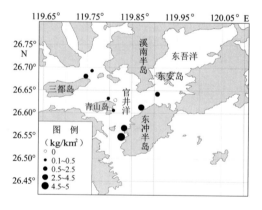

图 5-12　2010 年 6 月头足类重量资源密度平面分布（kg/km²）

5.3.5　游泳动物生物学特征

6 月张网渔获物中，鱼类平均体重为 6.62 g/ind.，虾类 0.98 g/ind.，蟹类 1.96 g/ind.，头足类 6.93 g/ind.。鱼类幼体平均占 88.56%，虾类 10.22%，蟹类 63.83%，头足类 91.18%（表 5-5）。

表 5-5　2010 年 6 月张网分类群平均体长、体重和幼体比例

类群	平均体长（cm）	平均体重（g）	平均幼体比（%）
鱼类	8.54	6.62	88.56
虾类	4.16	0.98	10.22
蟹类	2.69	1.96	63.83
头足类	5.09	6.93	91.18

6 月张网渔获物各种类体重范围、平均体重、体长范围、平均体长和幼体比例见表 5-6。

表 5-6　2010 年 6 月分品种体长、体重和幼体比例

种名	体长（cm）			体重（g）			幼体比例（%）
	最小值	最大值	平均值	最小值	最大值	平均体重	
白姑鱼	1.6	15.9	5.93	0.5	57	3.41	99.32
斑鰶	9.7	14.6	15.73	12.3	45.5	32.2	3.95
斑鳍天竺鱼	6.6	6.6	6.6	7.4	7.4	7.4	100
斑头舌鳎	7.3	9.6	8.45	3.4	8.6	6.04	100
赤鼻棱鳀	7.8	10.1	8.55	4.8	10.2	6.55	75
赤刀鱼 sp.	11.4	11.4	11.4	5.5	5.5	5.5	100
大黄鱼	0.1	23.7	11.28	0.8	260.7	9.44	88.04
大鳍蚓鳗	22.4	22.4	22.4	11	11	11	100
带纹条鳎	3.5	6.9	4.71	0.3	1.7	0.96	94.12
带鱼	1.5	20.6	15.07	1	5.8	2.1	96.3
刀鲚	16.2	16.2	16.2	20.9	20.9	20.9	100
短吻舌鳎	6.1	8.5	7.3	1.1	6.2	3.65	100
二长棘鲷	6.4	6.4	6.4	7.7	7.7	7.7	100
绯鲔	1.7	5.7	4.37	0.1	5.2	0.98	79.17
凤鲚	11.2	24.4	16.71	3.7	70.9	25.29	37.5

续表

种名	体长（cm）			体重（g）			幼体比例
	最小值	最大值	平均值	最小值	最大值	平均体重	（%）
海鳗	5.8	56.2	16.01	0.2	112	17.78	81.82
汉氏棱鳀	3.2	20.3	6.84	0.4	95.1	14.02	76.92
褐菖鲉	2.9	6.2	4.28	0.3	5.6	1.97	80.77
横带髭鲷	2.6	9	3.82	0.5	19	2.12	91.96
横纹东方鲀	2.5	10.6	4.44	0.7	40.8	5.78	85.71
黄鳍鲷	4.8	12.1	9.67	2.5	41.4	28.43	33.33
棘头梅童鱼	4.9	16.5	9.26	1.7	97.4	5.83	91.4
尖尾鳗	3.7	31.6	16.73	0.2	22.3	5.54	90
焦氏舌鳎	1.3	14.9	11.56	1.6	23	11.49	77.78
锯塘鳢	4.1	17.5	6.74	2	16	6.65	84.91
康氏侧带小公鱼	4.3	8.3	5.96	0.4	8.4	2.29	44.26
孔虾虎鱼	4.5	17.6	10.6	0.2	28.7	8.01	3.7
宽体舌鳎	6.5	6.5	6.5	1	1	1	100
眶棘双边鱼	4.8	6.6	5.37	2.2	6	3.21	100
拉氏狼牙虾虎鱼	8.8	18.8	14.03	2.3	20.2	8.17	4.76
莱氏舌鳎	6	14.6	11.58	2.4	17.4	10.17	100
蓝圆鲹	4.8	7.3	5.64	1.5	5	2.62	100
棱鲅	2.2	12.7	5.18	0.2	28.7	4.67	66.41
列牙鯻	8.6	10.8	9.7	11.5	29.9	20.7	0
龙头鱼	7.1	17.9	13.5	1.5	42.8	18.56	19.74
银腰犀鳕	2.8	9.8	4.35	0.1	7.8	0.87	100
鳗鲡幼体	5.2	8	6.72	0.1	0.1	0.1	100
矛尾虾虎鱼	0.9	8.7	4.78	0.2	6.1	1.39	68.8
皮氏叫姑鱼	8.1	13.2	11.67	9.9	48	29.73	16.67
前肛鳗	34.7	34.7	34.7	45	45	45	0
青鳞小沙丁鱼	8.6	11.1	9.79	9.2	15.5	12.23	26.47
日本海马	6.6	6.6	6.6	1.1	1.1	1.1	0
日本康吉鳗	7.8	17.7	11.13	0.2	2.3	0.9	100
少鳞舌鳎	11.5	12.7	12.1	8.2	13.7	10.95	50

种名	体长（cm）			体重（g）			幼体比例
	最小值	最大值	平均值	最小值	最大值	平均体重	（%）
食蟹豆齿鳗	2	37.2	17.86	0.3	35.4	7.56	87.5
丝背细鳞鲀	3.7	8.9	5.56	2.2	24.1	6.14	100
条尾绯鲤	1.7	6.4	4.17	0.3	3.3	0.97	97.52
香鲻	6.5	6.5	6.5	1.4	1.4	1.4	100
小带鱼	6.8	33.2	15.17	0.2	24.6	2.29	98.99
小头栉孔虾虎鱼	4.2	5.3	4.95	0.4	0.8	0.6	100
小眼绿鳍鱼	4	12.1	7.8	1.3	30.1	13.8	50
斜带髭鲷	8	8	8	16.7	16.7	16.7	0
须蓑鲉	3.9	4.8	4.38	2	2.7	2.44	100
牙鲆	6.4	12	9.2	2.8	20.8	11.8	50
银鲳	3.1	8.6	5.3	0.9	17.6	4.88	99.65
鲬	7.2	7.9	7.5	1.8	2.3	2	100
窄体舌鳎	5.1	11.5	7.21	0.5	9.5	2.57	100
脂眼鲱	8.4	8.4	8.4	6.9	6.9	6.9	100
中国花鲈	6.1	10.2	7.84	4.3	15.3	7.96	100
中颌棱鳀	7.4	14.2	11.29	2.8	32.3	17.53	20
中华尖牙虾虎鱼	7.8	7.8	7.8	3.1	3.1	3.1	0
中华小公鱼	3.7	7.6	5.94	0.5	3.4	1.57	68.89
竹筴鱼	10.9	10.9	10.9	21.5	21.5	21.5	100
髭缟虾虎鱼	5	27.3	8.52	2.6	38.5	11.43	21.43
鲻	7.9	16.6	10.84	8.4	60.5	20.34	47.06
鞭腕虾	2.9	3.8	3.32	0.3	0.9	0.66	20
扁足异对虾	2.3	5.9	3.96	0.2	8.9	0.72	4.58
刀额仿对虾	5.3	7.4	6.27	1.9	3.5	3.02	0
刀额新对虾	3.6	8.1	6.02	0.4	4.6	2.46	16.67
仿对虾属	3.2	6.7	5.43	1	3.3	2.43	0
葛氏长臂虾	1.7	7.1	3.77	0.1	16.7	0.85	7.29
哈氏仿对虾	0.2	10.2	4.88	0.1	13.8	0.98	22.28
脊尾白虾	5.1	7.7	6.4	1.5	5	3.25	0

续表

种名	体长（cm）			体重（g）			幼体比例（%）
	最小值	最人值	平均值	最小值	最大值	平均体重	
口虾蛄	0.7	11.8	7.88	0.6	21.2	7.42	40.35
拉氏绿虾蛄	3.9	3.9	3.9	0.9	0.9	0.9	100
日本鼓虾	2.4	3.4	3.02	0.4	1.1	0.77	20
日本囊对虾	5.5	9.7	7.18	1.4	8.6	3.55	0
窝纹网虾蛄	4.6	10.8	7.82	1.4	12.5	6.19	52.63
无刺口虾蛄	3.3	7.3	5.87	0.2	4.4	2.14	100
细螯虾	1	4.3	2.89	0.1	0.8	0.26	1.92
细巧仿对虾	2.3	7.5	4.94	0.2	4.8	0.74	1
鲜明鼓虾	4.2	6.3	4.85	1.5	4.9	2.93	0
小眼绿虾蛄	7.6	7.6	7.6	5	5	5	0
须赤虾	4.2	6.2	5.11	0.7	2.6	1.24	0
鹰爪虾	4.8	7.6	5.69	1.4	4.1	1.99	0
疣背宽额虾	2.1	2.9	2.51	0.1	1	0.34	0
中国毛虾	1.8	4.2	2.9	0.1	0.7	0.24	13.76
中华管鞭虾	2.6	7.9	4.75	0.3	13.5	1.17	0.61
周氏新对虾	4.4	10.7	6.86	0.6	9.9	3.23	0
变态蟳	1.1	3.4	2.59	0.6	4.1	2.52	33.33
红线黎明蟹	2.6	3.6	2.9	2.4	9.2	4.02	83.33
红星梭子蟹	2.4	6.2	3.17	0.6	12.6	1.67	94.87
矛形梭子蟹	1.6	5.4	3.11	0.3	5.6	1.37	77.07
日本关公蟹	1.9	2.6	2.38	2.3	11.7	8.12	33.33
日本蟳	2.9	6.4	5.07	4	44.3	21.99	28.57
锐齿蟳	1.1	1.1	1.1	0.6	0.6	0.6	100
三疣梭子蟹	1.7	5.1	3.32	0.3	6.4	1.89	100
双斑蟳	0.3	3.9	2.29	0.2	18	2	45.75
贪精武蟹	0.6	2.4	1.62	0.4	3.3	1.23	54.33
狭颚绒螯蟹	1.3	1.4	1.33	0.6	0.9	0.73	100
纤手梭子蟹	0.8	14.6	1.98	0.1	1.6	0.69	22.86
拥剑梭子蟹	2.2	2.4	2.3	0.4	0.4	0.4	100

续表

种名	体长（cm）			体重（g）			幼体比例
	最小值	最大值	平均值	最小值	最大值	平均体重	（%）
枪乌贼 sp.	1.7	7.5	5.06	0.7	15	6.61	91.04
章鱼 sp.	7.2	7.2	7.2	28.4	28.4	28.4	100

5.3.6　游泳动物优势种及其分布

取各类群中相对重要性指数 IRI 值位于前 5 位的种类为各类群优势种。

5.3.6.1　鱼类优势种

6 月鱼类渔获物分品种尾数和重量组成见表 5-7。鱼类中白姑鱼尾数密度最高（15.88×10^3 ind./km^2），中华尖牙虾虎鱼和宽体舌鳎尾数密度最低（0.002×10^3 ind./km^2）。重量密度最高的鱼类是大黄鱼（64.21 kg/km^2），最低的是宽体舌鳎（0.002 kg/km^2）。6 月鱼类优势种为白姑鱼、大黄鱼、棱鲮、银鲳和棘头梅童鱼，其中以白姑鱼和大黄鱼的优势最为明显，对重要性指数 IRI 值大于 3 000。

表 5-7　2010 年 6 月鱼类分品种尾数和重量组成

种名	尾数密度 （×10^3 ind./km^2）	重量密度 （kg/km^2）	N （%）	W （%）	F （%）	IRI
白姑鱼	15.88	52.44	28.36	22.82	100.00	5 118.69
大黄鱼	5.73	64.21	10.24	27.95	100.00	3 818.83
棱鲮	2.91	18.61	5.19	8.10	88.89	1 181.58
银鲳	1.89	9.38	3.38	4.08	88.89	663.51
棘头梅童鱼	1.30	6.04	2.32	2.63	77.78	384.96
矛尾虾虎鱼	1.43	1.81	2.55	0.79	88.89	296.96
康氏小公鱼	1.11	2.57	1.98	1.12	66.67	206.64
条尾绯鲤	0.84	0.82	1.49	0.36	100.00	184.86
龙头鱼	0.29	5.06	0.51	2.20	66.67	180.77
斑鰶	0.36	10.92	0.65	4.75	33.33	180.02
中华小公鱼	1.49	2.25	2.67	0.98	44.44	162.07
孔虾虎鱼	0.35	2.81	0.63	1.22	77.78	143.82
中颌棱鳀	0.30	5.16	0.53	2.25	44.44	123.57
小带鱼	0.29	0.71	0.51	0.31	88.89	73.11

续表

种名	尾数密度 （×10³ ind. /km²）	重量密度 （kg/km²）	N （%）	W （%）	F （%）	IRI
横带髭鲷	0.31	0.65	0.56	0.28	66.67	56.19
眶棘双边鱼	0.74	2.37	1.31	1.03	22.22	52.11
青鳞小沙丁鱼	0.18	2.28	0.33	0.99	33.33	44.05
锯塘鳢	0.13	0.84	0.23	0.37	44.44	26.36
焦氏舌鳎	0.06	0.63	0.11	0.27	66.67	25.99
中国花鲈	0.08	0.72	0.15	0.32	55.56	25.83
拉氏狼牙虾虎鱼	0.08	0.57	0.14	0.25	55.56	21.43
鲻	0.09	1.81	0.17	0.79	22.22	21.20
尖尾鳗	0.07	0.33	0.12	0.14	77.78	20.81
蓝圆鲹	0.15	0.40	0.26	0.17	44.44	19.24
褐菖鲉	0.09	0.16	0.15	0.07	77.78	17.42
凤鲚	0.04	0.97	0.07	0.42	33.33	16.39
绯鲻	0.09	0.11	0.17	0.05	66.67	14.40
髭缟虾虎鱼	0.06	0.58	0.11	0.25	33.33	12.03
食蟹豆齿鳗	0.04	0.31	0.08	0.14	55.56	11.89
带纹条鳎	0.08	0.08	0.13	0.03	66.67	11.18
横纹东方鲀	0.05	0.24	0.09	0.11	55.56	11.10
鳗鲡幼体	0.12	0.01	0.21	0.01	44.44	9.39
丝背细鳞鲀	0.05	0.29	0.08	0.13	44.44	9.26
汉氏棱鳀	0.03	0.60	0.06	0.26	22.22	7.13
莱氏舌鳎	0.05	0.47	0.09	0.21	22.22	6.54
带鱼	0.07	0.14	0.12	0.06	33.33	6.00
银腰犀鳕	0.05	0.04	0.09	0.02	55.56	5.73
小眼绿鳍鱼	0.02	0.21	0.04	0.09	44.44	5.69
海鳗	0.03	0.48	0.05	0.21	22.22	5.69
斑头舌鳎	0.04	0.22	0.06	0.10	33.33	5.33
窄体舌鳎	0.04	0.10	0.07	0.04	44.44	4.98

续表

种名	尾数密度 （×10³ ind./km²）	重量密度 （kg/km²）	N （%）	W （%）	F （%）	IRI
皮氏叫姑鱼	0.01	0.42	0.03	0.18	22.22	4.60
黄鳍鲷	0.01	0.21	0.01	0.09	11.11	1.16
小头栉孔虾虎鱼	0.02	0.01	0.03	0.00	33.33	1.12
鲬	0.03	0.05	0.04	0.02	11.11	0.74
赤鼻棱鳀	0.01	0.09	0.02	0.04	11.11	0.71
短吻舌鳎	0.01	0.04	0.01	0.02	22.22	0.68
列牙鲗	0.00	0.10	0.01	0.04	11.11	0.59
前肛鳗	0.00	0.11	0.00	0.05	11.11	0.58
日本康吉鳗	0.01	0.01	0.02	0.00	22.22	0.47
脂眼鲱	0.01	0.06	0.01	0.03	11.11	0.44
少鳞舌鳎	0.01	0.06	0.01	0.03	11.11	0.40
牙鲆	0.00	0.06	0.01	0.03	11.11	0.38
须蓑鲉	0.01	0.03	0.02	0.01	11.11	0.36
大鳍蚓鳗	0.00	0.05	0.01	0.02	11.11	0.33
竹筴鱼	0.00	0.05	0.00	0.02	11.11	0.28
刀鲚	0.00	0.05	0.00	0.02	11.11	0.28
斜带髭鲷	0.00	0.04	0.00	0.02	11.11	0.23
赤刀鱼 sp.	0.00	0.03	0.01	0.01	11.11	0.23
日本海马	0.01	0.01	0.01	0.01	11.11	0.21
二长棘鲷	0.00	0.02	0.00	0.01	11.11	0.14
斑鳍天竺鱼	0.00	0.02	0.00	0.01	11.11	0.14
香鲦	0.00	0.01	0.01	0.00	11.11	0.11
中华尖牙虾虎鱼	0.00	0.01	0.00	0.00	11.11	0.08
宽体舌鳎	0.00	0.00	0.00	0.00	11.11	0.06

注：N 该种占总尾数的百分比，W 是该种占总重量的百分比，F 是该种的出现率。后表相同。

　　6 月在三都岛、溪南半岛和青山岛之间的水域渔获较多尾数和重量的鱼类优势种是白姑鱼（1#、2#和 5#站）和大黄鱼（1#、2#、5#和 6#站），尤其 6#站渔获较多大个体重量的大黄鱼；而其他鱼类优势种棱鲹和银鲳，在东冲半岛西侧的 10#站和 11#站渔获的最多，尤其在 10#站渔获大量棱鲹（图 5-13～图 5-20）。

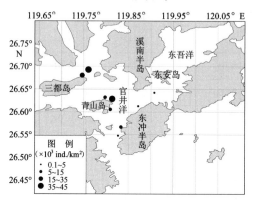

图 5-13　2010 年 6 月白姑鱼尾数密度平面分布（×10³ ind./km²）

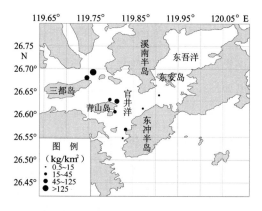

图 5-14　2010 年 6 月白姑鱼重量密度平面分布（kg/km²）

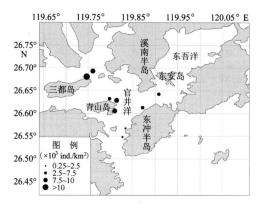

图 5-15　2010 年 6 月大黄鱼尾数密度平面分布（×10³ ind./km²）

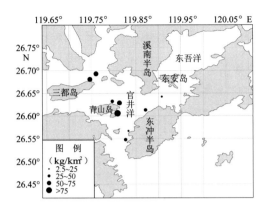

图 5-16　2010 年 6 月大黄鱼重量密度平面分布（kg/km²）

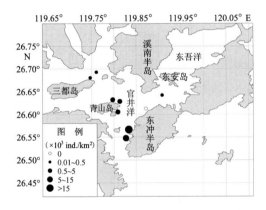

图 5-17　2010 年 6 月棱鲛尾数密度平面分布（×10³ ind./km²）

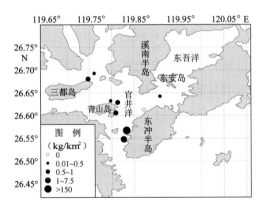

图 5-18　2010 年 6 月棱鲛重量密度平面分布（kg/km²）

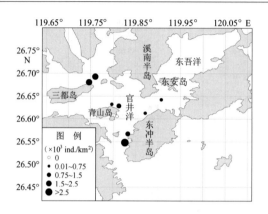

图 5-19　2010 年 6 月银鲳尾数密度平面分布（×10³ ind./km²）

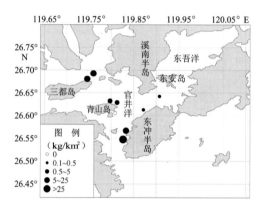

图 5-20　2010 年 6 月银鲳重量密度平面分布（kg/km²）

5.3.6.2　虾类优势种及其分布

6 月虾类渔获物分品种尾数和重量组成见表 5-8，优势种为哈氏仿对虾、细螯虾、扁足异对虾、葛氏长臂虾和中华管鞭虾。其中哈氏仿对虾的尾数和重量密度最高，分别为 2.18×10³ ind./km² 和 2.11 kg/km²，其相对重要性指数 *IRI* 值为 480.53。

表 5-8　2010 年 6 月虾类分品种尾数和重量组成

种名	尾数密度 （×10³ ind./km²）	重量密度 （kg/km²）	N （%）	W （%）	F （%）	IRI
哈氏仿对虾	2.18	2.11	3.89	0.92	100.00	480.53
细螯虾	2.13	0.57	3.81	0.25	100.00	405.51
扁足异对虾	1.46	1.23	2.60	0.53	88.89	278.52
葛氏长臂虾	1.21	0.97	2.16	0.42	88.89	229.76

种名	尾数密度 （×10³ ind./km²）	重量密度 （kg/km²）	N （%）	W （%）	F （%）	IRI
中华管鞭虾	0.57	0.70	1.02	0.30	88.89	117.57
口虾蛄	0.21	1.48	0.38	0.64	66.67	68.17
细巧仿对虾	0.32	0.35	0.56	0.15	77.78	55.81
中国毛虾	0.38	0.09	0.68	0.04	66.67	48.03
窝纹网虾蛄	0.08	0.49	0.14	0.21	88.89	31.72
刀额新对虾	0.12	0.31	0.21	0.14	44.44	15.17
鹰爪虾	0.07	0.15	0.13	0.06	55.56	10.68
日本囊对虾	0.07	0.23	0.12	0.10	33.33	7.24
须赤虾	0.05	0.06	0.09	0.03	55.56	6.33
疣背宽额虾	0.04	0.01	0.07	0.01	44.44	3.16
日本鼓虾	0.04	0.03	0.08	0.02	22.22	2.10
刀额仿对虾	0.03	0.09	0.05	0.04	22.22	1.97
鲜明鼓虾	0.01	0.04	0.02	0.02	44.44	1.92
周氏新对虾	0.02	0.06	0.03	0.03	22.22	1.27
无刺口虾蛄	0.02	0.03	0.03	0.01	22.22	0.97
鞭腕虾	0.04	0.03	0.07	0.01	11.11	0.96
脊尾白虾	0.01	0.02	0.01	0.01	11.11	0.25
仿对虾属	0.01	0.02	0.01	0.01	11.11	0.23
小眼绿虾蛄	0.00	0.01	0.00	0.00	11.11	0.10
拉氏绿虾蛄	0.00	0.00	0.00	0.00	11.11	0.06

6月虾类优势种哈氏仿对虾和扁足异对虾的尾数密度分布趋势有较大差异，分别在青山岛附近的5#站、东冲半岛西侧的10#站和三都岛附近的2#站渔获的尾数最多（图5-21~图5-23）。

5.3.6.3　蟹类优势种及其分布

6月蟹类优势种为双斑蟳分别为 5.12×10³ ind./km² 和 11.28 kg/km²，IRI 值高达 1 405.95（表5-9）。

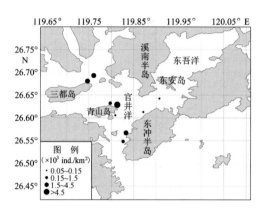

图 5-21　2010 年 6 月哈氏仿对虾尾数密度平面分布（×10³ ind./km²）

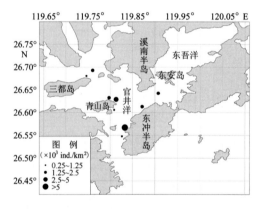

图 5-22　2010 年 6 月细鳌虾尾数密度平面分布（×10³ ind./km²）

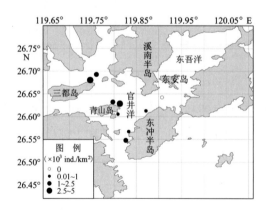

图 5-23　2010 年 6 月扁足异对虾尾数密度平面分布（×10³ ind./km²）

表 5-9　2010 年 6 月蟹类分品种尾数和重量组成

种名	尾数密度 （×10³ ind./km²）	重量密度 （kg/km²）	N （%）	W （%）	F （%）	IRI
双斑蟳	5.12	11.28	9.15	4.91	100.00	1 405.95
三疣梭子蟹	1.95	3.57	3.48	1.55	88.89	447.03
矛形梭子蟹	1.23	1.57	2.20	0.69	77.78	224.60
贪精武蟹	0.50	0.58	0.89	0.25	77.78	88.60
红星梭子蟹	0.22	0.39	0.39	0.17	77.78	43.73
纤手梭子蟹	0.26	0.18	0.46	0.08	77.78	42.05
变态蟳	0.15	0.38	0.27	0.17	66.67	28.99
日本蟳	0.05	0.93	0.08	0.40	44.44	21.72
日本关公蟹	0.02	0.12	0.03	0.05	33.33	2.66
红线黎明蟹	0.01	0.06	0.03	0.03	22.22	1.14
拥剑梭子蟹	0.02	0.01	0.03	0.00	11.11	0.36
狭颚绒螯蟹	0.01	0.01	0.02	0.00	11.11	0.32
锐齿蟳	0.00	0.00	0.00	0.00	11.11	0.06

　　6 月蟹类优势种中，双斑蟳、三疣梭子蟹和矛形梭子蟹资源密度平面分布的趋势较一致，均以东冲半岛西侧的 10# 站渔获最多，此外，三都岛附近的 1# 站亦渔获较大量的三疣梭子蟹（图 5-24~图 5-28）。

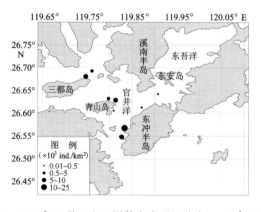

图 5-24　2010 年 6 月双斑蟳尾数密度平面分布（×10³ ind./km²）

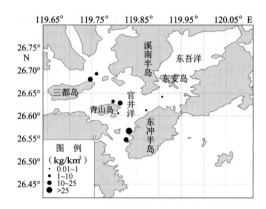

图 5-25　2010 年 6 月双斑蟳重量密度平面分布（kg/km²）

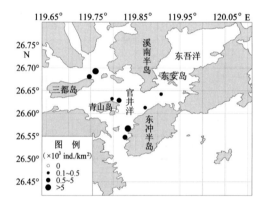

图 5-26　2010 年 6 月三疣梭子蟹尾数密度平面分布（×10³ ind./km²）

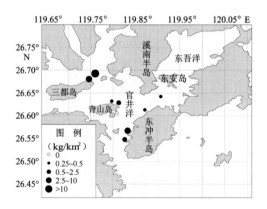

图 5-27　2010 年 6 月三疣梭子蟹重量密度平面分布（kg/km²）

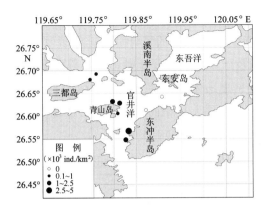

图 5-28　2010 年 6 月矛形梭子蟹尾数密度平面分布（×10³ ind./km²）

5.3.6.4　头足类优势种及其分布

表 5-10　2010 年 6 月头足类分品种尾数和重量组成

种类	尾数密度 （×10³ ind./km²）	重量密度 （kg/km²）	N （%）	W （%）	F （%）	IRI
枪乌贼 sp.	0.24	1.59	0.42	0.69	88.89	98.68
章鱼 sp.	0.00	0.07	0.00	0.03	11.11	0.39

5.3.7　游泳动物物种多样性

统计分析结果表明，6 月渔获物尾数多样性指数（H'）均值为 3.34（幅度为 2.44~4.33），丰富度指数（D）均值为 8.14（5.15~10.86），均匀度指数（J'）均值为 0.62（0.48~0.76），单纯度指数（C）均值为 0.20（0.08~0.31）（表 5-11）。

表 5-11　2010 年 6 月游泳动物物种多样性指数值

指数	尾数密度		重量密度	
	均值	幅度	均值	幅度
C	0.20	0.08~0.31	0.34	0.11~0.77
H'	3.34	2.44~4.33	2.64	0.79~3.87
J'	0.62	0.48~0.76	0.48	0.15~0.67
D	8.14	5.15~10.86	5.94	3.38~8.23

6 月渔获物重量多样性指数（H'）均值为 2.64（幅度为 0.79~3.87），丰富度指数（D）均值为 5.94（3.38~8.26），均匀度指数（J'）均值为 0.48（0.15~

0.67），单纯度指数（C）均值为 0.34（0.11~0.77）（表 5-11）。

据表 5-11、图 5-29 和图 5-30 的统计分析结果表明，2010 年 6 月调查海域渔获物尾数密度多样性指数（H'）和重量尾数多样性指数（H'）分别为 3.34 和 2.64，各站间尾数密度和重量密度 H' 值变化范围在 2.44~4.33 和 0.79~3.87 之间，重量密度和尾数密度 H' 值分布趋势大致相同，均在东冲半岛西侧的 10#站和 11#站出现最高值，而在青山岛南侧的 6#站两者值均最低。

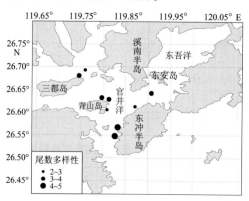

图 5-29　2010 年 6 月游泳动物尾数密度多样性指数（H'）值平面分布

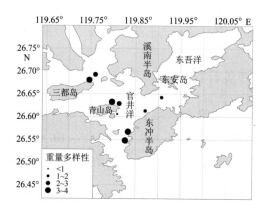

图 5-30　2010 年 6 月游泳动物重量密度多样性指数（H'）值平面分布

5.3.8　结论

5.3.8.1　种类组成

2010 年 6 月调查海域共渔获游泳动物 104 种，鱼类为 65 种，虾类 24 种，蟹类 13 种；头足类种数最少（2 种）。

5.3.8.2 数量特征

6月张网渔获物中，鱼类为绝对尾数和重量优势种，分别占66.37%和87.01%。尾数组成上，蟹类和虾类其次，分别为17.04%和16.17%，头足类最低，为0.42%；重量组成上，其次为蟹类8.30%，虾类较低，为3.96%，头足类重量百分比亦最低0.72%。

5.3.8.3 生物学特征

6月张网渔获物中，鱼类平均体重为6.62 g/ind.，虾类0.98 g/ind.，蟹类1.96 g/ind.，头足类6.93 g/ind.。鱼类幼体平均占88.56%，虾类10.22%，蟹类63.83%，头足类91.18%。

5.3.8.4 优势种

6月鱼类优势种有白姑鱼、大黄鱼、棱鲅、银鲳、棘头梅童鱼，其中大黄鱼和白姑鱼的相对重要性指数 *IRI* 值最高（>3 000）。

哈氏仿对虾、细螯虾、扁足异对虾、葛氏长臂虾和中华管鞭虾为6月虾类优势种。

6月蟹类优势种为双斑鲟、三疣梭子蟹、矛形梭子蟹、贪精武蟹和红星梭子蟹，其中双斑鲟的尾数和重量密度最高。

5.3.8.5 物种多样性

2010年6月调查海域渔获物尾数密度多样性指数和重量尾数多样性指数分别为3.34和2.64，各站间尾数密度和重量密度 *H'* 值变化范围在2.44~4.33和0.79~3.87之间，重量密度和尾数密度 *H'* 值分布趋势大致相同。

5.4 8月游泳动物资源调查结果

2010年8月大黄鱼繁殖水域张网调查站位见图5-31。

5.4.1 游泳动物种类组成

2010年8月调查海域共出现游泳动物117种，其中有鱼类82种，虾类21种，蟹类11种，头足类3种。分别占70.09%、17.95%、9.40%和2.56%（表5-12）。

2010年8月张网渔获物种类数为117种（表5-12，图5-32）。种类数分布不均

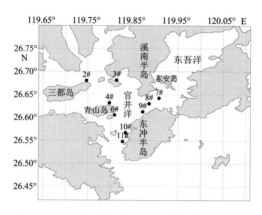

图 5-31　大黄鱼繁殖水域 8 月张网站位分布

匀，如图 5-32 所示，最高值为 74 种，出现在 2#站；低值 15 种、19 种，分别出现在 9#站和 7#站，其他站种类数均为 45 种左右。

表 5-12　8 月张网游泳动物种类数及百分比

类群	种类（种）	百分比（%）
鱼类	82	70.09
虾类	21	17.95
蟹类	11	9.40
头足类	3	2.56
总计数	117	100.00

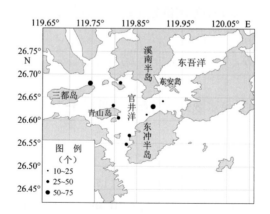

图 5-32　2010 年 8 月张网游泳动物种数平面分布

5.4.2　游泳动物（尾数、重量）分类群组成

2010 年 8 月尾数、重量分类群百分比均以鱼类为最高（55.65%，85.08%）。虾类尾数百分比第二，重量百分比是第三（27.60%，6.41%）。蟹类的尾数百分比是第三，重量百分比为第二（16.34%，8.36%）。头足类尾数、重量百分比最低（0.41%，0.15%）。

5.4.3　游泳动物资源数量特征

由表 5-13 的统计分析数据可知，2010 年 8 月张网渔业资源尾数密度均值为 25.14×10^3 ind./km²。其中鱼类资源尾数密度均值为 6.85×10^3 ind./km²，最高为棘头梅童鱼 1.65×10^3 ind./km²，最低为多鳞鱚、黄鲫、竹笑鱼、少鳞舌鳎、锯塘鳢、少鳞鱚、前肛鳗、鼠鱚 0.002×10^3 ind./km² 及其以下；虾类资源尾数密度均值为 3.47×10^3 ind./km²，最高为葛氏长臂虾 0.67×10^3 ind./km²，最低为脊尾白虾 0.005×10^3 ind./km²；蟹类均值为 2.21×10^3 ind./km²。头足类均值为 0.07×10^3 ind./km²。

表 5-13　2010 年 8 月张网各类群渔业资源平均密度

类群	尾数密度（×10³ ind./km²）	重量密度（kg/km²）
鱼类	6.85	62.04
虾类	3.47	4.60
蟹类	2.21	6.65
头足类	0.07	0.21
合计	12.60	73.50

2010 年 8 月张网渔业资源重量密度均值为 146.81 kg/km²。其中鱼类资源重量密度均值为 62.04 kg/km²，最高为大黄鱼 15.35 kg/km²，最低为硬头鲻 0.007 kg/km²；虾类资源重量密度为 4.60 kg/km²，最高为葛氏长臂虾 0.81 kg/km²，最低为巨指长臂虾 0.002 kg/km²，蟹类为 6.65 kg/km²，头足类为 0.21 kg/km²。

5.4.4　游泳动物资源数量平面分布

2010 年 8 月张网各潮水调查资源密度见图 5-33 和图 5-34。8 月渔获物总尾数密度与总重量密度分布不均匀，总尾数与总重量密度最大值均出现在 6#站，最小值均出现在 9#站（图 5-33 和图 5-34）。鱼类尾数密度最大值出现在 8#站，尾数密度最小值出现在 9#站；重量密度最大值出现在 6#站，重量密度最小值出现在 9#站

（图 5-35 和图 5-36）。虾类尾数、重量密度最大值均出现在 6#站，尾数、重量密度最小值均出现在 9#站（图 5-37 和图 5-38）；蟹类尾数、重量密度最大值在 10#站，尾数、重量密度最小值均出现在 7#站（图 5-39，图 5-40）；8 月头足类尾数密度最大值均出现在 4#站，重量密度最大值均出现在 7#站，3#站、6#站以及 11#站未出现头足类（图 5-41 和图 5-42）。

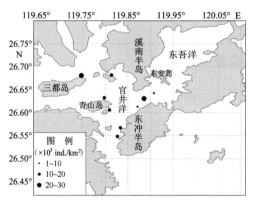

图 5-33　2010 年 8 月张网游泳动物总尾数密度平面分布（×10³ ind./km²）

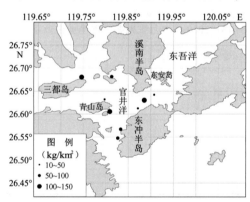

图 5-34　2010 年 8 月张网游泳动物总重量密度平面分布（kg/km²）

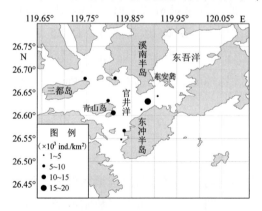

图 5-35　2010 年 8 月张网鱼类尾数密度平面分布（×10³ ind./km²）

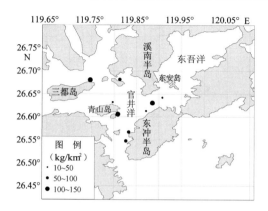

图 5-36　2010 年 8 月张网鱼类重量密度平面分布（kg/km²）

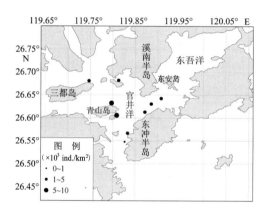

图 5-37　2010 年 8 月张网虾类尾数密度平面分布（×10³ ind./km²）

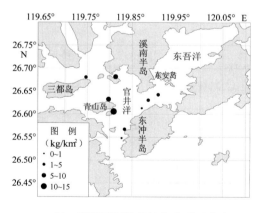

图 5-38　2010 年 8 月张网虾类重量密度平面分布（kg/km²）

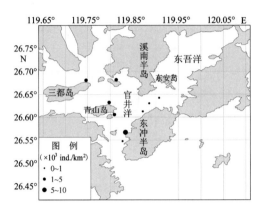

图 5-39　2010 年 8 月张网蟹类尾数密度平面分布（×10³ ind. /km²）

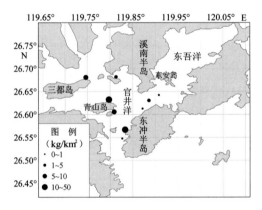

图 5-40　2010 年 8 月张网蟹类重量密度平面分布（kg/km²）

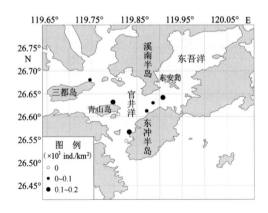

图 5-41　2010 年 8 月张网头足类尾数密度平面分布（×10³ ind. /km²）

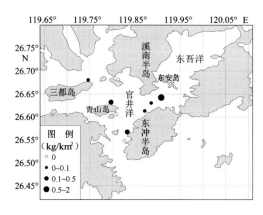

图 5-42　2010 年 8 月张网头足类重量密度平面分布（kg/km²）

5.4.5　游泳动物生物学特征

2010 年 8 月渔获物中，鱼类平均体长 9.62 cm/ind.，虾类 4.30 cm/ind.，蟹类 2.88 cm/ind.，头足类 2.51 cm/ind.；鱼类平均体重 12.06 g/ind.，虾类 1.30 g/ind.，蟹类 2.91 g/ind.，头足类 2.40 g/ind.；鱼类幼鱼平均占 87.10%，虾类平均占 37.16%，蟹类平均占 78.68%，头足类平均占 94.12%（表 5-14）。

表 5-14　2010 年 8 月张网分类群平均体重、体长和幼体比例

类群	体长（cm）		体重（g）		平均幼体比例
	范围	均值	范围	均值	（%）
鱼类	0.4~102.00	9.62	0.2~448.2	12.06	87.10
虾类	1.2~10.1	4.30	0.1~11.5	1.30	37.16
蟹类	1.1~8.00	2.88	0.2~25.8	2.91	78.68
头足类	1.4~6.4	2.51	0.8~10.7	2.40	94.12

2010 年 8 月张网渔获物各种类体重范围、平均体重、体长范围、平均体长和幼体比例见表 5-15。

表 5-15　2010 年 8 月分品种体重、体长和幼体比例

种名	体长（cm）		体重（g）		幼体比例
	范围	均值	范围	均值	（%）
斑头舌鳎	7.2~11.7	9.3	4.2~9.9	6.36	75
赤鼻棱鳀	9~9.2	9.1	9.7~10.2	9.95	50

种名	体长（cm）		体重（g）		幼体比例
	范围	均值	范围	均值	（%）
赤魟	25~25	25	448.2~448.2	448.2	0
带纹条鳎	9.3~10	9.63	9~11.5	9.9	100
带鱼	9.1~39.7	24.23	0.7~67.6	7.04	93.94
刀鲚	11.9~23.5	15.27	8.4~52.1	20.56	40
短吻舌鳎	11~17.2	14.15	8.8~33.9	17.37	66.67
多鳞鳝	11.5~11.5	11.5	21.4~21.4	21.4	0
鳄鲬	14.9~15.5	15.2	20.6~24.5	22.55	50
二长棘鲷	8.5	8.5	26.7	26.7	0
凤鲚	5.1~20.2	12.23	0.5~36.1	10.16	50.67
海鳗	36.2~53.3	44.05	64.3~194.5	112.13	0
汉氏棱鳀	5.1~19.4	13.29	1.3~109.2	19.6	85.71
横纹东方鲀	5.1~7	6.37	4.4~13.2	9.08	100
黄鲫	8.7~8.7	8.7	8.2~8.2	8.2	100
黄鳍东方鲀	7.8~9.2	8.5	14.6~26.6	20.6	100
棘头梅童鱼	1.2~7.7	5.13	0.4~8.6	2.99	95.78
尖尾鳗	13~27	21.27	1.6~20.1	10.07	59.09
金色小沙丁鱼	2.9~15.9	6.6	0.4~44.4	7.31	80.51
康氏小公鱼	3.8~7.2	5.58	0.6~4.9	1.63	100
孔虾虎鱼	3.7~14	9.54	0.5~17.3	6.84	36.96
拉氏狼牙虾虎鱼	8.2~13.6	12.5	3.9~14.5	9.93	0
莱氏舌鳎	8.5~15.6	11.22	3.6~15.4	9.41	33.33
丽叶鲹	3.2~8.5	6.09	0.8~12.0	7.85	100
镰鲳	5.8~10.5	8.72	7.7~40.1	26.71	55.56
鳞鳍叫姑鱼	7.1~9.5	8.79	7.2~15.9	13.32	106.25
六指马鲅	4.9~9.5	7.46	1.5~20.6	8.73	73.56
龙头鱼	0.4~16.8	9.94	0.2~31.8	5.45	94.43
鹿斑鲾	2~4.2	3.08	0.4~2.5	1.2	100
矛尾虾虎鱼	3.8~9.7	7.27	1.3~6.5	3.65	82.61
鮸	4.1~9.5	6.13	1.1~14.4	5.7	100

种名	体长（cm）		体重（g）		幼体比例
	范围	均值	范围	均值	（%）
皮氏叫姑鱼	3.1~15.2	6.22	0.5~73.4	9.67	82.98
食蟹豆齿鳗	2.9~36	22.35	0.2~28.4	9.2	80
丝背细鳞鲀	9.3	9.3	33.7	33.7	100
条尾绯鲤	7.1~9.3	8.35	6.5~15.9	10.39	72.73
小带鱼	19.3~24	21.98	3~5.3	4.33	100
鲬	8.5~14.2	12.35	4.6~19	10.68	75
中颌棱鳀	5~13.8	8.44	1.8~25.3	12.98	59.18
竹筴鱼	11.2~11.2	11.2	21.6~21.6	21.6	100
髭缟虾虎鱼	7.1~7.1	7.1	9.9~9.9	9.9	100
紫斑舌鳎	10.3~10.3	10.3	8.3~8.3	8.3	100
棕腹刺鲀	6.4~11.1	8.75	8.9~38.8	23.85	50
少鳞舌鳎	13.2	13.2	12.9	12.9	100
黄姑鱼	9.4~102	33.25	17~28.5	23.23	25
日本鲭	11.2~14.8	13	14.7~46.7	30.7	100
油釘	19.4~20.5	19.95	67.3~72.3	69.8	0
尖头黄鳍牙鹹	5.6~9.2	7.98	2.2~14.8	8.07	66.67
横带髭鲷	6~7.2	6.55	8.6~11.2	10.2	66.67
鰤	6.2~10.2	8.33	2.9~32.9	8.62	88.89
银鲳	7.4~9.8	9.02	16.4~38.6	29.6	100
白姑鱼	2.8~12.1	7.37	0.6~108	10.21	96.3
大黄鱼	5.3~23.5	10.21	1.6~213	21.87	93.89
斑鰶	9.7~16.9	13.18	15~81.2	29.51	20
银腰犀鳕	8.2	8.2	4.5	4.5	0
焦氏舌鳎	12.1~13.2	12.65	10.3~14.4	12.35	100
六丝钝尾虾虎鱼	7.4~9.1	8.25	4~5.2	4.6	0
硬头鲻	5.4	5.4	2.9	2.9	100
中国花鲈	11.7~15	13.13	31.7~44.5	37.8	66.67
锯塘鳢	8.5	8.5	11.8	11.8	100
蓝点马鲛	6.2~17.2	8.71	2.5~58	11.73	91.3

种名	体长（cm）		体重（g）		幼体比例
	范围	均值	范围	均值	（%）
少鳞鱚	9.8	9.8	9.7	9.7	100
大鳞舌鳎	11.6~15.4	12.85	7.3~9.1	8.38	100
窄体舌鳎	4.2~15.2	11.71	0.7~16.9	9.36	70
大甲鲹	9.8~13	10.8	13.4~38.4	20.46	100
列牙鲾	6.2~7.2	6.7	6.2~11.3	8.75	100
鲻	3.1~8.6	6.53	0.5~10.2	4.13	100
舌鳎 sp.	2.6~8.2	5.18	2.6~4.1	3.4	100
前肛鳗	37.8	37.8	74.5	74.5	0
鼠鱚	16.7	16.7	32.8	32.8	0
绯鲻	9.6	9.6	7.6	7.6	100
乌塘鳢	7.1	7.1	6.5	6.5	100
小眼绿鳍鱼	2.8	2.8	0.7	0.7	100
须鳗虾虎鱼	6.8	6.8	2.6	2.6	0
棱鲛	4.5~16.3	8.92	1.2~83.5	38.18	100
尖吻鲾	2.9~7.3	5.1	0.4~8.4	4.4	100
真鲷	7.3~10.2	8.75	11.3~35.2	23.25	50
裘氏小沙丁鱼	5.2~7.2	6.48	1.9~4.6	3.68	0
短棘银鲈	7.4	7.4	10.3	10.3	100
黄斑篮子鱼	12.2	12.2	47.8	47.8	0
高体䲅	16.8	16.8	108.7	108.7	0
斑鲆 sp.	5.9	5.9	2.8	2.8	100
裸鳍虫鳗	23.5	23.5	3.9	3.9	100
刀额仿对虾	3.8~5.6	4.62	1~2.6	1.66	43.75
鞭腕虾	2.4~4.8	3.6	0.3~6.7	3.5	50
葛氏长臂虾	2.3~5.5	4.17	0.1~2.4	1.2	21.46
哈氏仿对虾	1.3~7	4.59	0.2~4.1	1.26	65.97
脊尾白虾	4.4~7.8	6.1	0.9~3.5	2.2	50
巨指长臂虾	2.9	2.9	0.4	0.4	100
口虾蛄	5.1~10.1	8.05	1.3~11.5	6.44	66.67

种名	体长（cm）		体重（g）		幼体比例
	范围	均值	范围	均值	（%）
日本鼓虾	1.4~3.9	2.24	0.1~1	0.38	100
细螯虾	1.5~3.6	2.38	0.1~1.2	0.18	0
细巧仿对虾	2~7.3	3.55	0.1~5.4	1.15	40
须赤虾	4.3~7.5	5.53	1.3~4.1	1.89	0
鹰爪虾	3.8~8.1	5.44	0.5~6.3	2.01	28.13
中国毛虾	1.2~3.6	2.65	0.1~0.7	0.16	0
中华管鞭虾	2.7~7.8	5.35	0.2~5	1.89	33.71
周氏新对虾	2.8~7.3	4.49	0.3~4.4	1.12	88.13
尖刺口虾蛄	5.5~6	5.75	1.9~2.5	2.2	100
扁足异对虾	3.5~5.8	5.03	0.5~2.1	1.35	4.17
鲜明鼓虾	3.8~5.2	4.25	1.1~7.5	3.45	50
绿虾蛄	6.7	6.7	5.3	5.3	100
水母虾 sp.	1.5~1.6	1.55	0.1~0.2	0.15	0
脊条褶虾蛄	6.5~6.6	6.55	2.9~3.8	3.35	100
变态蟳	1.5~5.5	2.54	0.7~3.3	1.83	100
红星梭子蟹	1.7~6.2	4.14	0.2~12.1	4.12	97.47
矛形梭子蟹	1.7~3.6	2.86	0.5~3.8	1.78	91.67
日本关公蟹	3.1	3.1	12.8	12.8	100
日本蟳	1.1~4.8	2.42	0.3~16.7	2.64	99.01
三疣梭子蟹	2.0~8.0	4.36	0.4~25.8	4.64	100
双斑蟳	1.3~3.8	2.23	0.5~4.6	2.07	31.34
纤手梭子蟹	1.1~4.5	2.28	0.3~7.4	2.48	59.04
锈斑蟳	2.2~3.6	2.8	2.1~7.1	3.87	100
银光梭子蟹	2.4~3	2.8	0.6~2	1.4	100
远海梭子蟹	4.3~6.5	5.4	3.5~17.4	10.45	100
枪乌贼 sp.	1.6~6.4	2.93	0.8~10.7	2.85	91.67
章鱼 sp.	1.4~2.1	1.73	0.9~1.2	1.1	100
短蛸	1.7~2.6	2.15	1.5~1.8	1.65	100

5.4.6　游泳动物优势种及其平面分布

取各类群中相对重要性指数 *IRI* 值位于前 5 位的种类为各类群优势种。

5.4.6.1　鱼类优势种及其平面分布

8 月鱼类渔获物分品种尾数和重量组成见表 5-16。优势种有大黄鱼、龙头鱼、棘头梅童鱼、金色小沙丁鱼和白姑鱼，其中棘头梅童鱼所占尾数百分比最高，为 13.02%，大黄鱼所占重量百分比最高，为 21.34%。

表 5-16　鱼类优势种尾数和重量组成

种名	尾数密度 （×10³ ind./km²）	重量密度 （kg/km²）	N （%）	W （%）	F （%）	IRI
大黄鱼	0.92	15.35	7.28	20.89	88.89	2 503.76
龙头鱼	1.18	6.98	9.39	9.50	100.00	1 888.37
棘头梅童鱼	1.65	4.99	13.11	6.78	77.78	1 547.42
金色小沙丁鱼	0.42	3.26	3.34	4.43	66.67	517.76
白姑鱼	0.33	3.36	2.62	4.56	55.56	399.42
凤鲚	0.20	1.87	1.57	2.54	66.67	274.07
中颌棱鳀	0.17	2.21	1.34	3.01	55.56	241.68
六指马鲅	0.21	1.70	1.68	2.32	44.44	177.64
斑鲦	0.12	3.16	0.93	4.30	33.33	174.54
蓝点马鲛	0.13	1.35	1.00	1.84	55.56	157.73
带鱼	0.14	0.84	1.14	1.14	66.67	152.31
孔虾虎鱼	0.13	0.83	1.05	1.14	66.67	145.38
皮氏叫姑鱼	0.12	0.97	0.93	1.32	55.56	124.63
食蟹豆齿鳗	0.08	0.87	0.65	1.18	44.44	81.41
棱鲅	0.03	1.22	0.24	1.66	22.22	42.21
赤虹	0.00	1.12	0.02	1.52	11.11	17.16
海鳗	0.01	1.03	0.07	1.39	11.11	16.30

2010 年 8 月鱼类优势种棘头梅童鱼尾数密度最高值出现在 8#站，最低 2#站，其中 10#站和 11#站没出现；龙头鱼最高出现在 6#站，最低 9#站；大黄鱼最高出现在 6#站，最低 9#站，10#站没有出现大黄鱼；金色小沙丁鱼最高出现在 10#站，最低 7#站，其中 3#站、6#站以及 9#站没有出现金色小沙丁鱼；白姑鱼最高出现在 3#

站、最低 4#站，其中 7#站、9#站、10#站以及 11#站没有出现白姑鱼。鱼类优势种重量密度上：大黄鱼最高出现在 6#站，最低 11#站；龙头鱼最高出现在 6#站，最低 2#站；棘头梅童鱼最高出现在 8#站，最低 2#站；白姑鱼最高出现在 3#站，最低 4#站；金色小沙丁鱼最高出现在 10#站，最低 8#站（图 5-43～图 5-52）。

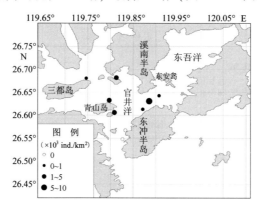

图 5-43　2010 年 8 月张网棘头梅童鱼尾数密度平面分布（×10^3 ind./km^2）

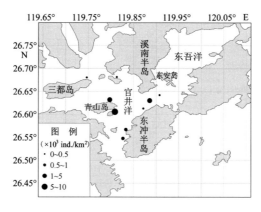

图 5-44　2010 年 8 月张网龙头鱼尾数密度平面分布（×10^3 ind./km^2）

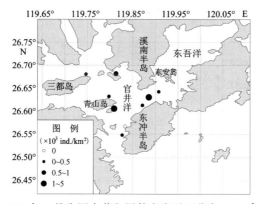

图 5-45　2010 年 8 月张网大黄鱼尾数密度平面分布（×10^3 ind./km^2）

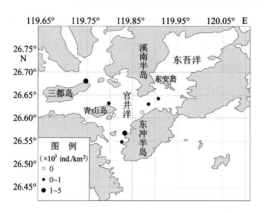

图 5-46　2010 年 8 月张网金色小沙丁鱼尾数密度平面分布（×10³ ind. /km²）

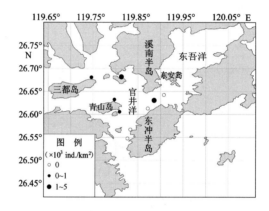

图 5-47　2010 年 8 月张网白姑鱼尾数密度平面分布（×10³ ind. /km²）

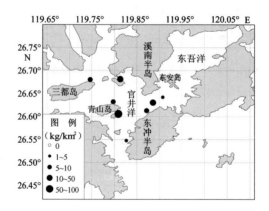

图 5-48　2010 年 8 月张网大黄鱼重量密度平面分布（kg/km²）

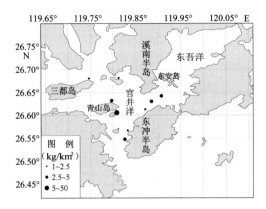

图 5-49　2010 年 8 月张网龙头鱼重量密度平面分布（kg/km²）

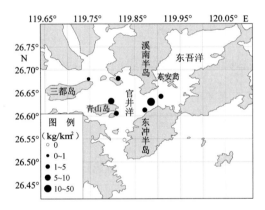

图 5-50　2010 年 8 月张网棘头梅童鱼重量密度平面分布（kg/km²）

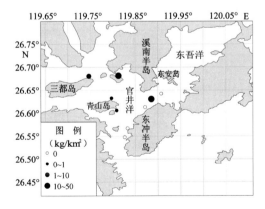

图 5-51　2010 年 8 月张网白姑鱼重量密度平面分布（kg/km²）

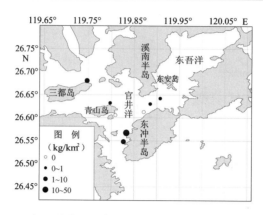

图 5-52　2010 年 8 月张网金色小沙丁鱼重量密度平面分布（kg/km²）

5.4.6.2　虾类优势种及其平面分布

8 月虾类渔获物分品种尾数和重量组成见表 5-17。

表 5-17　虾类优势种尾数和重量组成

种名	尾数密度 （×10³ ind./km²）	重量密度 （kg/km²）	N （%）	W （%）	F （%）	IRI
葛氏长臂虾	0.67	0.81	5.31	1.10	77.78	498.43
周氏新对虾	0.50	0.54	3.95	0.74	100.00	469.33
中华管鞭虾	0.55	1.20	4.35	1.63	77.78	464.84
细螯虾	0.51	0.09	4.07	0.12	88.89	372.94
哈氏仿对虾	0.40	0.52	3.17	0.71	77.78	302.18
鹰爪虾	0.25	0.53	1.98	0.72	77.78	209.89
中国毛虾	0.19	0.03	1.48	0.04	66.67	100.94

8 月虾类优势种有葛氏长臂虾、周氏新对虾、中华管鞭虾、细螯虾和哈氏仿对虾，其中葛氏长臂虾所占尾数百分比最高，为 5.48%，中华管鞭虾所占重量百分比最高，为 1.66%。

2010 年 8 月虾类优势种尾数密度平面分布上，葛氏长臂虾最高出现在 6#站，最低 10#站，其中 7#站和 11#站没有出现记录；中华管鞭虾最高出现在 6#站，最低 7#站，其中 9#站和 11#站没有出现中华管鞭虾；细螯虾最高出现在 4#站，最低 10#站，11#站没有出现。重量密度平面分布上，中华管鞭虾最高出现在 6#站，最低 7#站；葛氏长臂虾最高出现在 6#站，最低 10#站（图 5-53~图 5-57）。

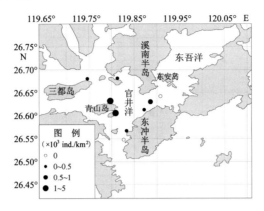

图 5-53　2010 年 8 月张网葛氏长臂虾尾数密度平面分布（×10³ ind./km²）

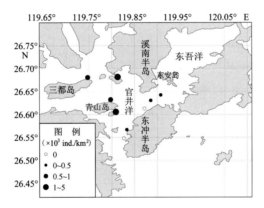

图 5-54　2010 年 8 月张网中华管鞭虾尾数密度平面分布（×10³ ind./km²）

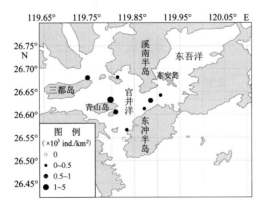

图 5-55　2010 年 8 月张网细螯虾尾数密度平面分布（×10³ ind./km²）

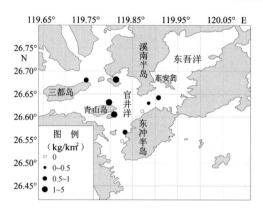

图 5-56　2010 年 8 月张网中华管鞭虾重量密度平面分布（kg/km²）

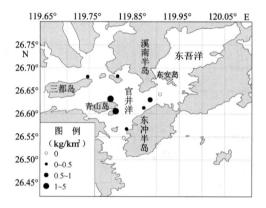

图 5-57　2010 年 8 月张网葛氏长臂虾重量密度平面分布（kg/km²）

5.4.6.3　蟹类优势种及其平面分布

8 月蟹类渔获物分品种尾数和重量组成见表 5-18。

表 5-18　蟹类优势种尾数和重量组成

种名	尾数密度 （×10³ ind. /km²）	重量密度 （kg/km²）	N （%）	W （%）	F （%）	IRI
纤手梭子蟹	0.66	1.67	5.20	2.27	100.00	747.49
红星梭子蟹	0.58	2.56	4.62	3.48	77.78	629.89
日本蟳	0.33	0.85	2.61	1.15	66.67	251.21
双斑蟳	0.28	0.61	2.26	0.82	55.56	171.39
变态蟳	0.23	0.43	1.79	0.59	44.44	105.73

8 月蟹类优势种为纤手梭子蟹、红星梭子蟹、日本蟳、双斑蟳以及变态蟳，其

中纤手梭子蟹所占尾数百分比最高，为 5.20%，红星梭子蟹所占重量百分比最高，为 3.48%。平面分布见图 5-58~图 5-63。

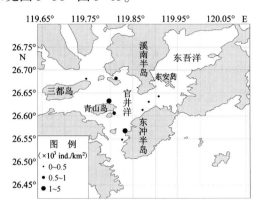

图 5-58　2010 年 8 月张网纤手梭子蟹尾数密度平面分布（×10³ ind. /km²）

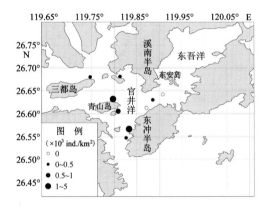

图 5-59　2010 年 8 月张网红星梭子蟹尾数密度平面分布（×10³ ind. /km²）

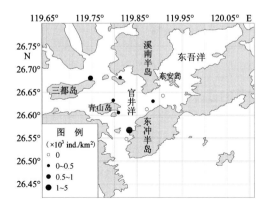

图 5-60　2010 年 8 月张网日本蟳尾数密度平面分布（×10³ ind. /km²）

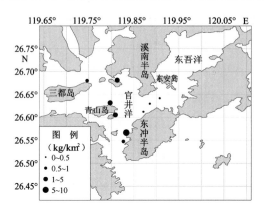

图 5-61　2010 年 8 月张网纤手梭子蟹重量密度平面分布（kg/km²）

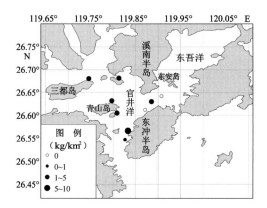

图 5-62　2010 年 8 月张网红星梭子蟹重量密度平面分布（kg/km²）

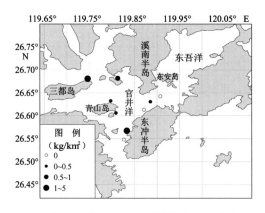

图 5-63　2010 年 8 月张网日本蟳重量密度平面分布（kg/km²）

5.4.7　游泳动物物种多样性

统计分析结果表明，2010 年 8 月渔获物尾数多样性指数（H'）均值为 4.07（幅度为 3.52~5.41），丰富度指数（D）均值为 10.92（5.76~19.29），均匀度指数（J'）均值为 0.80（0.62~0.93），单纯度指数（C）均值为 0.10（0.03~0.21）（表 5-19）。

表 5-19　2010 年 8 月游泳动物多样性指数值

指数	尾数密度		重量密度	
	均值	幅度	均值	幅度
C	0.10	0.03~0.21	0.16	0.04~0.33
H'	4.07	3.25~5.41	3.60	2.25~5.21
J'	0.80	0.62~0.93	0.70	0.48~0.84
D	10.92	5.76~19.29	6.07	3.54~10.71

2010 年 8 月渔获物重量多样性指数（H'）均值为 3.60（幅度为 2.25~5.21），丰富度指数（D）均值为 6.07（3.54~10.71），均匀度指数（J'）均值为 0.70（0.48~0.84），单纯度指数（C）均值为 0.16（0.04~0.33）（表 5-19）。

据表 5-19、图 5-64 和图 5-65 的统计分析结果表明，2010 年 8 月调查海域渔获物尾数密度多样性指数（H'）和重量尾数多样性指数（H'）分别为 4.07 和 3.60，各站间尾数密度和重量密度 H' 值变化范围在 3.52~5.41 和 2.25~5.21 之间。

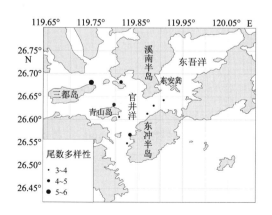

图 5-64　2010 年 8 月游泳动物尾数密度多样性指数（H'）值平面分布

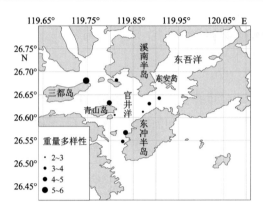

图 5-65　2010 年 8 月游泳动物重量密度多样性指数（H'）值平面分布

5.4.8　结论

5.4.8.1　种类组成

2010 年 8 月调查海域共出现游泳动物 117 种，鱼类 82 种，虾类 21 种，蟹类 11 种，头足类 3 种。

5.4.8.2　数量特征

8 月尾数、重量分类群百分比均以鱼类为最高（55.65%，85.08%）。虾类尾数百分比为第二，重量百分比为第三（27.60%，6.41%），蟹类的尾数百分比为第三，重量百分比为第二（16.34%，8.36%），头足类尾数、重量百分比最低（0.41%，0.15%）。

5.4.8.3　生物学特征

8 月渔获物中，鱼类平均体长 9.62 cm/ind.，虾类 4.30 cm/ind.，蟹类 2.88 cm/ind.，头足类 2.51 cm/ind.；鱼类平均体重 12.06 g/ind.，虾类 1.30 g/ind.，蟹类 2.91 g/ind.，头足类 2.40 g/ind.；鱼类幼鱼平均占 87.10%，虾类平均占 37.16%，蟹类平均占 78.68%，头足类平均占 94.12%。

5.4.8.4　优势种

8 月鱼类优势种有大黄鱼、龙头鱼、棘头梅童鱼、金色小沙丁鱼和白姑鱼，其中棘头梅童鱼所占尾数百分比最高，为 13.02%，大黄鱼所占重量百分比最高，为 21.34%。

虾类优势种有葛氏长臂虾、周氏新对虾、中华管鞭虾、细螯虾和哈氏仿对虾，其中葛氏长臂虾所占尾数百分比最高，为 5.48%，中华管鞭虾所占重量百分比最高，为 1.66%。

蟹类优势种为纤手梭子蟹、红星梭子蟹、日本蟳、双斑蟳以及变态蟳，其中纤手梭子蟹所占尾数百分比最高，为 5.20%，红星梭子蟹所占重量百分比最高，为 3.48%。

5.4.8.5　物种多样性

8 月调查海域渔获物尾数密度多样性指数（H'）和重量尾数多样性指数（H'）分别为 4.07 和 3.60，各站间尾数密度和重量密度 H' 值变化范围在 3.52~5.41 和 2.25~5.21 之间。

5.5　10 月游泳动物资源调查结果

5.5.1　游泳动物种类组成

2010 年 10 月调查海域共出现游泳动物 159 种，其中鱼类 117 种，虾类 28 种，蟹类 11 种，头足类 3 种（表 5-20）。

表 5-20　2010 年 10 月张网游泳动物种类数及百分比

类群	尾数百分比（%）	重量百分比（%）
鱼类	39.56	78.00
虾类	52.31	11.78
蟹类	7.54	9.65
其他类	0.59	0.58

5.5.2　游泳动物种类数平面分布

2010 年 10 月张网渔获物种类数为 159 种（表 5-20，图 5-66）。种类数分布不均匀，如图 5-66 所示，最高值为 92 种，出现在 6#站；低值 29 种，出现在 9#站，其他站种类数均为 70 种左右。

5.5.3　游泳动物的数量特征

由表 5-21 的统计分析数据可知，2010 年 10 月张网渔业资源尾数密度均值为

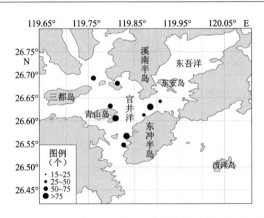

图 5-66　2010 年 10 月张网游泳动物种数平面分布

$38.18×10^3$ ind./km²。其中鱼类资源尾数密度均值为 $15.14×10^3$ ind./km²，最高为龙头鱼 $2.61×10^3$ ind./km²，最低为少牙斑鲆、黄带绯鲤、叫姑鱼 sp. 和尖头黄鳍鰔为 $0.001×10^3$ ind./km² 及以下；虾类资源尾数密度均值为 $19.93×10^3$ ind./km²，最高为细螯虾 $11.34×10^3$ ind./km²，最低为斑节对虾 $0.003×10^3$ ind./km²；蟹类均值为 $2.89×10^3$ ind./km²，最高为日本蟳 $1.39×10^3$ ind./km²，最低为隆线强蟹 $0.11×10^3$ ind./km²。头足类均值为 $0.25×10^3$ ind./km²。

表 5-21　2010 年 10 月张网各类群渔业资源平均密度（尾数、重量）

类群	尾数密度（$×10^3$ ind./km²）	重量（kg/km²）
鱼类	15.14	118.93
虾类	19.93	17.98
蟹类	2.89	14.71
头足类	0.25	0.99
合计	38.18	152.51

2010 年 10 月张网渔业资源重量密度均值为 152.51 kg/km²。其中鱼类资源重量密度均值为 118.93 kg/km²，最高为大黄鱼 22.21 kg/km²，最低为小带鱼 0.000 2 kg/km²；虾类资源重量密度为 17.98 kg/km²，最高为葛氏长臂虾 8.48 kg/km²，最低为疣背宽额虾 0.003 kg/km²；蟹类为 14.71 kg/km²，最高为红星梭子蟹 6.32 kg/km²，最低为模糊新短眼蟹 0.01 kg/km²，头足类为 0.99 kg/km²。

5.5.4　游泳动物资源密度平面分布

2010 年 10 月张网各潮水调查资源密度见图 5-67 和图 5-68。由图 5-67 和图 5-68 可知，2010 年 10 月渔获物总尾数密度与总重量密度分布不均匀，总尾数密度最大值出现在6#站，总重量密度最大值出现在10#站，总尾数与总重量密度最小值均出现在9#站；鱼类尾数密度最大值出现在10#站，重量密度最大值出现在1#站（图5-69和图5-70）；虾类尾数密度最大值出现在6#站，重量密度最大值出现在4#站（图5-71和图5-72）；蟹类尾数、重量密度最大值均出现在10#站（图5-73和图5-74）；头足类尾数、重量密度最大值均出现在6#站，9#站未出现头足类（图5-75和图5-76）。

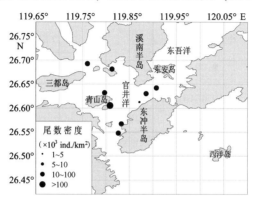

图 5-67 2010 年 10 月张网游泳动物尾数密度平面分布（×10³ ind./km²）

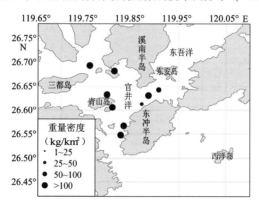

图 5-68 2010 年 10 月张网游泳动物重量密度平面分布（kg/km²）

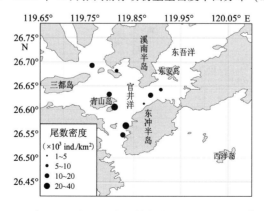

图 5-69 2010 年 10 月张网鱼类尾数密度平面分布（×10³ ind./km²）

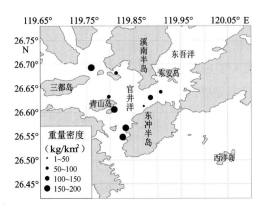

图 5-70　2010 年 10 月张网鱼类重量密度平面分布（kg/km²）

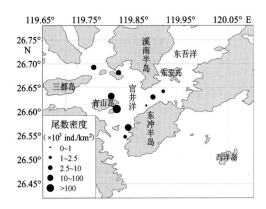

图 5-71　2010 年 10 月张网虾类尾数密度平面分布（×10³ ind./km²）

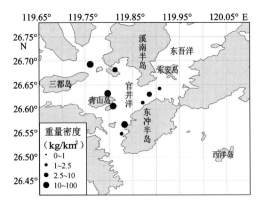

图 5-72　2010 年 10 月张网虾类重量密度平面分布（kg/km²）

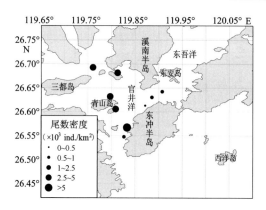

图 5-73　2010 年 10 月张网蟹类尾数密度平面分布（×10³ ind. /km²）

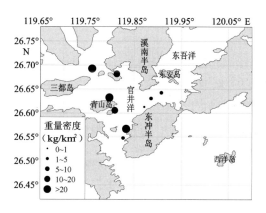

图 5-74　2010 年 10 月张网蟹类重量密度平面分布（kg/km²）

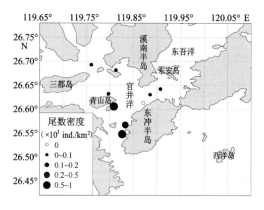

图 5-75　2010 年 10 月张网头足类尾数密度平面分布（×10³ ind. /km²）

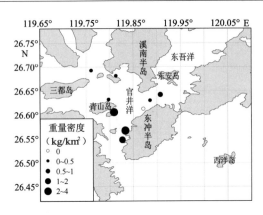

图 5-76　2010 年 10 月张网头足类重量密度平面分布（kg/km²）

5.5.5　游泳动物生物学特征

2010 年 10 月渔获物中，鱼类平均体重 10.35 g/ind.，虾类 0.86 g/ind.，蟹类 5.39 g/ind.，头足类 3.68 g/ind.；鱼类幼鱼平均占 51.06%，虾类平均占 10.50%，蟹类平均占 5.39%，头足类平均占 81.74%。由于 10 月网目由小至 0.5 cm，捕到大量细鳌虾，所以其虾类平均体重很小，同时幼体比却很低（表 5-22）。

表 5-22　2010 年 10 月张网分类群平均体重、体长和幼体比例

类群	平均体长（cm）	平均体重（g）	幼体比（%）
鱼类	9.49	10.35	51.06
虾类	5.07	0.86	10.50
蟹类	3.68	5.39	67.36
头足类	2.93	3.68	81.74

2010 年 10 月张网渔获物各种类体重范围、平均体重、体长范围、平均体长和幼体比例见表 5-23。

表 5-23　2010 年 10 月分品种体重、体长和幼体比例

种名	体长（cm）		体重（g）		幼体比例
	范围	均值	范围	均值	（%）
斑鲆 sp.	7.5~7.5	7.5	3.5~3.5	3.5	100
斑头舌鳎	3.4~12	7	0.3~7.4	3	75
赤鼻棱鳀	4.5~10.2	8	0~12.8	6.7	0
带纹条鳎	10.2~12.8	11.4	10.2~19.3	13.3	50

续表

种名	体长（cm）		体重（g）		幼体比例
	范围	均值	范围	均值	（%）
带鱼	9.6~45.2	28.3	0.4~59.1	16.1	79.17
刀鲚	22.4~23.7	23.2	47.3~51.8	48.8	0
短吻舌鳎	8.2~12.8	9.7	3.2~12	5.6	33.33
多鳞鱚	7~14.2	9.8	3.1~21.8	9.5	33.33
凤鲚	1.6~21.4	9.9	0.8~39.4	4.5	87.61
横纹东方鲀	2.4~11.5	7.9	3.5~37.2	18.8	31.65
黄鳍东方鲀	5.4~13.7	10.2	32.7~104.5	62.6	0
棘头梅童鱼	3.5~11.9	7.3	1.7~20.1	8.3	60.59
尖尾鳗	14~31.2	24.4	3~23	11.4	15.38
金色小沙丁鱼	7.4~15.4	9.8	5.1~45	10.7	0.63
康氏小公鱼	2.5~9.2	4.2	0.1~7.5	0.9	52.62
孔虾虎鱼	2.5~17.4	11	0.4~28.2	7.7	9.39
拉氏狼牙虾虎鱼	8.1~16.8	12.7	1.8~25.3	10	0
丽叶鲹	6~8.9	8	4.7~10.1	8.3	75
鳞鳍叫姑鱼	8.5	8.5	8.1	8.1	100
六指马鲅	3.1~9.2	6.3	0.9~16.5	7.5	55.91
龙头鱼	3~23	10.2	0.8~91.5	6.3	83.49
矛尾虾虎鱼	2.2~55.2	6.5	0.8~10.1	2.7	49.91
拟矛尾虾虎鱼	3.1~8.2	5.8	0.4~7.5	3.7	41.67
皮氏叫姑鱼	2.2~12.5	7	0.2~31.1	7.6	95.2
食蟹豆齿鳗	11.5~47.2	27.1	0.8~46.7	16.2	9.07
丝背细鳞鲀	4.3~10.3	7.2	2.4~40.6	18.9	50
条尾绯鲤	3.6~9.5	7.8	0.4~15.7	9.9	11.11
小带鱼	7.7	7.7	0.1	0.1	0
小头栉孔虾虎鱼	2.5~8.5	6.1	0.1~3.1	1.3	37.06
鲕	9.4~11.7	10.9	4.2~8.3	6.6	75
长蛇鲻	13.6~15.2	14.4	19~31.1	25.1	0
中颌棱鳀	5.6~14	8.4	1.6~29.7	6.2	10.29
髭缟虾虎鱼	2.8~9.7	6.4	0.4~18.9	8.7	42.86

续表

种名	体长（cm）		体重（g）		幼体比例
	范围	均值	范围	均值	（%）
紫斑舌鳎	13.7~13.7	13.7	12	12	0
棕腹刺鲀	7.5~16	12.1	14.5~125.4	72.2	0
少鳞舌鳎	4~15.3	8.6	0.4~17.5	4.1	78.97
黄姑鱼	11~15.6	13.3	18~54.1	36.1	50
条纹斑竹鲨	14.6~16.4	15.5	16.1~18.4	17.3	100
大黄鱼	6~10.1	11.9	4~265.1	26.9	81.67
斑鰶	4.2~18	11	4.4~123.2	15.7	19.75
尖吻鲾	2.6~10.8	6.5	0.4~27.9	6.7	42.08
鰔	3.8~12.7	8.9	1.3~20.7	8.3	28.46
卵鳎	4.3~5.8	5.1	1.5~3	2.1	50
银腰犀鳕	3~6.3	4.6	0.1~2.2	0.9	24
裘氏小沙丁鱼	5~9.9	6.9	1.5~10.1	4.6	3.24
焦氏舌鳎	2~17.1	10.3	0.4~25.1	7	75.29
横带髭鲷	5.8~11.4	7.4	3~32.3	14.8	31.67
六丝钝尾虾虎鱼	2.8~8.8	6.2	0.2~26	2.8	29.42
硬头鲻	4.2~12.9	7.7	1.1~81.6	6.2	54.32
褐菖鲉	2.7~6.4	4.4	0.7~7.1	1.9	100
海龙 sp.	18.5	18.5	1.4	1.4	0
中线天竺鲷	2.8~6.6	4.2	0.4~6.6	2.5	66.67
杂食豆齿鳗	65	65	106.8	106.8	0
大牙细棘虾虎鱼	5.7	5.7	3.3	3.3	0
锯塘鳢	2~8.8	6.2	0.2~19.6	6.1	28.57
中国花鲈	9.7~17.9	12	11.8~89.5	27.2	96
中华海鲇	17.6	17.6	88.5	88.5	0
细鳞鲾	4.4~9	6.9	2.2~16.8	9.5	41.67
棘线鲬	6.7~13.4	10.7	1.5~15.1	7.1	14
黄斑鲾	3.4~6	4.8	0.9~5.8	3.1	25
青鳞小沙丁鱼	4.9~9.1	7.6	1.2~9.1	5.2	33.33
绯鲻	6.3~14.5	9.6	2.6~16.4	8.1	24

续表

种名	体长（cm）		体重（g）		幼体比例
	范围	均值	范围	均值	（%）
须鳗虾虎鱼	7.4~23.1	13	0.8~26.6	6.8	26.76
裸鳍虫鳗	19.2~24.1	22.1	0.8~14.4	4.9	0
短棘银鲈	4.9~6.6	5.6	3.6~7.5	5.7	66.67
黑鲷	7.8~10.5	9.3	11.9~32.8	23.4	100
眼斑拟鲈	5.4~5.4	5.4	1.6~1.6	1.6	0
五带笛鲷	4.6~5.9	5.3	1.9~4.4	3.2	0
短鳍虫鳗	11.8~30.5	21.1	0.5~6.9	2.8	25
台湾丝虾虎鱼	5.7~5.7	5.7	1	1	100
古氏双边鱼	2.4~5.3	4	0.3~3.7	1.6	50
真鲷	6.2~17.8	9.7	7.4~150.8	38.2	37.5
笛鲷 sp.	8.9~8.9	8.9	16.8~16.8	16.8	100
虾虎鱼 sp1.	3.1~6	4.1	0.4~3.2	1.2	53.33
长丝虾虎鱼	4.2~5.4	4.9	0.8~1.5	1.2	75
鼓虾 sp.	2.7~5.9	4.3	0.6~6.9	3.8	50
鰤	5~9.6	7.2	3.8~20.5	11.8	0
日本鳗	4.6~6.4	5.5	0.7~1.7	1.2	8.33
鳀 sp.	6.3	6.3	2.5~3	2.8	100
短鳍缟虾虎鱼	5.2	5.2	2.1	2.1	100
斑尾刺虾虎鱼	8.9	8.9	7.5	7.5	0
眶棘双边鱼	3.2~7.7	3.8	0.5~2.5	1	52.78
短棘缟虾虎鱼	4.5~6.6	5.6	1.7~4.5	3.1	0
眶棘鲈 sp.	6.9	6.9	9.5	9.5	100
高体鰤	14.7~17	16.1	54.2~73.3	66.6	0
斑节对虾	9.2~14.4	11.8	7~24.8	15.9	0
大鳞沟虾虎鱼	3~5	3.9	0.2~1.1	0.6	66.67
白边天竺鱼	3	3	0.7	0.7	100
黑边天竺鱼	4.7	4.7	2.9	2.9	100
大鳍虫鳗	13.8~23.8	18.8	2.7~9.4	6.1	50
少牙斑鲆	13.4	13.4	27.9	27.9	0

续表

种名	体长（cm）		体重（g）		幼体比例（%）
	范围	均值	范围	均值	
棘皮鲀	9	9	36	36	0
网纹裸胸鳝	46~46.7	46.4	131.2~160.8	146	0
黄带绯鲤	8	8	12.1	12.1	0
纹缟虾虎鱼	3.6	3.6	0.6	0.6	100
青石斑鱼	8.2~8.3	8.3	10.4~12	11.2	100
尖海龙	9.1~10.2	9.6	0.1~0.3	0.2	66.67
绿斑细棘虾虎鱼	4.3~7	5.4	1.2~6.9	3.4	33.33
叫姑鱼 sp.	8.4	8.4	10	10	100
半线天竺鲷	6.8~8	7.4	7.3~11	9.2	0
黑天竺鱼	7.2	7.2	12.8	12.8	0
前肛鳗	42.8	42.8	111.8	111.8	0
眼斑拟石首鱼	10.7~13.8	12.3	21.3~44.4	32.9	0
四指马鲅	10.5~11.7	11.2	18.1~21.1	19.2	0
斑条魣	19	19	49.7	49.7	0
石首鱼 sp.	9.2	9.2	13.5	13.5	0
棱鲮	15.2	15.2	45.7	45.7	0
铅点东方鲀	4.8~8.2	6.5	2.8~16.1	9.5	50
指印石斑鱼	4.6	4.6	2.8	2.8	100
中华小沙丁鱼	7.5	7.5	4.9	4.9	0
斑点马鲛	11.1	11.1	14.2	14.2	100
青弹涂鱼	5.7~10.4	7.1	1.1~4.6	2.6	0
单指虎鲉	5.7	5.7	6.6	6.6	0
黑肩鳃鳚	9.2	9.2	6.8	6.8	100
弹涂鱼	5.1	5.1	1.1	1.1	0
细刺鱼	9.2	9.2	32.2	32.2	0
小公鱼 sp.	3.9~6.5	5.2	1.7~2.3	2	0
绿鳍马面鲀	12.1	12.1	4.4	4.4	0
尖头黄鳍牙鰔	12.2	12.2	25.4	25.4	0
红星梭子蟹	3.2~16.6	5.2	1.9~48.3	8.8	86.1

续表

种名	体长（cm）		体重（g）		幼体比例
	范围	均值	范围	均值	（%）
隆线强蟹	2.2~2.3	2.3	2.8~4	3.4	0
矛形梭子蟹	1.9~4.6	3.4	0.2~4	2	63.45
日本关公蟹	2~2.7	2.3	3.7~14.4	7.2	0
日本蟳	1~13.8	3.2	0.3~54.6	6.6	83.78
三疣梭子蟹	1.8~11.3	3.9	0.5~84	6	84.17
双斑蟳	1.1~2.7	1.9	0.4~3.9	1.6	41.67
狭额绒螯蟹	1.6~2.7	2.2	1.8~6.4	4.1	50
纤手梭子蟹	1.2~4.3	2.4	0.4~13.3	2.6	19.19
锈斑蟳	1.4~5.6	3.5	0.7~30.5	9.2	58.33
模糊新短眼蟹	0.4~0.8	0.6	0.1~0.5	0.3	50
刀额仿对虾	3.3~9.8	5.4	0.3~5.9	1.7	19.29
鞭腕虾	2~3.4	2.7	0.1~0.7	0.4	31.25
葛氏长臂虾	3.1~58	4.6	0.3~91.6	1.8	14.59
哈氏仿对虾	2.7~10.4	6.1	0.3~12	2.8	15.52
脊尾白虾	3.2~5.9	5	0.7~2.7	1.7	2.5
巨指长臂虾	2.3~5.8	3.5	0.2~1.5	0.9	35.41
口虾蛄	3.6~13.1	8.2	0.4~27.2	7.9	61.78
日本鼓虾	2.2~4.4	3	0.1~2.8	1	40.48
日本囊对虾	11.6	11.6	15.6	15.6	0
细螯虾	1.8~3.2	2.3	0~20.2	0.3	0
细巧仿对虾	2.7~5.7	3.9	0.2~2	0.6	7.39
须赤虾	4.2~8.4	5.7	0.9~6.6	3.9	0
鹰爪虾	4.4~7.8	6.2	0.9~5.5	2.9	3.7
中国毛虾	2.4~3.2	2.7	0.1~0.2	0.1	0
中华管鞭虾	2.7~9.4	6	0.3~6.9	2.9	11.39
周氏新对虾	3.9~10	7	0.9~9.4	3.9	22.84
中国明对虾	11.1~13.2	12.3	16.3~16.8	16.6	0
扁足异对虾	2.5~6.5	3.7	0.1~2.7	0.6	33.33
虾 sp.	2.4~3.2	2.7	0.2~0.4	0.3	50

种名	体长（cm）		体重（g）		幼体比例
	范围	均值	范围	均值	（%）
鲜明鼓虾	1.8~6.4	3.4	0.2~5.6	1.4	28.73
水母虾 sp.	2.4~3.4	2.9	0.3~0.7	0.5	16.67
疣背宽额虾	3~3.3	3.1	0.6~1	0.8	0
脊条口虾蛄	4~8.6	6.8	1~8.3	4.2	91.67
虾蛄 sp.	4.8~7	5.9	2.7~4.3	3.3	100
美丽鼓虾	3~7	4.8	1.2~8.1	4.1	0
长臂虾 sp.	2.6~4.2	3.1	0.3~1.3	0.5	0
章鱼 sp.	1.5~8.5	2.9	1.7~18.7	7.7	92.86
日本枪乌贼	2~6	2.9	1.2~16.7	2.8	81.25
枪乌贼 sp.	1.5~4.6	3.1	0.9~9.7	3.1	97.78

5.5.6　游泳动物优势种及其平面分布

2010年10月鱼类优势种有斑鰶、大黄鱼、龙头鱼、棘头梅童鱼和硬头鲻，其中龙头鱼所占尾数百分比最高，为6.84%，大黄鱼所占重量百分比最高，为14.56%。虾类优势种有细螯虾、葛氏长臂虾、中华管鞭虾、口虾蛄和哈氏仿对虾，其中细螯虾所占尾数百分比最高，为29.69%，葛氏长臂虾所占重量百分比最高，为5.56%。蟹类优势种主要为日本蟳和红星梭子蟹（表5-24~表5-26）。

表5-24　2010年10月张网鱼类优势种

种名	尾数密度	重量密度	N	W	F	IRI
	（×10³ ind./km²）	（kg/km²）	（%）	（%）	（%）	
斑鰶	1.06	19.21	2.79	12.59	100.00	1 538.03
大黄鱼	0.92	22.21	2.42	14.56	88.89	1 509.31
龙头鱼	2.61	11.11	6.84	7.28	100.00	1 412.31
棘头梅童鱼	1.59	14.38	4.16	9.43	100.00	1 358.34
硬头鲻	1.45	7.78	3.80	5.10	100.00	890.57
中颌棱鳀	1.16	5.52	3.03	3.62	100.00	665.61
金色小沙丁鱼	0.66	5.88	1.72	3.86	100.00	557.21
凤鲚	0.99	3.32	2.60	2.18	88.89	424.79

续表

种名	尾数密度 （×10³ ind./km²）	重量密度 （kg/km²）	N （%）	W （%）	F （%）	IRI
矛尾虾虎鱼	0.51	1.21	1.34	0.79	100.00	213.69
六丝钝尾虾虎鱼	0.46	1.25	1.21	0.82	100.00	202.80
食蟹豆齿鳗	0.15	2.11	0.39	1.39	100.00	177.18
康氏小公鱼	0.42	0.52	1.10	0.34	88.89	127.79
须鳗虾虎鱼	0.25	1.92	0.66	1.26	66.67	127.56
横纹东方鲀	0.11	2.22	0.30	1.46	66.67	116.77

表 5-25　2010 年 10 月张网虾类优势种

种名	尾数密度 （×10³ ind./km²）	重量密度 （kg/km²）	N （%）	W （%）	F （%）	IRI
细螯虾	11.34	2.29	29.69	1.50	77.78	2 425.89
葛氏长臂虾	5.93	8.48	15.53	5.56	100.00	2 109.18
中华管鞭虾	0.78	1.96	2.04	1.29	100.00	332.40
口虾蛄	0.42	2.66	1.10	1.75	100.00	284.73

表 5-26　2010 年 10 月张网蟹类优势种

种名	尾数密度 （×10³ ind./km²）	重量密度 （kg/km²）	N （%）	W （%）	F （%）	IRI
日本蟳	1.39	6.24	3.64	4.09	100.00	772.89
红星梭子蟹	0.81	6.32	2.12	4.14	88.89	556.75

5.5.6.1　鱼类优势种及其分布

2010 年 10 月鱼类重量密度平面分布上，大黄鱼最高出现在 6#站，最低 10#站；斑鲦最高出现在 11#站，最低 9#站；棘头梅童鱼最高出现在 8#站，最低 11#站；龙头鱼最高出现在 1#站，最低 9#站；硬头鲻最高出现在 10#站，最低 7#站。尾数密度平面分布上，龙头鱼最高出现在 6#站，最低 9#站；棘头梅童鱼最高出现在 8#站，最低 11#站；硬头鲻最高出现在 10#站，最低 9#站；斑鲦最高出现在 11#站，最低 9#站（图 5-77～图 5-85）。

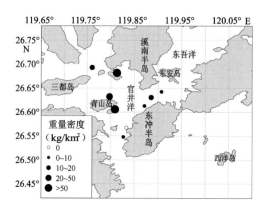

图 5-77　2010 年 10 月大黄鱼重量密度平面分布（kg/km²）

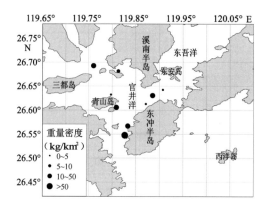

图 5-78　2010 年 10 月斑鰶重量密度平面分布（kg/km²）

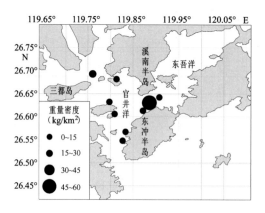

图 5-79　2010 年 10 月棘头梅童鱼重量密度平面分布（kg/km²）

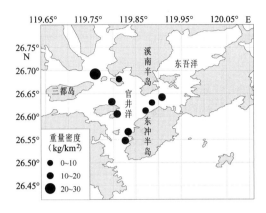

图 5-80　2010 年 10 月龙头鱼重量密度平面分布（kg/km²）

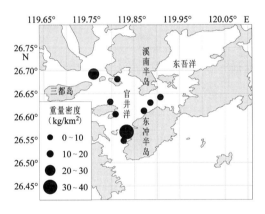

图 5-81　2010 年 10 月硬头鲻重量密度平面分布（kg/km²）

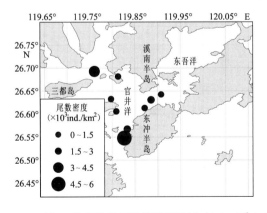

图 5-82　2010 年 10 月龙头鱼尾数密度平面分布（×10³ ind./km²）

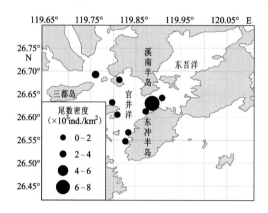

图 5-83　2010 年 10 月棘头梅童鱼尾数密度平面分布（×10³ ind./km²）

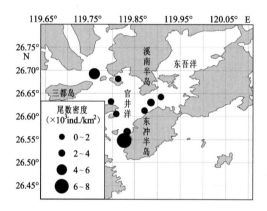

图 5-84　2010 年 10 月硬头鲻尾数密度平面分布（×10³ ind./km²）

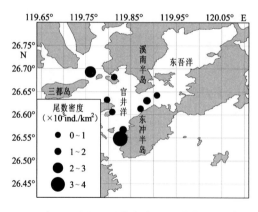

图 5-85　2010 年 10 月斑鲦尾数密度平面分布（×10³ ind./km²）

5.5.6.2　虾类优势种及其平面分布

虾类优势种重量密度平面分布上，葛氏长臂虾最高出现在 4#站，最低 11#站；口虾蛄最高出现在 10#站，最低 3#站；细螯虾最高出现在 6#站，1#站和 9#站没有出现。尾数密度平面分布上，细螯虾最高出现在 6#站；葛氏长臂虾最高出现在 4#站，最低 9#站；中华管鞭虾最高出现在 8#站，最低出现在 6#站（图 5-86~图5-91）。

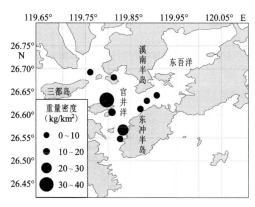

图 5-86　2010 年 10 月葛氏长臂虾重量密度平面分布（kg/km²）

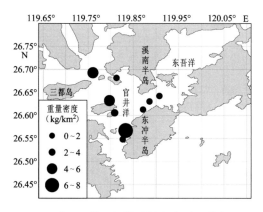

图 5-87　2010 年 10 月口虾蛄重量密度平面分布（kg/km²）

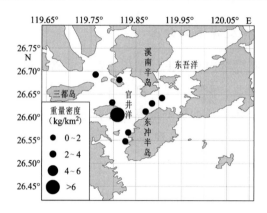

图 5-88　2010 年 10 月细螯虾重量密度平面分布（kg/km²）

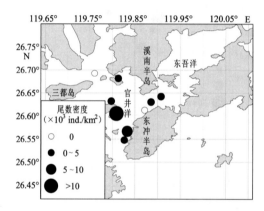

图 5-89　2010 年 10 月细螯虾尾数密度平面分布（×10³ ind./km²）

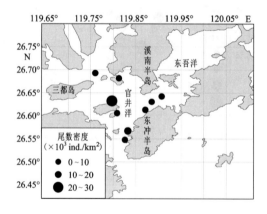

图 5-90　2010 年 10 月葛氏长臂虾尾数密度平面分布（×10³ ind./km²）

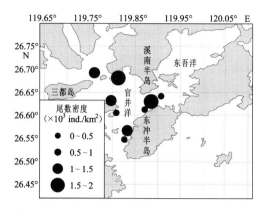

图 5-91　2010 年 10 月中华管鞭虾尾数密度平面分布（×10³ ind. /km²）

5.5.6.3　蟹类优势种及其分布

蟹类优势种红星梭子蟹重量和尾数密度最高值均出现在 10#站，7#站没有出现；日本蚂重量和尾数密度最高值也是出现在 10#站，最低 9#站（图 5-92～图 5-95）。

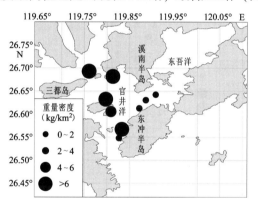

图 5-92　2010 年 10 月红星梭子蟹重量密度平面分布（kg/km²）

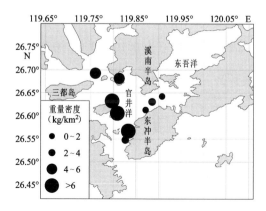

图 5-93　2010 年 10 月日本蚂重量密度平面分布（kg/km²）

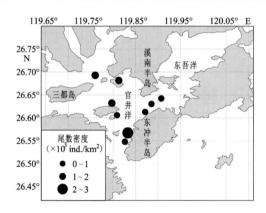

图 5-94　2010 年 10 月红星梭子蟹尾数密度平面分布 （×10³ ind./km²）

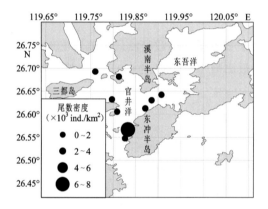

图 5-95　2010 年 10 月日本鲟尾数密度平面分布 （×10³ ind./km²）

5.5.7　游泳动物物种多样性

2010 年 10 月渔获物尾数多样性指数 （H'） 均值为 3.76 （幅度为 2.11~4.63），丰富度指数 （D） 均值为 14.65 （12.43~17.46），均匀度指数 （J'） 均值为 0.63 （0.32~0.77），单纯度指数 （C） 均值为 0.19 （0.06~0.54） （表 5-27）。

表 5-27　2010 年 10 月游泳动物多样性指数值

指数	尾数密度		重量密度	
	均值	幅度	均值	幅度
C	0.19	0.06~0.54	0.15	0.06~0.24
H'	3.76	2.11~4.63	3.82	3.19~4.80
J'	0.63	0.32~0.77	0.64	0.52~0.75
D	14.65	12.43~17.46	9.26	6~11.68

　　2010 年 10 月渔获物重量多样性指数（H'）均值为 3.82（幅度为 3.19~4.80），丰富度指数（D）均值为 9.26（6~11.68），均匀度指数（J'）均值为 0.64（0.52~0.75），单纯度指数（C）均值为 0.15（0.06~0.24）（表 5-27）。

　　据统计分析结果表明，2010 年 10 月调查海域渔获物尾数密度多样性指数（H'）和重量尾数多样性指数（H'）分别为 3.76 和 3.82，各站间尾数密度和重量密度 H' 值变化范围在 2.11~4.63 和 3.19~4.80 之间，重量密度 H' 值较尾数密度 H' 值要高，且分布较均匀（图 5-96 和图 5-97）。

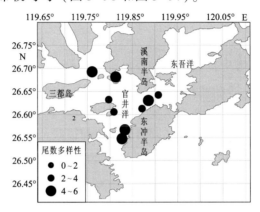

图 5-96　2010 年 10 月游泳动物尾数密度多样性指数（H'）值平面分布

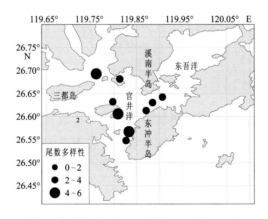

图 5-97　2010 年 10 月游泳动物重量密度多样性指数（H'）值平面分布

5.5.8　结论

5.5.8.1　游种类组成

　　2010 年 10 月调查海域共出现游泳动物 159 种，其中有鱼类 117 种，虾类 28 种，蟹类 11 种，头足类 3 种。

5.5.8.2 数量特征

2010 年 10 月张网渔获物中，鱼类的重量、尾数分类群百分比分别为 39.56% 和 78%，虾类分别为 52.31% 和 11.78%，蟹类为 7.54% 和 9.65%，头足类为 0.59% 和 0.58%。10 月张网网目最小值为 0.5 cm，渔获大量的细螯虾，构成渔获物尾数的绝对优势部分。

5.5.8.3 生物学特征

2010 年 10 月渔获物中，鱼类平均体重 10.35 g/ind.，虾类 0.86 g/ind.，蟹类 5.39 g/ind.，头足类 3.68 g/ind.；鱼类幼鱼平均占 51.06%，虾类平均占 10.50%，蟹类平均占 5.39%，头足类平均占 81.74%。由于 10 月网目小至 0.5 cm，捕到大量细螯虾，所以其虾类平均体重很小，同时幼体比却很低。

5.5.8.4 优势种

2010 年 10 月鱼类优势种主要有斑鰶、大黄鱼、龙头鱼、棘头梅童鱼和硬头鯔，其中龙头鱼所占尾数百分比最高，为 6.84%，大黄鱼所占重量百分比最高，为 14.56%。虾类优势种有细螯虾、葛氏长臂虾、中华管鞭虾、口虾蛄和哈氏仿对虾，其中细螯虾所占尾数百分比最高，为 29.69%，葛氏长臂虾所占重量百分比最高，为 5.56%。蟹类优势种为日本蟳和红星梭子蟹。

5.5.8.5 物种多样性

2010 年 10 月调查海域渔获物尾数密度多样性指数（H'）和重量尾数多样性指数（H'）分别为 3.76 和 3.82，各站间尾数密度和重量密度 H' 值变化范围在 2.11~ 4.63 和 3.19~4.80 之间。

5.6 11 月游泳动物资源调查结果

5.6.1 游泳动物种类组成

2010 年 11 月调查海域共出现游泳动物 121 种，其中鱼类有 88 种，虾类 22 种，蟹类 8 种，头足类 3 种（表 5-28）。

表 5-28　2010 年 11 月张网游泳动物种类数及百分比

类群	种数（种）	百分比（%）
鱼类	88	72.73
虾类	22	18.18
蟹类	8	6.61
头足类	3	2.48
合计	121	100.00

5.6.2　游泳动物种类平面分布

2010 年 11 月张网渔获物总种类数为 121 种（表 5-28，图 5-98）。11 月种类分布不均匀，各站位种类数范围为 19~69 种。如图 5-98 所示，最低值 19 种，出现在 7#站，1#站、3#站、4#站、6#站、8#站、10#站、11#站位均大于 50 种，最高值为 69 种，出现在 10#站。

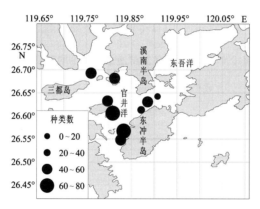

图 5-98　2010 年 11 月张网游泳动物种数平面分布

5.6.3　游泳动物（尾数、重量）分类群组成

2010 年 11 月张网渔获物中，11 月尾数、重量分类群百分比均以鱼类为最高（42.84%，76.86%），虾类尾数百分比与鱼类相当，为 40.56%，但虾类的重量百分比仅 9.58%，蟹类尾数、重量百分比为 17.93% 和 14.19%，头足类最低，分别是 0.67% 和 0.88%（表 5-29）。

表 5-29　2010 年 11 月张网渔获物（重量、尾数）分类群百分比组成

类群	尾数百分比（%）	重量百分比（%）
鱼类	40. 84	75. 35
虾类	40. 56	9. 58
蟹类	17. 93	14. 19
头足类	0. 67	0. 88

5.6.4　游泳动物资源数量特征

由表 5-30 的统计分析数据可知，2010 年 11 月张网渔业资源尾数密度均值为 40.97×10³ ind./km²。其中鱼类资源尾数密度均值为 16.73×10³ ind./km²，最高为龙头鱼 6.07×10³ ind./km²，最低为台湾鲬鳉 0.001×10³ ind./km²；虾类资源尾数密度均值为 16.62×10³ ind./km²，最高为细螯虾 10.54×10³ ind./km²，最低为斑节对虾 0.002×10³ ind./km²；蟹类均值为 7.35×10³ ind./km²，最高为双斑蟳 6.52×10³ ind./km²；头足类均值仅为 0.27×10³ ind./km²，以日本枪乌贼最高为 0.26×10³ ind./km²。

表 5-30　2010 年 11 月张网各类群渔业资源平均密度（尾数、重量）

类群	尾数密度（×10³ ind./km²）	重量密度（kg/km²）
鱼类	16. 73	108. 32
虾类	16. 62	13. 77
蟹类	7. 35	20. 40
头足类	0. 27	1. 27
合计	40. 97	143. 76

2010 年 11 月张网渔业资源重量密度均值为 14.76 kg/km²。其中鱼类资源重量密度均值为 108.32 kg/km²，最高为棘头梅童鱼 25.23 kg/km²，最低为大鳞沟虾虎鱼 0.001 kg/km²；虾类资源重量密度为 13.77 kg/km²，最高为葛氏长臂虾 4.26 kg/km²，最低为美丽鼓虾 0.001 kg/km²；蟹类资源重量密度为 20.40 kg/km²，最高为双斑蟳 14.94 kg/km²，最低为锯缘青蟹 0.04 kg/km²；头足类资源重量密度为 1.27 kg/km²，最高为日本枪乌贼 1.18 kg/km²。

由 2010 年 11 月张网各潮水调查资源密度（图 5-99 和图 5-100）可知，2010 年 11 月渔获物总尾数密度与总重量密度分布不均匀，总尾数密度最大值出现在 10#站，总重量密度最大值出现在 8#站，总尾数与总重量密度最小值均出现在 9#站（图

5-99 和图 5-100）；鱼类尾数密度最大值出现在 11#站，重量密度最大值出现在 8#站（图 5-101 和图 5-102）；虾类尾数密度、重量密度最大值均出现在 4#站（图 5-103 和图 5-104）；蟹类尾数、重量密度最大值均出现在 10#站（图 5-105 和图 5-106）；头足类尾数、重量密度最大值均出现在 1#站（图 5-107 和图 5-108）。

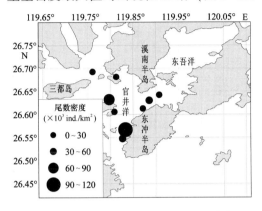

图 5-99　2010 年 11 月张网游泳动物总尾数密度平面分布（×10³ ind. ／km²）

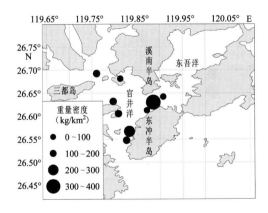

图 5-100　2010 年 11 月张网游泳动物总重量密度平面分布（kg/km²）

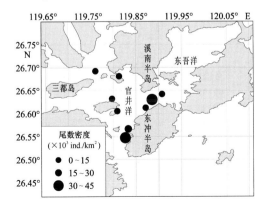

图 5-101　2010 年 11 月张网游泳动物鱼类尾数密度平面分布（×10³ ind. ／km²）

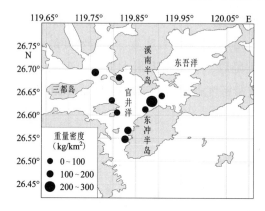

图 5-102　2010 年 11 月张网游泳动物鱼类重量密度平面分布（kg/km²）

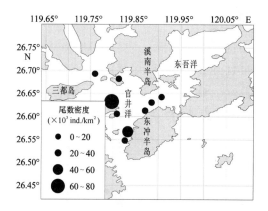

图 5-103　2010 年 11 月张网游泳动物虾类尾数密度平面分布（×10³ ind./km²）

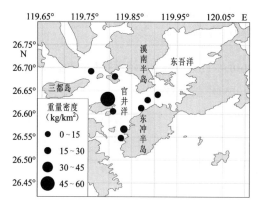

图 5-104　2010 年 11 月张网游泳动物虾类重量密度平面分布（kg/km²）

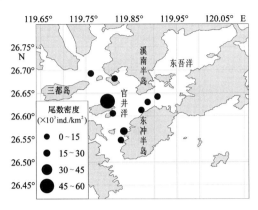

图 5-105 2010 年 11 月张网游泳动物蟹类尾数密度平面分布（×10³ ind./km²）

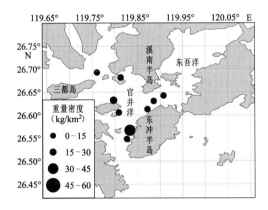

图 5-106 2010 年 11 月张网游泳动物蟹类重量密度平面分布（kg/km²）

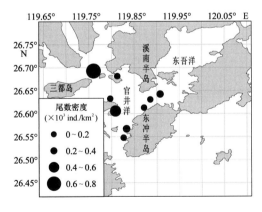

图 5-107 2010 年 11 月张网游泳动物头足类尾数密度平面分布（×10³ ind./km²）

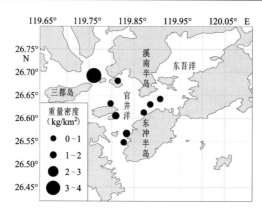

图 5-108　2010 年 11 月张网游泳动物头足类重量密度平面分布（kg/km²）

5.6.5　游泳动物生物学特征

2010 年 11 月渔获物中，鱼类平均体重 9.70 g/ind.，虾类 1.94 g/ind.，蟹类 4.56 g/ind.，头足类 4.82 g/ind.；鱼类幼鱼平均占 31.74%，虾类平均占 6.53%，蟹类平均占 12.20%，头足类平均占 30.23%。由于 11 月网目较小至 0.5 cm，捕到大量细螯虾，所以其虾类平均体重很小，同时幼体比却很低（表 5-31）。

表 5-31　2010 年 11 月张网分类群平均体重、体长和幼体比例

类群	平均体长（cm）	平均体重（g）	平均幼体比例（%）
鱼类	9.06	9.70	31.74
虾类	4.59	1.94	6.53
蟹类	3.02	4.56	12.20
头足类	4.02	4.82	30.23

2010 年 11 月张网渔获物各种类体重范围、平均体重、体长范围、平均体长和幼体比例分别见表 5-32。

表 5-32　2010 年 11 月分品种体重、体长和幼体比例

种名	体长（cm）		体重（g）		幼体比例
	范围	均值	范围	均值	（%）
斑鰶	10.5~14.4	11.5	11.5~20.4	15.62	0
斑鰶	7.4~14.3	10.94	3.9~39.2	14.97	2.04
斑鮃 sp.	10	10	10.6~10.6	10.6	0
斑头舌鳎	7.5~7.9	7.7	3.7~5.6	4.65	0

种名	体长（cm）		体重（g）		幼体比例
	范围	均值	范围	均值	（%）
斑尾刺虾虎鱼	3.9	3.9	0.4	0.4	100
半线天竺鲷	6.4	6.4	5.6	5.6	100
长蛇鲻	10.7	10.7	0.5	0.5	0
赤鼻棱鳀	7.6~10.4	9	5.7~12.6	9.15	0
大黄鱼	4.3~18.4	10.94	1.3~100.3	21.71	83.49
大甲鲹	10.6	10.6	15	15	0
大鳞沟虾虎鱼	3.9	3.9	0.5	0.5	100
带纹条鳎	10.2	10.2	15.2	15.2	0
带鱼	19.2~36	26.49	5~27.6	10.13	90.91
短棘缟虾虎鱼	3.9~4.7	4.3	1.3~2.6	1.95	50
短棘银鲈	3.9~6	4.95	1.3~5.6	3.45	100
短鳍虫鳗	11.1~28.1	20.86	0.4~4.6	2.95	42.86
短吻舌鳎	8.6~11	9.7	3.5~8.7	6.98	25
凤鲚	3.6~23	9.55	0.5~46.2	3.32	91.34
高体斑鲦	10	10	25.5~25.5	25.5	0
高体鰤	23.3	23.3	266.6	266.6	0
汉氏棱鳀	6.9	6.9	2.8	2.8	0
褐菖鲉	3.1~5.7	4.24	0.8~3.1	1.68	92.86
黑鲷	2.2~2.3	2.25	0.3~0.5	0.4	100
横带髭鲷	7.1	7.1	3.8	3.8	100
横纹东方鲀	5.7~13.2	8.61	4.8~83.1	24.37	8.33
黄斑鳐	5~6.4	5.9	2.4~6.9	4.47	0
黄鳍东方鲀	6.4~15.6	9.55	8~124.8	40.94	20
棘头梅童鱼	4.1~10.3	7.71	2.4~18.7	9.38	17.97
棘线鲬	11.5	11.5	9.9	9.9	0
尖海龙	7.7~16.7	9.97	0.1~1.6	0.32	52.17
尖头黄鳍牙鲆	3.3~3.6	3.43	0.8~5	1.95	50
尖尾鳗	18.8~24.6	21.91	5.2~14.2	10.17	10
尖吻鲗	2.9~9	6.14	0.4~14.8	6.8	28.57

种名	体长（cm）		体重（g）		幼体比例
	范围	均值	范围	均值	（%）
焦氏舌鳎	7~12.3	9.47	3.6~10.4	5.9	66.67
金钱鱼	7.8	7.8	26.6	26.6	0
金色小沙丁鱼	5.2~8.9	7.07	1.8~7.8	4.56	10
锯塘鳢	2.7~8	5.32	0.4~12.2	4.4	16.67
康氏小公鱼	3.1~9.7	5.12	0.2~8.6	1.62	25.81
孔虾虎鱼	5.1~15	10.07	0.5~14.2	6.63	5
眶棘双边鱼	2.4~8.4	3.83	0.3~8	1.3	1.7
拉氏狼牙虾虎鱼	11.1~12.1	11.6	5.3~5.4	5.35	0
鲡	3.4~8.6	7.01	0.9~14.2	9.14	25
莱氏舌鳎	6.3~15.3	10.27	1.4~19.1	6.59	23.53
鲯	4.5~12.2	9.06	2.3~21.4	8.68	6.98
棱鲛	11~14.2	12.56	17.5~36.1	27.34	0
丽叶鲹	6.5~8.4	7.62	3.2~10.4	7.44	0
六带鲹	6.2~7.2	6.73	4.8~7.6	5.93	0
六丝钝尾虾虎鱼	4.5~9.1	6.72	1.4~8.9	4.01	4.17
六指马鲅	3.4~8.7	5.45	0.6~15.9	4.17	8.11
龙头鱼	2.2~19.8	8.75	0.6~60.4	2.69	51.74
鹿斑鲾	4.7	4.7	2.2	2.2	100
矛尾虾虎鱼	2.8~11.2	6.91	0.5~10.9	3.29	10.94
拟矛尾虾虎鱼	3.1~9	5.95	0.4~13.7	4.98	15
皮氏叫姑鱼	3.5~9.8	6.19	0.7~20	5.38	65.56
铅点东方鲀	7~10.7	8.93	15.5~59.6	31.73	0
青鳞小沙丁鱼	6	6	2.5~2.5	2.5	0
青石斑鱼	4.6~4.6	4.6	2.4~2.4	2.4	100
裘氏小沙丁鱼	3.2~9.7	6.45	0.6~8.3	3.99	2.48
日本十棘银鲈	3.8~7.2	5.5	1.6~8.3	4.95	100
日本鳂	5.4~7.1	6.07	1.6~3.7	2.17	0
锐齿蟳	2.7~5.7	4.05	3.2~24.2	8.44	9.09
少鳞舌鳎	10.1~13.6	11.87	5.1~10.5	8.07	0

种名	体长（cm）		体重（g）		幼体比例
	范围	均值	范围	均值	（%）
舌鳎 sp.	4.8~6.3	5.55	1.1~2.2	1.65	50
舌虾虎鱼	5.5~5.5	5.5	2	2	0
食蟹豆齿鳗	10.3~86.9	28.32	0.4~97.5	19.64	17.24
四指马鲅	7.2~10.8	8.98	5.2~15.7	10.36	0
台湾鳍鲹	8.1	8.1	7.5	7.5	0
条尾绯鲤	6.8	6.8	6.1	6.1	0
网纹裸胸鳝	50.9	50.9	161.1	161.1	0
细鳞鯻	6.1~8.6	7.29	5.7~14.6	10.23	0
虾虎鱼 sp2.	3.7~4.9	4.3	0.5~1.7	1	75
虾虎鱼 sp4.	10.2	10.2	7.8~7.8	7.8	0
小头栉孔虾虎鱼	4~5	4.5	0.5~3.3	1.53	0
斜带髭鲷	1.8~3	2.23	0.2~0.9	0.43	100
星点东方鲀	9.1	9.1	25.1	25.1	0
须鳗虾虎鱼	6.9~19.7	12.27	1~20.7	6.19	15
牙鲆	12	12	28.3	28.3	100
牙鲆 sp.	10.5	10.5	7.4	7.4	0
银腰犀鳕	3.4~7	4.52	0.2~3.3	1.14	60
硬头鲻	3.2~10.2	7.75	0.8~13.1	6.3	13.73
鲬	11.6~15.4	13.5	9.3~16.5	12.9	0
云鳚 sp.	3.8~9.7	6.06	1~7.2	3.13	50
窄体舌鳎	5.9~7.1	6.5	2~2.9	2.45	100
中颌棱鳀	4.2~15.5	8.3	0.5~21.6	5.27	4.14
中华海鲇	15.4	15.4	57	57	100
髭缟虾虎鱼	2.4~6.8	4.07	0.2~5.4	1.99	42.86
鲻	7.7~11.3	9.15	5.4~21.6	11.78	50
紫斑舌鳎	6.6~12.9	9.75	2.1~13.6	7.85	50
棕腹刺鲀	4.9~24.4	9.29	4.4~15.9	9.41	28.57
斑节对虾	10.4	10.4	15.9	15.9	0
鞭腕虾	1.7~3.8	3.03	0.05~0.8	0.56	62.5

种名	体长（cm）		体重（g）		幼体比例
	范围	均值	范围	均值	（%）
扁足异对虾	3~4.6	3.93	0.2~0.9	0.69	0
刀额仿对虾	4.5~6.4	5.67	1~3	2.03	0
葛氏长臂虾	1.4~35	4.55	0.4~52.9	1.45	4.99
哈氏仿对虾	2.9~8.6	5.25	0.3~4.1	1.57	2.56
脊尾白虾	4.2~5.7	4.95	1.2~2.8	2	0
巨指长臂虾	2.7~4.8	3.87	0.3~2.2	1.11	0
口虾蛄	4.9~12.3	8.01	1.4~21.3	7.6	52.24
美丽鼓虾	2.4	2.4	0.3	0.3	0
日本鼓虾	2~3.3	2.67	0.2~1.2	0.57	35.71
水母虾 sp.	1.4~3.7	2.57	0.05~1.1	0.4	0
细鳌虾	0.3~3.4	2.54	0.05~2.3	0.27	0
细巧仿对虾	2.7~5.7	4.15	0.2~2.1	0.78	5.47
鲜明鼓虾	2~5.8	3.57	0.2~6.1	2	29.63
须赤虾	5.7~7.2	6.22	1.8~3.3	2.54	0
鹰爪虾	4.8~56	6.94	0.9~17.7	3.27	0
沼虾 sp.	2.2~3.3	2.68	0.1~0.5	0.28	8.7
中国毛虾	2.3~2.4	2.35	0.2	0.2	0
中国明对虾	9.4~12.4	11.07	10.2~18.8	14.17	0
中华管鞭虾	2.4~9.7	5.59	0.3~10.8	2.18	11.69
周氏新对虾	3.9~10.4	7.34	0.6~12.9	4.42	26.09
红星梭子蟹	2.1~10	6.09	0.8~48	14.13	36.78
锯缘青蟹	4	4	11.5	11.5	100
矛形梭子蟹	1.9~4	3.24	0.8~3.9	1.8	0
日本蟳	1.2~6.5	3.44	0.2~39	6.97	60
三疣梭子蟹	2~3.8	3.05	0.5~2.9	1.67	100
双斑蟳	0.3~8.5	2.33	0.4~7.7	2.34	0
纤手梭子蟹	1.2~18	2.71	0.6~8.3	2.06	2.5
短蛸	2.7~5	3.63	8.1~10.8	9	66.67
日本枪乌贼	2.7~6.3	4.08	1.7~9.8	4.53	23.91

种名	体长（cm）		体重（g）		幼体比例
	范围	均值	范围	均值	（%）
章鱼 sp.	1.4~2.8	2.1	2.5~7.8	5.15	100

5.6.6 游泳动物优势种

5.6.6.1 鱼类

11月鱼类渔获物分品种尾数和重量组成见表5-33，2010年11月鱼类优势种有龙头鱼、棘头梅童鱼、斑鰶、大黄鱼和中颌棱鳀，其中龙头鱼所占尾数百分比最高，为14.84%，棘头梅童鱼所占重量百分比最高，为17.55%，龙头鱼、棘头梅童鱼和斑鰶的相对重要性指数 *IRI* 值最高（>2 000）。

表 5-33　2010 年 11 月张网鱼类优势种尾数和重量组成

种名	尾数密度 （×10³ ind./km²）	重量密度 （kg/km²）	N （%）	W （%）	F （%）	IRI
龙头鱼	6.08	15.71	14.84	10.93	88.89	2 290.26
棘头梅童鱼	2.69	25.24	6.55	17.55	88.89	2 143.05
斑鰶	1.58	23.61	3.84	16.42	100.00	2 026.84
大黄鱼	0.53	11.41	1.28	7.94	77.78	717.10
中颌棱鳀	1.11	5.63	2.70	3.91	88.89	587.84
凤鲚	0.98	3.17	2.39	2.21	88.89	408.16
裴氏小沙丁鱼	0.55	2.25	1.34	1.57	88.89	258.68
皮氏叫姑鱼	0.33	1.85	0.81	1.29	88.89	186.98
食蟹豆齿鳗	0.11	2.36	0.27	1.64	77.78	149.26
横纹东方鲀	0.12	2.77	0.29	1.93	66.67	147.64
眶棘双边鱼	0.78	1.02	1.91	0.71	33.33	87.18

2010年11月鱼类优势种尾数密度平面分布上，龙头鱼最高出现在11#站，在9#站没有出现；棘头梅童鱼最高出现在8#站，11#站没有出现；斑鰶最高出现在1#站，最低9#站；中颌棱鳀最高出现在9#站，4#站没有出现。鱼类优势种重量密度平面分布上，棘头梅童鱼最高出现在8#站，11#站没有出现；斑鰶最高出现在1#站，最低9#站；龙头鱼最高出现在11#站，9#站没有出现；大黄鱼最高出现在6#站，9#、10#

站没有出现；中颌棱鳀最高出现在9#站，4#站没有出现（图5-109～图5-117）。

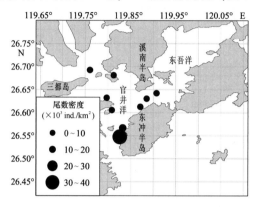

图5-109　2010年11月龙头鱼尾数密度平面分布（×10³ ind./km²）

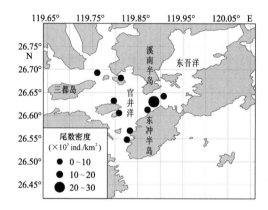

图5-110　2010年11月棘头梅童鱼尾数密度平面分布（×10³ ind./km²）

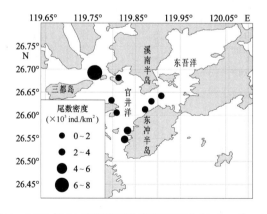

图5-111　2010年11月斑鰶尾数密度平面分布（×10³ ind./km²）

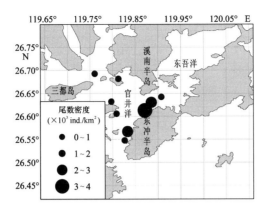

图 5-112　2010 年 11 月中颌棱鳀尾数密度平面分布（×10³ ind./km²）

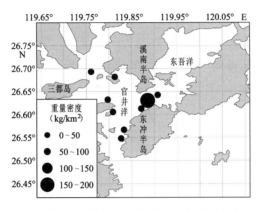

图 5-113　2010 年 11 月棘头梅童鱼重量密度平面分布（kg/km²）

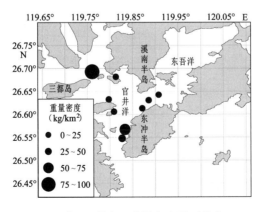

图 5-114　2010 年 11 月斑鰶重量密度平面分布（kg/km²）

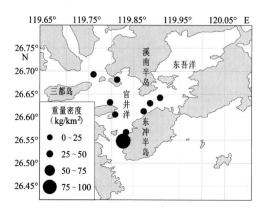

图 5-115　2010 年 11 月龙头鱼重量密度平面分布（kg/km²）

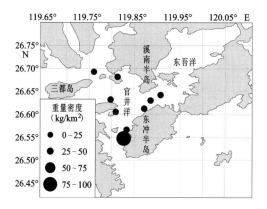

图 5-116　2010 年 11 月大黄鱼重量密度平面分布（kg/km²）

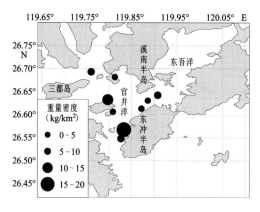

图 5-117　2010 年 11 月中颌棱鳀重量密度平面分布（kg/km²）

5.6.6.2 虾类

11月虾类优势种有细螯虾、葛氏长臂虾、中华管鞭虾、细巧仿对虾和口虾蛄，其中细螯虾所占尾数百分比最高，为25.73%，葛氏长臂虾所占重量百分比最高，为2.97%，两者的相对重要性指数 *IRI* 值最高（>1 000）（表5-34）。

表5-34 2010年11月张网虾类优势种尾数和重量组成

种名	尾数密度 （×10³ ind./km²）	重量密度 （kg/km²）	N （%）	W （%）	F （%）	IRI
细螯虾	10.54	2.73	25.73	1.90	77.78	2 148.74
葛氏长臂虾	3.00	4.26	7.32	2.97	100.00	1 028.85
中华管鞭虾	1.25	2.67	3.05	1.86	88.89	436.38
细巧仿对虾	0.42	0.34	1.02	0.24	100.00	125.03
口虾蛄	0.19	1.49	0.48	1.04	77.78	117.72

2010年11月虾类优势种尾数密度平面分布上，细螯虾最高出现在10#站，7#、9#站没有出现；葛氏长臂虾最高出现在4#站，最低3#站；中华管鞭虾最高出现在4#站，7#站没有出现。虾类优势种重量密度平面分布上，葛氏长臂虾最高出现在4#站，最低3#站；细螯虾最高出现在10#站，在7#站、9#站没有出现；中华管鞭虾最高出现在4#站，7#站没有出现（图5-118～图5-123）。

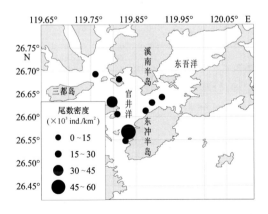

图5-118 2010年11月细螯虾尾数密度平面分布（×10³ ind./km²）

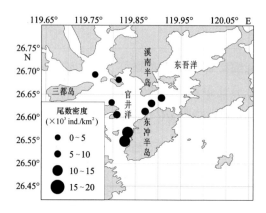

图 5-119　2010 年 11 月葛氏长臂虾尾数密度平面分布（×10³ ind./km²）

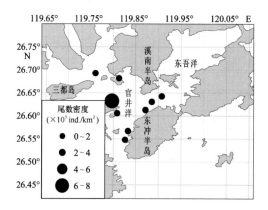

图 5-120　2010 年 11 月中华管鞭虾尾数密度平面分布（×10³ ind./km²）

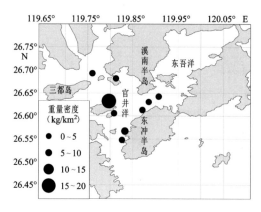

图 5-121　2010 年 11 月葛氏长臂虾重量密度平面分布（kg/km²）

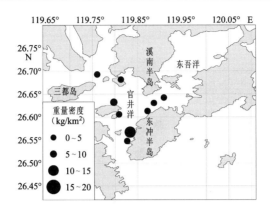

图 5-122 2010 年 11 月细螯虾重量密度平面分布（kg/km^2）

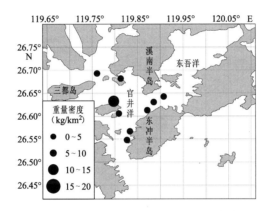

图 5-123 2010 年 11 月中华管鞭虾重量密度平面分布（kg/km^2）

5.6.6.3 蟹类

11 月蟹类优势种有双斑蟳和红星梭子蟹，双斑蟳相对重要性指数 *IRI* 值最高（>2 000）（表 5-35）。

表 5-35 2010 年 11 月张网蟹类优势种尾数和重量组成

种名	尾数密度（×10^3 ind./km^2）	重量密度（kg/km^2）	N（%）	W（%）	F（%）	*IRI*
双斑蟳	6.52	14.94	15.92	10.39	100.00	2 631.44
红星梭子蟹	0.24	3.31	0.59	2.30	88.89	256.39

2010 年 11 月蟹类优势种双斑蟳，尾数密度最高出现在 10#站，最低值出现在 8#站；重量密度最高值出现在 10#站，在 7#、8#和 9#站没有出现；红星梭子蟹重量密

度最高值出现在 1#站，7#站没有出现（图 5-124～图 5-126）。

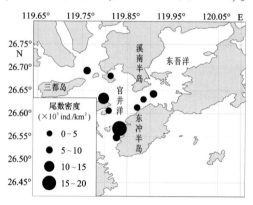

图 5-124　2010 年 11 月双斑蟳尾数密度平面分布（×10³ ind./km²）

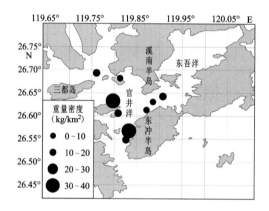

图 5-125　2010 年 11 月双斑蟳重量密度平面分布（kg/km²）

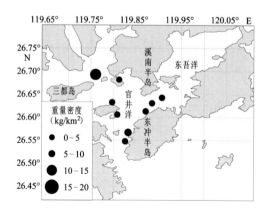

图 5-126　2010 年 11 月红星梭子蟹重量密度平面分布（kg/km²）

5.6.7 游泳动物物种多样性

2010 年 11 月渔获物尾数多样性指数（H'）均值为 3.16（幅度为 2.02~4.00），丰富度指数（D）均值为 9.66（4.25~13.69），均匀度指数（J'）均值为 0.58（0.35~0.71），单纯度指数（C）均值为 0.23（0.12~0.45）（表 5-36）。

表 5-36 2010 年 11 月游泳动物多样性指数值

指数	尾数密度		重量密度	
	均值	幅度	均值	幅度
C	0.23	0.12~0.45	0.22	0.11~0.43
H'	3.16	2.02~4.00	3.30	2.42~4.07
J'	0.58	0.35~0.71	0.61	0.42~0.80
D	9.66	4.25~13.69	6.82	3.00~9.02

2010 年 11 月渔获物重量多样性指数（H'）均值为 3.30（幅度为 2.41~4.07），丰富度指数（D）均值为 6.82（3.00~9.02），均匀度指数（J'）均值为 0.61（0.42~0.80），单纯度指数（C）均值为 0.22（0.11~0.43）（表 5-36）。

据统计分析结果表明，2010 年 11 月调查海域渔获物尾数密度多样性指数（H'）和重量尾数多样性指数（H'）分别为 3.16 和 3.30，各站间尾数密度和重量密度 H' 值变化范围在 2.02~4.00 和 2.42~4.07 之间，重量密度 H' 值较尾数密度 H' 值要高，且分布较均匀（图 5-127 和图 5-128）。

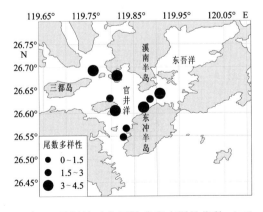

图 5-127 2010 年 11 月游泳动物尾数密度多样性指数（H'）值平面分布

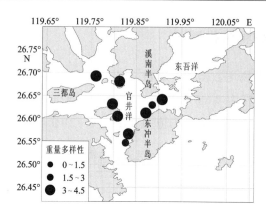

图 5-128 2010 年 11 月游泳动物重量密度多样性指数（H'）值平面分布

5.6.8 结论

5.6.8.1 种类组成

2010 年 11 月调查海域共出现游泳动物 121 种，其中鱼类有 88 种，虾类 22 种，蟹类 8 种，头足类 3 种。

5.6.8.2 数量特征

11 月张网渔获物中，尾数、重量分类群百分比均以鱼类为最高（42.84%，76.86%），虾类尾数百分比与鱼类相当，为 40.56%，但虾类的重量百分比仅 9.58%，蟹类尾数、重量百分比为 17.93% 和 14.19%，头足类最低，分别是 0.67% 和 0.88%。

5.6.8.3 游泳动物生物学特征

11 月渔获物中，鱼类平均体重 9.70 g/ind.，虾类 1.94 g/ind.，蟹类 4.56 g/ind.，头足类 4.82 g/ind.；鱼类幼鱼平均占 31.74%，虾类平均占 6.53%，蟹类平均占 12.20%，头足类平均占 30.23%。

5.6.8.4 游泳动物优势种

11 月鱼类优势种有龙头鱼、棘头梅童鱼、斑鰶、大黄鱼和中颌棱鳀，其中龙头鱼所占尾数百分比最高，为 14.84%，棘头梅童鱼所占重量百分比最高，为 17.55%。

虾类优势种有细螯虾、葛氏长臂虾、中华管鞭虾、细巧仿对虾和口虾蛄，其中细螯虾所占尾数百分比最高，为 25.73%，葛氏长臂虾所占重量百分比最高，为 2.97%。

蟹类优势种为双斑蟳和红星梭子蟹，双斑蟳所占重量百分比较高，为 10.39%，且其相对重要性指数值亦最高（>2 000）。

5.6.8.5 游泳动物物种多样性

2010 年 11 月调查海域渔获物尾数密度多样性指数（H'）和重量尾数多样性指数（H'）分别为 3.16 和 3.30，各站间尾数密度和重量密度 H' 值变化范围在 2.02~4.00 和 2.42~4.07 之间，重量密度 H' 值较尾数密度 H' 值要高，且分布较均匀。

第6章　渔业资源季节变动分析

6.1　鱼类数量时空分布特征和优势种分析

6.1.1　鱼类种类组成

2010年6—11月调查期间，调查水域共鉴定鱼类174种，其中15种鉴定到属。6月鉴定鱼类65种，1种鉴定到属；8月鉴定鱼类82种，2种鉴定到属；10月鉴定鱼类117种，9种鉴定到属；11月鉴定鱼类88种，6种鉴定到属。

从表6-1可见，6月白姑鱼、大黄鱼出现率最高，均为100%，且重量和尾数百分比也居前2位，远远超过了其他种类。8月龙头鱼和大黄鱼的出现率最高，分别为100%和88.89%，该月大黄鱼的重量百分比最高达24.75%，而棘头梅童鱼的尾数百分比最高达17.27%。10月斑鰶、棘头梅童鱼、龙头鱼、硬头鲻、中颌棱鳀、矛尾虾虎鱼等均有很高的出现率，大黄鱼的重量百分比（17.90%）和龙头鱼的尾数百分比（17.02%）仍居首位。11月斑鰶、尖海龙、矛尾虾虎鱼各站位均有出现，该月棘头梅童鱼的重量百分比最高（23.30%），龙头鱼的尾数百分比最高（36.33%）。

表 6-1　调查水域鱼类种类组成与出现率

种名	6月			8月			10月			11月		
	W(%)	N(%)	F(%)	W(%)	N(%)	F(%)	W(%)	N(%)	F(%)	W(%)	N(%)	F(%)
白边天竺鱼							0	0.05	11.11			
白姑鱼	26.23	42.73	100	5.41	4.83	55.56						
斑点马鲛							0.05	0.03	11.11			
斑鰈										0.19	0.08	11.11
斑鲦	5.46	0.98	33.33	5.1	1.71	33.33	16.6	7.1	100	21.8	9.41	100
斑鰶 sp.				0.03	0.09	11.11	0.01	0.02	11.11	0.04	0.02	11.11
斑鳍天竺鱼	0.01	0.01	11.11				0.06	0.01	11.11			
斑条鲆	0.11	0.1	33.33				0.02	0.05	22.22			
斑头舌鳎				0.2	0.28	33.33	0.02	0.02	11.11	0.03	0.04	11.11
斑尾刺虾虎鱼												
半线天竺鲷										0	0.02	11.11
半线天竺鲷							0.05	0.04	22.22	0.02	0.02	11.11
赤鼻棱鳀	0.05	0.04	11.11	0.14	0.13	22.22	0.91	1.2	22.22	0.05	0.03	22.22
赤刀鱼 sp.	0.01	0.01	11.11									
赤釭				1.81	0.04	11.11						
大黄鱼	32.12	15.43	100	24.75	13.39	88.89	17.9	5.82	88.89	10.53	3.14	77.78

续表

种名	6月 W(%)	6月 N(%)	6月 F(%)	8月 W(%)	8月 N(%)	8月 F(%)	10月 W(%)	10月 N(%)	10月 F(%)	11月 W(%)	11月 N(%)	11月 F(%)
大甲鲹				0.68	0.3	11.11				0.05	0.02	11.11
大鳞沟虾虎鱼							0	0.04	33.33	0	0.02	11.11
大鳞舌鳎				0.12	0.13	11.11						
大鳍蚓鳗							0.01	0.02	22.22			
大鳍蚓鳗	0.03	0.01	11.11									
大牙细棘虾虎鱼							0.01	0.01	11.11			
带纹条鳎	0.04	0.2	66.67	0.21	0.2	33.33	0.05	0.03	22.22	0.05	0.02	11.11
带鱼	0.07	0.18	33.33	1.36	2.1	66.67	0.36	0.27	44.44	0.26	0.16	33.33
单指虎鲉							0.03	0.03	11.11			
弹涂鱼							0.01	0.06	11.11			
刀鲚	0.02	0.01	11.11	0.38	0.17	22.22	0.27	0.04	22.22			
笛鲷 sp.							0.03	0.01	11.11			
短棘缟虾虎鱼							0.02	0.06	11.11	0.01	0.04	22.22
短棘银鲈				0.04	0.04	11.11	0.04	0.06	33.33	0.02	0.03	22.22
短鳍虫鳗							0.24	0.58	55.56	0.18	0.38	66.67
短鳍缟虾虎鱼							0	0.01	11.11			
短吻舌鳎	0.02	0.02	22.22	0.5	0.18	22.22	0.03	0.04	22.22	0.09	0.08	22.22

续表

种名	6月			8月			10月			11月		
	W (%)	N (%)	F (%)	W (%)	N (%)	F (%)	W (%)	N (%)	F (%)	W (%)	N (%)	F (%)
多鳞鱚				0.08	0.03	11.11	0.12	0.09	44.44			
鳄鮄	0.01	0.01	11.11	0.17	0.07	11.11						
二长棘鲷	0.06	0.25	66.67	0.11	0.04	11.11	0.14	0.15	55.56			
绯鲵	0.48	0.11	33.33	0.04	0.05	11.11						
凤鲚				3.01	2.89	66.67	2.77	6.46	88.89	2.93	5.84	88.89
高体斑鲆							0.26	0.03	22.22	0.06	0.02	11.11
高体鲕				1.1	0.09	11.11				0.66	0.02	11.11
古氏双边鱼							0.03	0.19	55.56			
海龙 sp.							0	0.02	11.11			
海鳗	0.24	0.07	22.22	1.65	0.13	11.11						
汉氏棱鳀	0.3	0.09	22.22	0.68	0.58	22.22				0.01	0.02	11.11
褐菖鲉	0.08	0.23	77.78				0.08	0.39	44.44	0.07	0.28	44.44
黑边天竺鱼							0.02	0.05	11.11			
黑鲷							0.11	0.04	11.11	0	0.03	11.11
黑鳍鳃鳚							0.01	0.01	11.11			
黑天竺鱼							0.02	0.01	11.11			
横带髭鲷	0.33	0.84	66.67	0.12	0.1	22.22	0.36	0.17	33.33	0.01	0.01	11.11

续表

种名	6月 W(%)	N(%)	F(%)	8月 W(%)	N(%)	F(%)	10月 W(%)	N(%)	F(%)	11月 W(%)	N(%)	F(%)
横纹东方鲀	0.12	0.14	55.56	1.07	1.08	44.44	1.82	0.73	66.67	2.56	0.7	66.67
黄斑鲾							0.03	0.07	44.44	0.04	0.06	22.22
黄斑蓝子鱼				0.2	0.04	11.11	0.01	0.01	11.11			
黄带绯鲤							0.11	0.02	22.22			
黄姑鱼				0.34	0.13	11.11	0.86	0.1	22.22			
黄鲫				0.03	0.03	11.11						
黄鳍鲷	0.1	0.02	11.11									
黄鳍东方鲀				0.15	0.07	11.11				1.05	0.16	33.33
棘皮鲀							0.06	0.01	11.11			
棘头梅童鱼	3.02	3.49	77.78	8.04	24.12	77.78	11.93	10.24	100	23.3	16.05	88.89
棘线鲉							0.13	0.13	55.56	0.03	0.02	11.11
尖海龙							0	0.04	33.33	0.02	0.39	100
尖头黄鳍牙鰔				0.09	0.11	22.22	0.02	0.01	11.11	0.02	0.07	22.22
尖尾鳗	0.16	0.19	77.78	0.87	0.77	44.44	0.71	0.49	77.78	0.31	0.2	44.44
尖吻鲷				0.03	0.07	22.22	0.97	1.4	88.89	0.11	0.1	44.44
焦氏舌鳎	0.32	0.17	66.67	0.09	0.07	11.11	0.46	0.66	77.78	0.06	0.06	33.33
叫姑鱼 sp.							0.01	0.01	11.11			

续表

种名	6月			8月			10月			11月		
	W (%)	N (%)	F (%)	W (%)	N (%)	F (%)	W (%)	N (%)	F (%)	W (%)	N (%)	F (%)
金钱鱼										0.05	0.01	11.11
金色小沙丁鱼				5.25	6.14	66.67	5.03	4.37	100	0.18	0.23	55.56
锯塘鳢	0.42	0.34	44.44	0.04	0.03	11.11	0.32	0.44	88.89	0.07	0.12	44.44
康氏小公鱼	1.29	2.98	66.67	0.15	0.63	33.33	0.47	2.91	88.89	0.24	0.85	66.67
孔虾虎鱼	1.41	0.94	77.78	1.35	1.92	66.67	1.22	1.6	88.89	0.34	0.34	66.67
宽体舌鳎	0	0.01	11.11									
眶棘鲈 sp.							0.04	0.03	11.11			
眶棘双边鱼	1.18	1.98	22.22				0.04	0.41	22.22	0.94	4.67	33.33
拉氏狼牙虾虎鱼	0.28	0.21	55.56	0.49	0.49	22.22	0.2	0.14	22.22	0.02	0.03	22.22
鲫							0.11	0.06	33.33	0.21	0.14	44.44
莱氏舌鳎	0.24	0.13	22.22	0.58	0.56	55.56				0.32	0.32	77.78
蓝点马鲛				2.18	1.84	55.56						
蓝圆鲹	0.2	0.39	44.44									
鲻				0.52	0.56	44.44	1.18	1.15	77.78	0.96	0.75	77.78
棱鮻	9.31	7.82	88.89	1.97	0.44	22.22	0.05	0.01	11.11	0.39	0.1	22.22
丽叶鲹				0.62	0.77	44.44	0.1	0.09	44.44	0.05	0.05	22.22
镰鲳				0.98	0.33	22.22						

续表

种名	6月			8月			10月			11月		
	W (%)	N (%)	F (%)	W (%)	N (%)	F (%)	W (%)	N (%)	F (%)	W (%)	N (%)	F (%)
列牙鯻	0.05	0.01	11.11	0.1	0.12	22.22						
鳞鳍叫姑鱼				0.77	0.56	22.22			11.11			
六带鲹							0.06	0.01	100	0.06	0.06	22.22
六丝钝尾虾虎鱼				0.04	0.08	22.22	1.05	3.04	100	0.24	0.39	55.56
六指马鲅				2.75	3.09	44.44	0.22	0.3	33.33	0.45	0.68	55.56
龙头鱼	2.53	0.77	66.67	11.25	17.27	100	9.28	17.02	100	14.5	36.33	88.89
鹿斑鲾				0.08	0.49	33.33		0.08	44.44	0.01	0.03	11.11
卵鳎							0.02	0.08	44.44			
裸鳍虫鳗				0.04	0.09	11.11	0.03	0.07	22.22			
绿斑细棘虾虎鱼							0.01	0.03	33.33			
绿鳍马面鲀							0.01	0.01	11.11			
麦氏犀鳕	0.02	0.13	55.56									
鳗鲡幼体	0.01	0.31	44.44									
矛尾虾虎鱼	0.9	3.85	88.89	0.4	1	77.78	1.04	3.47	100	0.67	1.33	100
鮸				0.07	0.12	33.33						
拟矛尾虾虎鱼							0.05	0.33	44.44	0.27	0.34	77.78
皮氏叫姑鱼	0.21	0.04	22.22	1.56	1.7	55.56	0.95	1.16	88.89	1.71	2	88.89

续表

种名	6月 W(%)	6月 N(%)	6月 F(%)	8月 W(%)	8月 N(%)	8月 F(%)	10月 W(%)	10月 N(%)	10月 F(%)	11月 W(%)	11月 N(%)	11月 F(%)
铅点东方鲀							0.06	0.04	22.22	0.94	0.19	11.11
前肛鳗	0.06	0.01	11.11	0.27	0.03	11.11	0.19	0.01	11.11			
青弹涂鱼							0.04	0.15	11.11			
青鳞小沙丁鱼	1.14	0.5	33.33				0.07	0.11	33.33	0.01	0.02	11.11
青石斑鱼							0.03	0.02	22.22	0.01	0.02	11.11
裘氏小沙丁鱼				0.23	0.55	11.11	0.85	1.58	100	2.08	3.29	88.89
日本海马	0	0.02	11.11									
日本鲮吉鳗	0	0.03	22.22									
日本鲭				0.26	0.08	11.11						
日本十棘银鲈							0.03	0.2	33.33	0.02	0.02	22.22
日本鳀							0.27	0.52	66.67	0.05	0.13	44.44
少鳞舌鳎	0.03	0.01	11.11	0.05	0.03	11.11				0.07	0.06	11.11
少鳞鳝				0.04	0.03	11.11						
少牙斑鲆							0.03	0.01	11.11			
舌鳎 sp.				0.04	0.1	22.22				0.01	0.03	11.11
舌虾虎鱼										0.01	0.02	11.11
石首鱼 sp.							0.03	0.02	11.11			

续表

种名	6月 W(%)	6月 N(%)	6月 F(%)	8月 W(%)	8月 N(%)	8月 F(%)	10月 W(%)	10月 N(%)	10月 F(%)	11月 W(%)	11月 N(%)	11月 F(%)
食蟹豆齿鳗	0.16	0.12	55.56	1.4	1.2	44.44	1.86	1.01	100	2.18	0.67	77.78
鼠鱚				0.12	0.03	11.11						
丝背细鳞鲀	0.15	0.12	44.44	0.14	0.04	11.11	0.44	0.13	44.44			
四指马鲅							0.09	0.03	33.33	0.25	0.15	33.33
台湾鳍鲦										0.01	0.01	11.11
台湾丝虾虎鱼							0	0.01	11.11			
条尾绯鲤	0.41	2.25	100	0.62	0.57	55.56	0.24	0.23	66.67	0.02	0.02	11.11
条纹斑竹鲨							0.07	0.03	22.22			
网纹裸胸鳝							0.4	0.02	22.22	0.43	0.02	11.11
鳒 sp.							0.01	0.02	11.11			
纹缟虾虎鱼							0	0.02	11.11			
乌塘鳢				0.03	0.05	11.11						
五带笛鲷							0.01	0.02	11.11			
细刺鱼							0.24	0.06	11.11			
细鳞鲴							0.27	0.23	44.44	0.21	0.13	33.33
虾虎鱼 sp1.							0.02	0.1	33.33			
虾虎鱼 sp2.										0.01	0.06	44.44

续表

种名	6月 W(%)	6月 N(%)	6月 F(%)	8月 W(%)	8月 N(%)	8月 F(%)	10月 W(%)	10月 N(%)	10月 F(%)	11月 W(%)	11月 N(%)	11月 F(%)
虾虎鱼 sp4.										0.02	0.02	11.11
香鲻	0	0.01	11.11									
小带鱼	0.36	0.77	88.89	0.22	0.47	11.11	0	0.01	11.11			
小公鱼 sp.							0.03	0.12	11.11			
小头栉孔虾虎鱼	0.01	0.04	33.33				0.21	1.04	55.56	0.02	0.06	11.11
小眼绿鳍鱼	0.1	0.06	44.44	0	0.05	11.11						
斜带髭鲷	0.02	0.01	11.11							0	0.04	22.22
星点东方鲀										0.08	0.02	11.11
须鳗虾虎鱼				0.01	0.05	11.11	1.65	1.68	66.67	0.54	0.56	66.67
须鳗鲚	0.01	0.03	11.11									
牙鲆	0.03	0.01	11.11							0.09	0.02	11.11
牙鲆 sp.										0.02	0.02	11.11
眼斑拟鲈							0	0.01	11.11			
眼斑拟石首鱼							0.1	0.02	11.11			
银鲳	4.69	5.09	88.89	0.45	0.14	22.22						
银腰犀鳕				0.02	0.04	11.11	0.02	0.22	55.56	0.01	0.08	33.33
硬头鲻				0.01	0.04	11.11	6.65	9.68	100	0.78	0.81	66.67

续表

种名	6月			8月			10月			11月		
	W(%)	N(%)	F(%)	W(%)	N(%)	F(%)	W(%)	N(%)	F(%)	W(%)	N(%)	F(%)
鲬	0.03	0.07	11.11	0.19	0.17	22.22	0.05	0.06	44.44	0.06	0.04	22.22
油舒				0.58	0.08	11.11						
云鳚 sp.										0.08	0.15	66.67
杂食豆齿鳗							0.18	0.01	11.11			
窄体舌鳎	0.05	0.1	44.44	0.69	0.67	11.11				0.01	0.02	11.11
长蛇鲻							0.09	0.02	22.22	0	0.02	11.11
长丝虾虎鱼							0.01	0.05	11.11			
真鲷				0.19	0.07	22.22	0.4	0.06	44.44			
脂眼鲱	0.03	0.02	11.11									
指印石斑鱼							0	0.01	11.11			
中国花鲈	0.36	0.23	55.56	0.5	0.12	33.33	0.76	0.21	55.56			
中颌棱鳀	2.58	0.8	44.44	3.56	2.47	55.56	4.87	8.01	100	5.19	6.61	88.89
中华海鲇							0.15	0.01	11.11	0.15	0.02	11.11
中华尖牙虾虎鱼	0	0.01	11.11									
中华小公鱼	1.13	4.02	44.44									
中华小沙丁鱼							0.02	0.03	11.11			
中线天竺鲷							0.02	0.13	33.33			

续表

种名	6月			8月			10月			11月		
	W(%)	N(%)	F(%)	W(%)	N(%)	F(%)	W(%)	N(%)	F(%)	W(%)	N(%)	F(%)
竹筴鱼	0.02	0.01	11.11	0.08	0.03	11.11						
髭缟虾虎鱼	0.29	0.16	33.33	0.04	0.04	11.11	0.08	0.11	33.33	0.04	0.12	55.56
鳎	0.91	0.25	22.22	0.26	0.46	33.33				0.2	0.11	22.22
紫斑舌鳎				0.03	0.04	11.11	0.03	0.02	11.11	0.04	0.03	11.11
棕腹刺鲀				0.18	0.07	11.11	0.19	0.04	22.22	0.12	0.08	33.33

注：W 是该种占总重量的百分比，N 是该种占总尾数的百分比，F 是该种的出现率。后表相同。

6.1.2 鱼类种类数平面分布

调查期间鱼类种类数分布不均，6 月平均各站 27 种，其中三沙湾东北部的 1# 站和 2# 站位的种类数最高，分别有 39 种和 42 种，东冲半岛西部的 10# 站和 11# 站位也较多，分别有 29 种和 31 种；8 月种类数分布较不均，平均各站 23 种，2# 站最高，达 52 种，其次是 8# 站 30 种；10 月种类数较多，平均各站达 43 种，其中 6# 站最多达 65 种；11 月平均各站种类数达 32 种，10# 和 6# 站最高达 46 种和 42 种（图 6-1）。

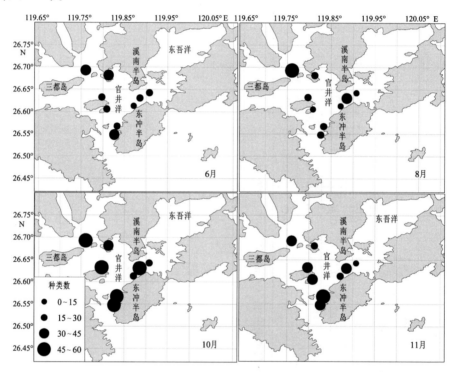

图 6-1　三沙湾鱼类种类数分布

6.1.3 鱼类密度的变动和分布

从图 6-2 来看，调查期间，6 月鱼类密度最高，平均达 199.92 kg/km²，10 月最低，仅 50.43 kg/km²。尾数密度变动趋势和重量类似。原因可能在于，6 月大多是鱼类的索饵季节，尤其是大黄鱼、白姑鱼，其在 6 月的重量、尾数百分比最高（表 6-1），大量从外海游向该区的 1 龄鱼在此索饵；而 8 月该区鱼类分散索饵，10 月和 11 月，大多数鱼类开始做越冬洄游，而仍有一部分在此作为越冬场，故此时要比 8 月有一定的产量。

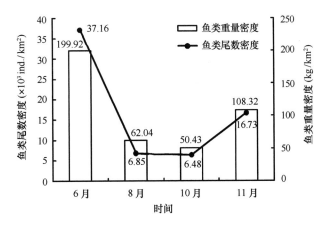

图 6-2　调查水域鱼类重量、尾数密度变动趋势

从图 6-3 和图 6-4 来看，鱼类重量密度分布和尾数密度分布都较为平均，总的来说，东冲半岛西部至官井洋水域的密度分布较高，尤其是东冲半岛西部的 10#站和 11#站位，往往是重量和尾数的高值点。

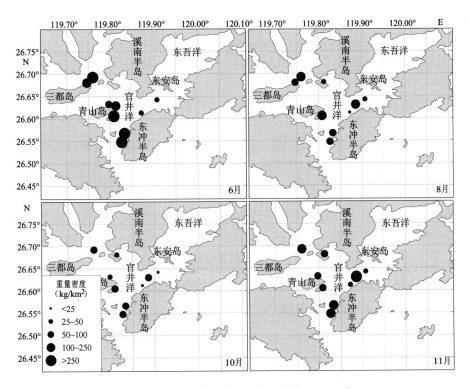

图 6-3　调查水域鱼类重量密度分布 （kg/km²）

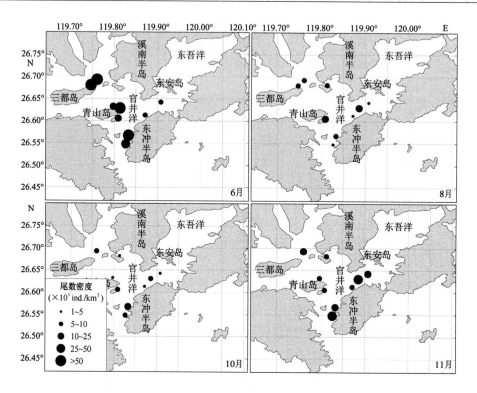

图 6-4　调查水域鱼类尾数密度平面分布（×10³ ind./km²）

6.1.4　主要优势种相对重要性指数

从数据统计来看，除 11 月较低外，大黄鱼的 *IRI* 指数在其他月份都较高。6月，由于重量和尾数密度的绝对优势，大黄鱼和白姑鱼的 *IRI* 指数远远高于其他优势种；8 月，虽然大黄鱼的重量和尾数密度较其他月份为最低，但凭其高重量和尾数的百分比，其 *IRI* 指数较其他月份各优势种 *IRI* 指数为最高，达 3 390.12，其次是龙头鱼和棘头梅童鱼，除金色小沙丁和白姑鱼外，该月其余优势种 *IRI* 指数均在 500 以下；10 月龙头鱼、斑鰶、棘头梅童鱼和大黄鱼的 *IRI* 指数较高，均在 2 000~3 000 之间，不如前 2 月，*IRI* 指数较其他优势种的差距较小；11 月龙头鱼、棘头梅童鱼、斑鰶的 *IRI* 居前三，均在 3 000 以上，而大黄鱼只列第四位，为1 063.57（表 6-2）。

表 6-2　鱼类主要优势种生态特征

时间	优势种	重量密度（kg/km²）	尾数密度（×10³ ind/km²）	W（%）	N（%）	F（%）	IRI
6 月	白姑鱼	52.439	15.877	26.23	42.73	100	6 896.15
	大黄鱼	64.21	5.733	32.12	15.43	100	4 754.68
	棱鮻	18.614	2.906	9.31	7.82	88.89	1 522.8
	银鲳	9.381	1.893	4.69	5.09	88.89	869.95
	棘头梅童鱼	6.043	1.298	3.02	3.49	77.78	506.87
	矛尾虾虎鱼	1.807	1.43	0.9	3.85	88.89	422.42
	康氏小公鱼	2.571	1.109	1.29	2.98	66.67	284.66
	条尾绯鲤	0.816	0.836	0.41	2.25	100	265.82
	中华小公鱼	2.252	1.493	1.13	4.02	44.44	228.6
	龙头鱼	5.058	0.286	2.53	0.77	66.67	219.91
	斑鰶	10.916	0.364	5.46	0.98	33.33	214.63
	孔虾虎鱼	2.812	0.35	1.41	0.94	77.78	182.65
	中颌棱鳀	5.161	0.299	2.58	0.8	44.44	150.49
	眶棘双边鱼	2.368	0.736	1.18	1.98	22.22	70.32
	青鳞小沙丁鱼	2.277	0.185	1.14	0.5	33.33	54.56
8 月	大黄鱼	15.355	0.918	24.75	13.39	88.89	3 390.12
	龙头鱼	6.981	1.183	11.25	17.27	100	2 851.92
	棘头梅童鱼	4.986	1.653	8.04	24.12	77.78	2 501.12
	金色小沙丁鱼	3.256	0.421	5.25	6.14	66.67	759.09
	白姑鱼	3.356	0.331	5.41	4.83	55.56	568.7
	凤鲚	1.867	0.198	3.01	2.89	66.67	393.31
	中颌棱鳀	2.21	0.169	3.56	2.47	55.56	335.25
	六指马鲅	1.705	0.211	2.75	3.09	44.44	259.29
	带鱼	0.841	0.144	1.36	2.1	66.67	230.23
	斑鰶	3.164	0.118	5.1	1.71	33.33	227.14
	蓝点马鲛	1.351	0.126	2.18	1.84	55.56	223.28
	孔虾虎鱼	0.835	0.132	1.35	1.92	66.67	217.88
	皮氏叫姑鱼	0.968	0.117	1.56	1.7	55.56	181.35
	食蟹豆齿鳗	0.866	0.082	1.4	1.2	44.44	115.48
	矛尾虾虎鱼	0.251	0.069	0.4	1	77.78	109.36
	横纹东方鲀	0.665	0.074	1.07	1.08	44.44	95.63
	棱鮻	1.22	0.03	1.97	0.44	22.22	53.5
	赤魟	1.121	0.003	1.81	0.04	11.11	20.48
	海鳗	1.025	0.009	1.65	0.13	11.11	19.85
	高体鰤	0.68	0.006	1.1	0.09	11.11	13.18

续表

时间	优势种	重量密度 （kg/km²）	尾数密度 （×10³ ind/km²）	W （%）	N （%）	F （%）	IRI
10月	龙头鱼	4.68	1.104	9.28	17.02	100	2 630.11
	斑鰶	8.371	0.461	16.6	7.1	100	2 369.97
	棘头梅童鱼	6.015	0.664	11.93	10.24	100	2 216.86
	大黄鱼	9.029	0.377	17.9	5.82	88.89	2 108.3
	硬头鲻	3.356	0.628	6.65	9.68	100	1 633.49
	中颌棱鳀	2.458	0.519	4.87	8.01	100	1 288.35
	金色小沙丁鱼	2.539	0.284	5.03	4.37	100	940.68
	凤鲚	1.397	0.419	2.77	6.46	88.89	820.53
	矛尾虾虎鱼	0.524	0.225	1.04	3.47	100	450.55
	六丝钝尾虾虎鱼	0.53	0.197	1.05	3.04	100	409.63
	康氏小公鱼	0.237	0.188	0.47	2.91	88.89	299.98
	食蟹豆齿鳗	0.941	0.065	1.86	1.01	100	287.03
	孔虾虎鱼	0.616	0.104	1.22	1.6	88.89	251.12
	裘氏小沙丁鱼	0.431	0.102	0.85	1.58	100	243.22
	须鳗虾虎鱼	0.833	0.109	1.65	1.68	66.67	222.37
	尖吻鲟	0.49	0.091	0.97	1.4	88.89	210.99
	皮氏叫姑鱼	0.477	0.075	0.95	1.16	88.89	186.87
	鰤	0.594	0.075	1.18	1.15	77.78	181.02
	横纹东方鲀	0.919	0.047	1.82	0.73	66.67	170.12
	小头栉孔虾虎鱼	0.104	0.067	0.21	1.04	55.56	69.23
	赤鼻棱鳀	0.459	0.078	0.91	1.2	22.22	46.79
11月	龙头鱼	15.708	6.079	14.5	36.33	88.89	4 518.65
	棘头梅童鱼	25.237	2.685	23.3	16.05	88.89	3 497.57
	斑鰶	23.611	1.575	21.8	9.41	100	3 121.16
	大黄鱼	11.411	0.525	10.53	3.14	77.78	1 063.57
	中颌棱鳀	5.627	1.106	5.19	6.61	88.89	1 049.24
	凤鲚	3.171	0.978	2.93	5.84	88.89	779.54
	裘氏小沙丁鱼	2.255	0.55	2.08	3.29	88.89	477.07
	皮氏叫姑鱼	1.853	0.334	1.71	2	88.89	329.38
	食蟹豆齿鳗	2.364	0.113	2.18	0.67	77.78	222.05
	横纹东方鲀	2.771	0.118	2.56	0.7	66.67	217.44
	矛尾虾虎鱼	0.73	0.222	0.67	1.33	100	200.02
	眶棘双边鱼	1.016	0.782	0.94	4.67	33.33	187.06
	黄鳍东方鲀	1.134	0.026	1.05	0.16	33.33	40.07

6.1.5　优势种资源密度对鱼类总资源密度的贡献

表 6-3 表明，6 月，鱼类各优势种的重量贡献不均，白姑鱼是主要贡献，而尾数优势种贡献较平均，只有棘头梅童鱼和眶棘双边鱼的贡献小于 0.1；8 月仅凤鲚和龙头鱼有重量和尾数贡献；10 月，鱼类的重量贡献较平均，在 0.5 左右，而孔虾虎鱼和鳀的尾数贡献较高；11 月龙头鱼的重量贡献最高，达 0.80，棘头梅童鱼的尾数贡献较高。

表 6-3　鱼类优势种密度对总密度的贡献

时间	优势种	重量			尾数		
		β	t	p	β	t	p
6 月	白姑鱼	1.18	44.02	0.000 0	0.52	86.26	0.000 1
	大黄鱼				0.67	259.28	0.000 0
	棘头梅童鱼	0.05	5.22	0.013 7	0.01	4.68	0.042 7
	康氏小公鱼	2.15	10.75	0.001 7	0.49	24.58	0.001 7
	眶棘双边鱼				0.03	2.72	0.112 7
	条尾绯鲤				0.49	18.08	0.003 0
	棱鲅	−0.94	6.52	0.007 3			
	银鲳	−0.81	7.96	0.004 1			
8 月	凤鲚	0.87	8.66	0.000 1	0.81	5.28	0.001 9
	龙头鱼	0.32	3.22	0.018 2	0.46	3.03	0.023 2
10 月	斑鰶	0.39	27.11	0.000 0			
	六丝钝尾虾虎鱼	0.43	17.50	0.000 1	−0.07	2 534.89	0.000 3
	矛尾虾虎鱼	0.58	23.29	0.000 0			
	皮氏叫姑鱼	0.29	19.29	0.000 0			
	横纹东方鲀				0.00	152.61	0.004 2
	孔虾虎鱼				0.83	31 489.66	0.000 0
	鳀				1.02	32 506.08	0.000 0
	龙头鱼				0.28	11 753.13	0.000 1
	食蟹豆齿鳗				0.18	5 374.26	0.000 1
	中颌棱鳀				−0.50	11 731.22	0.000 1
	斑鰶	0.18	2.70	0.042 8	0.43	5.87	0.002 0
11 月	棘头梅童鱼	0.75	11.07	0.000 1	0.94	13.08	0.000 0
	龙头鱼	0.80	11.64	0.000 1	0.25	3.39	0.019 6

6.1.6　鱼类主要优势种的生态学特征

6.1.6.1　大黄鱼（*Larimichthys crocea*）

俗称黄瓜鱼、黄花鱼，属鲈形目石首鱼科黄鱼属，为著名食用鱼。发现主要在沿岸水域、邻近沙滩的水域及河口水域附近，通常栖息于亚热带近海水深 60 m 以内浅海的沙质和泥质环境。冬季会在离岸地区生活，夏季期间繁殖于半咸淡水的河口。幼鱼在浅水区域生活直至成熟。主要以虾、螃蟹、其他甲壳纲动物和鱼类为食。分布于太平洋西北部的黄海、东海、南中国海、香港、澳门和台湾海峡，亦发现于日本和越南中部沿海。

6.1.6.2　白姑鱼（*Argyrosomus argentatus*）

为石首鱼科白姑鱼属的鱼类，俗名白梅、沙卫口、白米鱼、白姑子、鳂仔鱼。分布于印度、朝鲜、日本以及中国沿海等，属于近海中下层鱼类。其多生活于水深 40~100 m 泥沙底质的海区。该物种的模式产地在长崎。

6.1.6.3　龙头鱼（*Harpadon nehereus*）

属脊索动物门，硬骨鱼纲，灯笼鱼目，狗母鱼科，龙头鱼属。生活于暖温性海洋的中下层。运动能力不强。常栖息于浅海泥底的环境中。每年春季为产卵期。杂食性，以小鱼、小虾、底栖动物为食。分布于印度洋和太平洋、我国南海、东海和黄海南部，尤以浙江的温、台和舟山近海以及福建沿海产量较多。

6.1.6.4　棘头梅童鱼（*Collichthys lucidus*）

辐鳍鱼纲鲈形目石首鱼科梅童鱼属的鱼类。体延长，侧扁，背部浅弧形，腹部平圆。尾柄系长，头钝圆，额部隆起，高低不平。上下颌齿皆成细齿带，无犬齿。尾鳍尖形。体背灰黄色，体侧金黄色。眼的顶部有一黑斑。鳃腔白色，另有黑色细斑点。上下颌前端具褐色斑。口腔内为白色，下颌口缘为粉红色。体长可达 20 cm。栖息于沙泥底质中下层水域，肉食性，以小型甲壳类动物为食。分布于西太平洋区，包括朝鲜半岛西海岸、日本、菲律宾以及中国沿海等，属于暖水性鱼类。

6.1.6.5　斑鲦（*Konosirus punctatus*）

为鲱科斑鲦属的鱼类。分布于印度、波里尼西亚、朝鲜、日本和中国台湾岛沿海等海域。

6.1.6.6　棱鲛（*Liza carinata*）

俗名白鱼、犬鱼、乌头、虫鱼，为辐鳍鱼纲鲻形目鲻科鲛属的其中一种。体延长，前部亚圆筒型，后部侧扁，腹部圆形。头圆锥形，稍侧扁，两侧隆起，颊部较狭。脂性眼睑发达。第一背鳍之起点至吻端之距离，小于至尾基之距离。第一背鳍前后有一隆起棱脊。背面呈青灰色，腹侧银白色，体侧具暗色纵带条纹。背鳍、尾鳍灰色、腹鳍、臀鳍稍呈淡黄色。背鳍硬棘 4~5 枚、背鳍软条 8~9 枚；臀鳍硬棘 3 枚、臀鳍鳍条 8~10 枚。一纵列鳞片 36~41 枚。体长可长 18 cm。栖息在沿海及河口区，产卵期在冬末春初，卵浮性。稚鱼滤食浮游生物，随着成长，食性由动物性转为植物性，以吞食淤泥中的硅藻及有机碎屑。分布于印度西太平洋区，包括红海、波斯湾、巴基斯坦、印度、韩国、日本、中国和越南等海域。

6.1.7　鱼类多样性指数值平面分布

由图 6-5 来看，鱼类重量和尾数多样性变化一致，最高在 10 月，重量和尾数多样性均在 3.3 以上，其次是 8 月，多样性指数均超过 3.0，最低在 6 月，H' 在 2.4 以下。从图 6-6 和图 6-7 来看，6 月多样性分布不均，6#站和 9#站的多样性指数较低，均在 1 左右，而 10#站和 11#站多样性指数较高，均在 3 以上；8 月的 6#站和 9#站多样性指数较低，其他各站分布较均匀；10 月各站多样性指数较均匀，都在 3~4；11 月各站多样性指数分布也较均匀，都在 2~3。

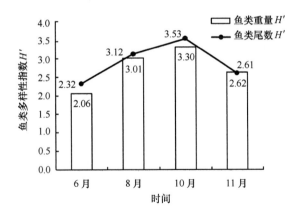

图 6-5　2010 年调查水域鱼类重量、尾数多样性指数（H'）变动趋势

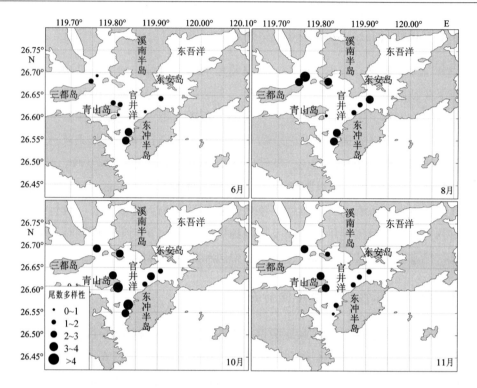

图 6-6 调查水域鱼类尾数多样性指数（H'）值分布

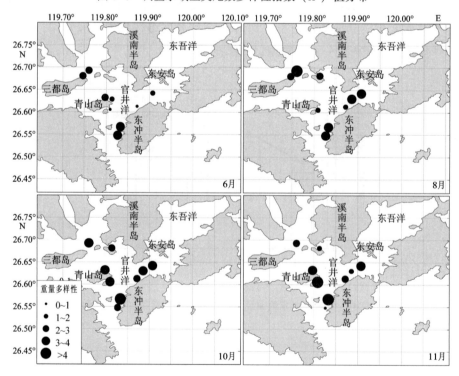

图 6-7 调查水域鱼类重量多样性指数（H'）值分布

6.2 虾类数量时空分布特征和多样性分析

6.2.1 虾类种类组成

自 2010 年 6~11 月调查期间，鉴定到种的虾类有 31 种，另外有 6 个未鉴定到种。其中，6 月鉴定虾类 24 种；8 月鉴定虾类 20 种，1 个未鉴定到种，10 月鉴定虾类 23 种，5 个未鉴定到种，11 月鉴定虾类 21 种，1 个未鉴定到种。

从表 6-4 来看，6 月细螯虾、哈氏仿对虾出现率最高，均为 100%，且尾数百分比也居前 2 位，远远超过了其他种类。8 月周氏新对虾和细螯虾的出现率最高，分别为 100% 和 88.89%，该月中华管鞭虾的重量百分比最高达 25.97%，而葛氏长臂虾的尾数百分比最高达 19.29%。10 月口虾蛄、鹰爪虾、中华管鞭虾等均有很高的出现率，葛氏长臂虾的重量百分比（47.17%）和细螯虾的尾数百分比（56.88%）居首位。11 月葛氏长臂虾和细巧仿对虾各站位均有出现，该月葛氏长臂虾的重量百分比最高（30.96%），细螯虾的尾数百分比最高（63.43%）。

6.2.2 虾类种类数的平面分布

调查期间虾类种类数分布不均，6 月，1#站、2#站、10#站和 11#站种类较多为 15 种左右；8 月，2#站、3#站、4#站、8#站和 10#站较多，为 13 种左右；10 月，较 6 月和 8 月种类较多，其中 3#站、8#站和 10#站种类较多，大于 20 种；11 月，7#站位种类最小，仅 4 种（图 6-8）。

6.2.3 虾类密度的变动和分布

从图 6-9 来看，调查期间，10 月虾类密度最高，平均达 17.98 kg/km^2，其次为 11 月，平均为 13.7 kg/km^2，8 月最低，仅 4.60 kg/km^2，而 6 月平均重量密度约为 10 月的 50% 左右。尾数密度变动趋势和重量类似。

从图 6-10 和图 6-11 来看，虾类重量密度分布和尾数密度分布都较为平均，但总的来说，东冲半岛西部至青山岛水域的密度分布较高，尤其是东冲半岛西部的10#站位，往往是重量和尾数的高值点。

表6-4　调查水域虾类种类组成与出现率

月份	6月			8月			10月			11月		
种名	N(%)	W(%)	F(%)	N(%)	W(%)	F(%)	N(%)	W(%)	F(%)	N(%)	W(%)	F(%)
斑节对虾							0.01	0.25	22.22	0.01	0.23	11.11
鞭腕虾	0.46	0.30	11.11	0.16	0.37	22.22	0.17	0.07	44.44	0.17	0.11	33.33
扁足异对虾	16.08	13.48	88.89	2.17	2.21	22.22	0.11	0.05	33.33	0.56	0.47	33.33
长臂虾 sp.							0.14	0.11	33.33			
刀额仿对虾	0.31	0.99	22.22	1.36	1.68	33.33	0.48	0.81	77.78	0.04	0.07	22.22
刀额新对虾	1.27	3.42	44.44									
仿对虾属	0.08	0.20	11.11									
葛氏长臂虾	13.37	10.71	88.89	19.29	17.59	77.78	29.76	47.17	100.00	18.05	30.96	100.00
鼓虾 sp.							0.02	0.08	22.22			
哈氏仿对虾	24.06	23.14	100.00	11.53	11.37	77.78	1.89	3.85	100.00	1.55	2.89	66.67
脊条褶虾				0.25	0.67	22.22	0.16	0.66	66.67			
脊尾白虾	0.08	0.25	11.11	0.14	0.23	11.11	0.22	0.34	44.44	0.04	0.11	22.22
尖刺口虾蛄				0.25	0.38	22.22						
巨指长臂虾				0.14	0.04	11.11	0.25	0.21	77.78	0.43	0.59	44.44
口虾蛄	2.34	16.28	66.67	1.79	7.67	66.67	2.11	14.81	100.00	1.17	10.83	77.78
拉氏绿虾蛄	0.03	0.02	11.11									

续表

月份	6月			8月			10月			11月		
种名	N (%)	W (%)	F (%)	N (%)	W (%)	F (%)	N (%)	W (%)	F (%)	N (%)	W (%)	F (%)
绿虾蛄				0.37	1.47	11.11						
美丽鼓虾							0.03	0.12	33.33	0.02	0.01	11.11
日本鼓虾	0.49	0.38	22.22	0.45	0.13	11.11	0.34	0.30	77.78	0.24	0.17	66.67
日本囊对虾	0.72	2.54	33.33				0.01	0.24	11.11			
水母虾 sp.				0.56	0.20	33.33	0.08	0.04	33.33	0.17	0.07	55.56
窝纹网虾蛄	0.89	5.39	88.89									
无刺口虾蛄	0.18	0.38	22.22									
细螯虾	23.55	6.27	100.00	14.80	1.97	88.89	56.88	12.73	77.78	63.43	19.80	77.78
细巧仿对虾	3.48	3.90	77.78	3.02	2.54	66.67	1.17	0.79	100.00	2.50	2.46	100.00
虾 sp.							0.16	0.05	44.44			
虾蛄 sp.							0.05	0.17	33.33			
鲜明鼓虾	0.15	0.47	44.44	0.32	0.81	33.33	0.64	0.97	77.78	0.97	2.36	66.67
小眼绿虾蛄	0.03	0.13	11.11									
须赤虾	0.54	0.67	55.56	0.65	0.88	33.33	0.04	0.19	22.22	0.11	0.33	22.22
鹰爪虾	0.80	1.61	55.56	7.21	11.43	77.78	0.31	0.91	100.00	1.53	5.96	88.89
疣背宽额虾	0.41	0.13	44.44				0.02	0.02	11.11			

续表

月份 种名	6月			8月			10月			11月		
	N（%）	W（%）	F（%）	N（%）	W（%）	F（%）	N（%）	W（%）	F（%）	N（%）	W（%）	F（%）
沼虾 sp.										1.00	0.34	22.22
中国毛虾	4.21	1.01	66.67	5.37	0.60	66.67	0.11	0.02	33.33	0.04	0.01	11.11
中国明对虾							0.03	0.54	33.33	0.05	0.83	22.22
中华管鞭虾	6.30	7.67	88.89	15.81	25.97	77.78	3.90	10.91	100.00	7.52	19.39	88.89
周氏新对虾	0.19	0.67	22.22	14.37	11.79	100.00	0.90	3.58	88.89	0.40	2.03	44.44

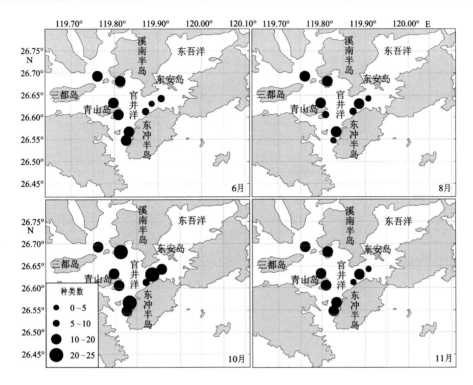

图 6-8　调查水域虾类种类数分布

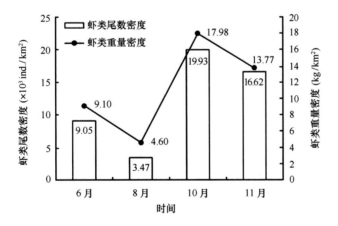

图 6-9　调查水域虾类重量、尾数密度变动趋势

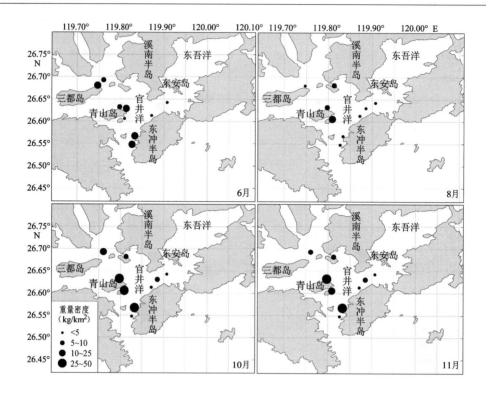

图 6-10　调查水域虾类重量密度分布（kg/km²）

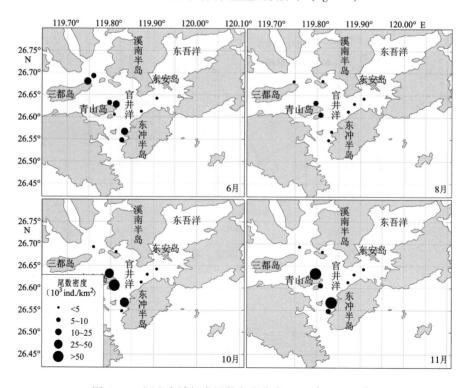

图 6-11　调查水域虾类尾数密度分布（×10³ ind./km²）

6.2.4　主要优势种相对重要性指数

从数据统计来看，葛氏长臂虾、细螯虾和中华管鞭虾的相对重要性指数 IRI 指数在各个月份都较高，在各月均大于 1 000。6 月哈氏仿对虾、细螯虾、扁足异对虾、葛氏长臂虾和中华管鞭虾出现率均高于 88%，且其 $N\%$ 和 $W\%$ 较高，所以 IRI 值较大，均大于 1 000；8 月葛氏长臂虾、中华管鞭虾、细螯虾、周氏新对虾、哈氏仿对虾、鹰爪虾 IRI 值大于 1 000，而以绿虾蛄最小仅 20.48；10 月和 11 月均以葛氏长臂虾和细螯虾的 IRI 值最大，其次是中华管鞭虾和口虾蛄（表 6-5）。

表 6-5　虾类主要优势种生态特征

时间	优势种	尾数密度 （×10³ ind/km²）	重量密度 （kg/km²）	N （%）	W （%）	F （%）	IRI
6 月	哈氏仿对虾	2.18	2.11	24.06	23.14	100.00	4 719.51
	细螯虾	2.13	0.57	23.55	6.27	100.00	2 981.91
	扁足异对虾	1.46	1.23	16.08	13.48	88.89	2 627.64
	葛氏长臂虾	1.21	0.97	13.37	10.71	88.89	2 140.00
	中华管鞭虾	0.57	0.70	6.30	7.67	88.89	1 241.97
	中国毛虾	0.38	0.09	4.21	1.01	66.67	348.04
	细巧仿对虾	0.32	0.35	3.48	3.90	77.78	574.16
	口虾蛄	0.21	1.48	2.34	16.28	66.67	1 240.90
	刀额新对虾	0.12	0.31	1.27	3.42	44.44	208.70
	窝纹网虾蛄	0.08	0.49	0.89	5.39	88.89	557.89
	鹰爪虾	0.07	0.15	0.80	1.61	55.56	133.52
	日本囊对虾	0.07	0.23	0.72	2.54	33.33	108.77
8 月	葛氏长臂虾	0.67	0.81	19.29	17.59	77.78	2 868.43
	中华管鞭虾	0.55	1.20	15.81	25.97	77.78	3 249.61
	细螯虾	0.51	0.09	14.80	1.97	88.89	1 490.46
	周氏新对虾	0.50	0.54	14.37	11.79	100.00	2 616.88
	哈氏仿对虾	0.40	0.52	11.53	11.37	77.78	1 781.18
	鹰爪虾	0.25	0.53	7.21	11.43	77.78	1 449.47
	中国毛虾	0.19	0.03	5.37	0.60	66.67	397.76
	细巧仿对虾	0.10	0.12	3.02	2.54	66.67	370.03
	扁足异对虾	0.08	0.10	2.17	2.21	22.22	97.29
	口虾蛄	0.06	0.35	1.79	7.67	66.67	631.08
	刀额仿对虾	0.05	0.08	1.36	1.68	33.33	101.49
	绿虾蛄	0.01	0.07	0.37	1.47	11.11	20.48

时间	优势种	尾数密度 （×10³ ind/km²）	重量密度 （kg/km²）	N （%）	W （%）	F （%）	IRI
	细螯虾	11.34	2.29	56.88	12.73	77.78	5 414.05
	葛氏长臂虾	5.93	8.48	29.76	47.17	100.00	7 692.54
	中华管鞭虾	0.78	1.96	3.90	10.91	100.00	1 481.75
10月	口虾蛄	0.42	2.66	2.11	14.81	100.00	1 691.87
	哈氏仿对虾	0.38	0.69	1.89	3.85	100.00	574.62
	细巧仿对虾	0.23	0.14	1.17	0.79	100.00	195.50
	周氏新对虾	0.18	0.64	0.90	3.58	88.89	398.57
	细螯虾	10.54	2.73	63.43	19.80	77.78	6 473.72
	葛氏长臂虾	3.00	4.26	18.05	30.96	100.00	4 900.98
	中华管鞭虾	1.25	2.67	7.52	19.39	88.89	2 392.06
	细巧仿对虾	0.42	0.34	2.50	2.46	100.00	495.83
11月	哈氏仿对虾	0.26	0.40	1.55	2.89	66.67	295.82
	鹰爪虾	0.25	0.82	1.53	5.96	88.89	665.46
	口虾蛄	0.19	1.49	1.17	10.83	77.78	933.66
	沼虾 sp.	0.17	0.05	1.00	0.34	22.22	29.92
	鲜明鼓虾	0.16	0.32	0.97	2.36	66.67	221.53

6.2.5　优势种资源密度对虾类总资源密度的贡献

表6-6表明，6月，虾类各优势种的尾数贡献均为0.1～0.5，而重量优势种贡献不均，哈氏仿对虾是主要贡献；8月尾数优势种中细螯虾较高，葛氏长臂虾有重量贡献；10月，尾数优势种细螯虾的贡献最大，重量优势种哈氏仿对虾，仅为0.92；11月细螯虾的尾数贡献最高，达0.68，葛氏长臂虾和细螯虾的重量贡献较高。

表 6-6　虾类优势种密度对总密度的贡献

时间	优势种	尾数			重量		
		β	t	P	β	t	P
6 月	扁足异对虾	0.25	13.85	0.000 8	−0.03	27.29	0.023 3
	刀额新对虾	0.35	31.94	0.000 1			
	葛氏长臂虾	0.38	18.50	0.000 3	0.35	355.07	0.001 8
	哈氏仿对虾	0.46	16.68	0.000 5	0.54	647.05	0.001 0
	中国毛虾	0.13	12.01	0.001 2	0.02	52.25	0.012 2
	口虾蛄				0.14	437.07	0.001 5
	日本囊对虾				0.23	350.67	0.001 8
	中华管鞭虾				0.06	60.55	0.010 5
8 月	细螯虾	0.68	11.12	0.000 0	0.18	3.28	0.022 0
	中华管鞭虾	0.47	7.75	0.000 2			
	葛氏长臂虾				0.86	15.36	0.000 0
	口虾蛄				0.45	8.81	0.000 3
10 月	葛氏长臂虾	0.32	55.09	0.000 0			
	细螯虾	0.92	127.78	0.000 0			
	细巧仿对虾	0.04	5.91	0.004 1			
	中华管鞭虾	0.03	4.31	0.012 5			
	哈氏仿对虾				0.95	8.19	0.000 1
11 月	细螯虾	0.68	36.95	0.000 0	0.31	69.48	0.000 2
	沼虾 sp.	0.37	19.74	0.000 0			
	葛氏长臂虾				0.40	73.91	0.000 2
	哈氏仿对虾				0.14	55.52	0.000 3
	鹰爪虾				0.05	31.44	0.001 0
	中华管鞭虾				0.23	70.58	0.000 2
	周氏新对虾				0.10	40.27	0.000 6

6.2.6　虾类主要优势种生态学特征

口虾蛄（*Oratosquilla oratoria*）：属于口足类，虾蛄科，口虾蛄属。别名虾蛄、虾拨弹、虾救弹。是一种经济价值较高的海产品，个体较大，肉味鲜美，既可鲜食又可制成甲壳素。口虾蛄是一种广分布、暖温性、多年生的大型甲壳动物。广泛分布于我国渤海、黄海、东海、南海及朝鲜、日本近海，在潮间带也是常见种。

扁足异对虾（*Atypopenaeus stenodactylus*）：对虾科，异对虾属。分布于日本、印度尼西亚、印度、缅甸、马来西亚、澳大利亚、中国的东海和南海。为东海常见种，拖虾生产常有捕获。栖息于水深 20~80 m 的海域，底质为黏土质软泥和粉沙质黏土软泥。

中华管鞭虾（*Solenocera crassicornis*）：俗称红虾，管鞭虾科。体表呈浅橘红色。各腹节后缘有红色横带。尾扇后半部呈红色。眼甚大。第一触角上鞭较狭，稍长于下鞭。上下两鞭合成半纵管，以此左右鞭相连接合成一管状。体长 28~82 mm。分布于东海以南的浅海，为亚热带、热带暖水品种。栖息在泥质或泥沙质海域。每年10 月至翌年的 2 月为捕获期，占全年产量的 1/5。

细螯虾（*Leptochela gracilis*）：俗称麦秆虾、钩子虾、铜管子。体长为 25~45 mm 的小型虾类，体甚透明，甲壳较硬，遍布稀疏的红色小点。分布于朝鲜、日本、中国的渤海、黄海、东海和南海。为河口性种类，能适应较低的温度环境，主要分布在 20 m 以浅的沿海，常与毛虾混栖，是东海内侧海域的优势种，夏季是沿岸性定置张网的重要捕获种类之一。

哈氏仿对虾（*Parapenaeopsis hardwickii*）：俗称滑皮虾、青虾、硬壳虾。雌虾个体大于雄虾，雌性明显多于雄性。繁殖期 5—9 月，高峰期 6—7 月。属近岸暖水种，栖息于水温 8~25℃、盐度 25~34 的海域，即在沿岸低盐水域和低盐水与外海高盐水交汇的混合水域，在盐度 34 以上的高盐水海域基本没有分布，属广温广盐性虾类。分布于印度、马来西亚、加里曼丹、新加坡、日本及中国的黄海南部、东海和南海。

葛氏长臂虾（*Palaemon gravieri*）：俗称桃红虾，属于长臂虾科。体形较短，步足细长。额狭长，上缘基部平直，末端甚细，稍向上翘。第 1 和第 2 步足甚长，末端钳状。体淡黄色，具有棕红色斑纹，体长 4~6 cm，是中国和朝鲜近海的特有种。东海主要分布于 30°00′N 以北海域。30°00′N 以南海域，数量大大减少，只有在沿岸水域有少量分布。春夏季葛氏长臂虾从外侧海域进入沿岸浅水海区产卵，在长江口、江苏沿岸、浙江北部岛屿周围水域分布比较密集。秋冬季，当年生群体分布在外侧深水海域索饵越冬，在 30°00′N 以北海域广为分布。

6.2.7　虾类多样性指数值平面分布

由图 6-12 来看，虾类各月重量和尾数多样性均值为 1.8~2.8，变化趋势基本一致。6 月虾类重量多样性最高，为 2.70，尾数多样性也较高，为 2.29；8 月的尾数多样性最高，为 2.53，重量多样性为 2.35；10 月与 6 月和 8 月相比多样性稍低，重量多样性为 2.37，尾数多样性为 2.21；11 月的多样性最低，重量多样性为 2.20，尾数多样性为 1.85。

从图 6-13 和图 6-14 来看，11 月多样性分布不均，7#站的重量和尾数多样性指数较低，小于 1，3#站的多样性指数较高，均在 3 以上；6 月和 8 月其他各站分布均

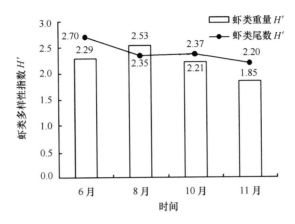

图 6-12　2010 年调查水域虾类重量、尾数多样性指数（H'）变动趋势

匀，均在 1~3；10 月各站多样性指数较均匀，4#站和 6#站多样性较低。

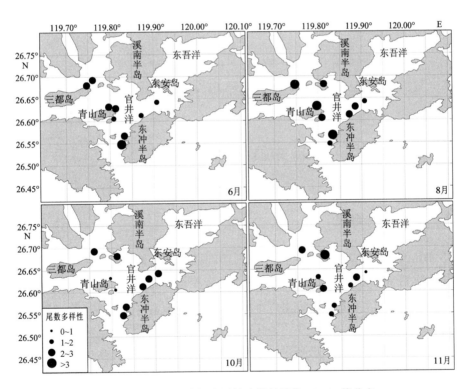

图 6-13　调查水域虾类尾数多样性指数（H'）值分布

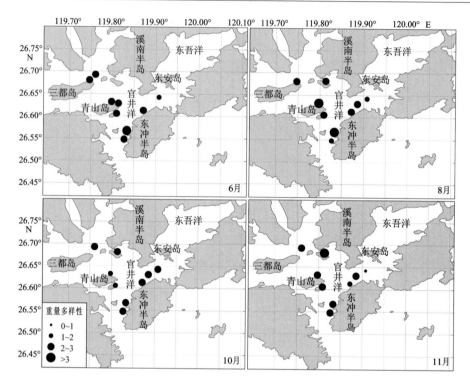

图 6-14　调查水域虾类重量多样性指数（H'）值分布

6.3　蟹类数量时空分布特征和多样性分析

6.3.1　蟹类种类组成

自 2010 年 6—11 月调查期间，共鉴定出现蟹类 19 种。6 月鉴定蟹类 13 种，8 月鉴定蟹类 11 种，10 月鉴定蟹类 11 种，11 月鉴定蟹类 8 种。

从表 6-7 来看，6 月双斑蟳出现率最高，为 100%，且重量和尾数百分比也是最高，远远超过了其他种类。8 月纤手梭子蟹出现率和尾数百分比均是最高，分别为 100% 和 29.64%，红星梭子蟹所占的重量百分比最大。10 月日本蟳和纤手梭子蟹有很高的出现率，日本蟳的重量和尾数百分比也居前两位。11 月双斑蟳的出现率、重量和尾数百分比均是最高。

表 6-7　调查水域蟹类种类组成与出现率

种名	6月			8月			10月			11月		
	W（%）	N（%）	F（%）	W（%）	N（%）	F（%）	W（%）	N（%）	F（%）	W（%）	N（%）	F（%）
变态蟳	2.00	1.58	66.67	6.53	10.18	44.44						
红线黎明蟹	0.31	0.15	22.22									
红星梭子蟹	2.05	2.30	77.78	38.43	26.31	77.78	42.96	28.03	88.89	16.20	3.26	88.89
锯缘青蟹										0.20	0.05	11.11
隆线强蟹							0.13	0.21	22.22			
矛形梭子蟹	8.25	12.93	77.78	0.93	1.68	44.44	0.71	2.13	77.78	0.81	1.30	55.56
模糊新短眼蟹							0.03	0.58	11.11			
日本关公蟹	0.63	0.16	33.33	0.60	0.14	11.11	0.62	0.45	11.11			
日本蟳	4.88	0.49	44.44	12.76	14.88	66.67	42.41	48.13	100.00	5.94	2.72	66.67
锐齿蟳	0.01	0.03	11.11							1.22	0.41	22.22
三疣梭子蟹	18.71	20.40	88.89	5.23	3.44	55.56	4.06	5.80	77.78	1.20	1.98	66.67
双斑蟳	59.11	53.71	100.00	9.11	12.87	55.56	0.24	0.94	33.33	73.25	88.78	100.00
贪精武蟹	3.03	5.21	77.78				0.23	0.29	11.11			
狭额绒螯蟹	0.05	0.14	11.11									
纤手梭子蟹	0.94	2.71	77.78	25.09	29.64	100.00	6.84	12.59	100.00	1.17	1.49	88.89
锈斑蟳				0.40	0.31	11.11	1.76	0.84	66.67			
银光梭子蟹		0.14	0.14	0.31	11.11							
拥剑梭子蟹	0.03	0.17	11.11									
远海梭子蟹			0.785 652	0.225 94	11.1111 11							

6.3.2 蟹类种类数的平面分布

调查期间蟹类种类数分布不均，6月，平均各站7种，最高出现在1#站，为11种，最低的9#站仅2种；8月平均4.8种，2#站最高为9种，7#站和9#站均出现1种；10月平均为6种，种类数在各站之间分布较为均匀；11月平均各站种类数5种，10#站出现最高值8种，7#站和9#站均出现2种（图6-15）。

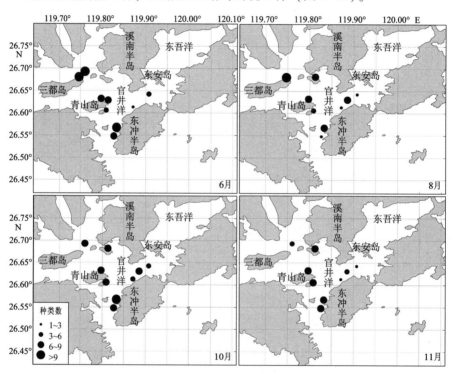

图6-15 调查水域蟹类种类数分布

6.3.3 蟹类密度的变动和分布

从图6-16来看，调查期间，11月和6月的蟹类重量密度较高，分别为20.4 kg/km² 和19.08 kg/km²，8月最低，仅6.65 kg/km²；尾数密度最高为6月，最低为8月。原因可能在于，6月大多是蟹类的索饵季节，大量蟹类从外海游向该区在此索饵；而8月该区蟹类分散索饵，10月和11月，大多蟹类开始做越冬洄游，故此时要比8月有一定的产量。

从图6-17和图6-18来看，蟹类重量密度分布和尾数密度分布不太平均，东冲半岛西部至官井洋水域的密度分布较高，尤其是东冲半岛西部的10#站和11#站位，往往是重量和尾数的高值点。

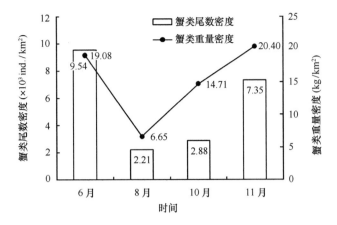

图 6-16 2010 年调查水域蟹类重量、尾数密度变动趋势

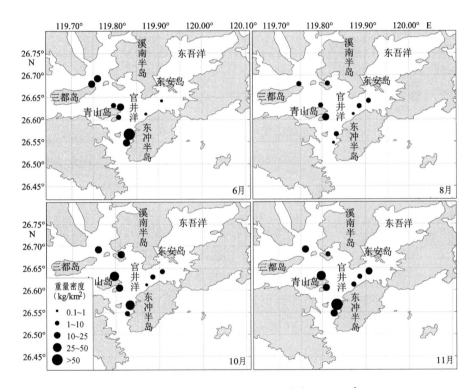

图 6-17 调查水域蟹类重量密度分布（kg/km²）

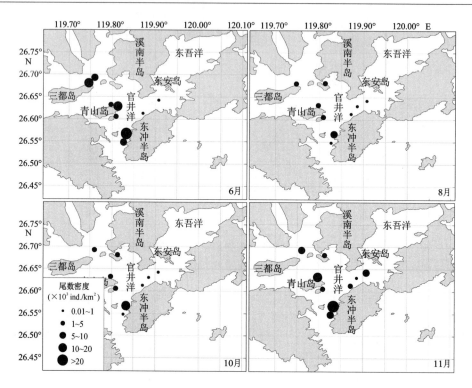

图 6-18　调查水域蟹类尾数密度分布（×10³ ind./km²）

6.3.4　主要优势种相对重要性指数

从数据统计来看，6 月和 11 月双斑蟳的 *IRI* 指数远远大于其他种，其尾数和重量百分比、出现率均是 6 月和 11 月优势种中最高值。8 月的纤手梭子蟹和红星梭子蟹的 *IRI* 值也远高于其他种，两个物种的出现频率也是 8 月优势种的最高值。10 月的日本蟳和红星梭子蟹的相对重要性指数居前两位（表 6-8）。

表 6-8 蟹类主要优势种生态特征

月份	优势种	尾数密度 （×10³ ind./km²）	重量密度 （kg/km²）	N（%）	W（%）	F（%）	IRI
6月	双斑蟳	5.12	11.28	53.71	59.11	100.00	11 282.77
	三疣梭子蟹	1.95	3.57	20.40	18.71	88.89	3 476.39
	矛形梭子蟹	1.23	1.57	12.93	8.25	77.78	1 647.36
	贪精武蟹	0.50	0.58	5.21	3.03	77.78	640.86
	红星梭子蟹	0.22	0.39	2.30	2.05	77.78	338.36
	纤手梭子蟹	0.26	0.18	2.71	0.94	77.78	284.41
	日本蟳	0.05	0.93	0.49	4.88	44.44	238.59
	变态蟳	0.15	0.38	1.58	2.00	66.67	238.54
8月	纤手梭子蟹	0.66	1.67	29.64	25.09	100.00	5 472.52
	红星梭子蟹	0.58	2.56	26.31	38.43	77.78	5 035.51
	日本蟳	0.33	0.85	14.88	12.76	66.67	1 842.78
	双斑蟳	0.28	0.61	12.87	9.11	55.56	1 221.11
	变态蟳	0.23	0.43	10.18	6.53	44.44	742.67
	三疣梭子蟹	0.08	0.35	3.44	5.23	55.56	481.64
	矛形梭子蟹	0.04	0.06	1.68	0.93	44.44	116.28
10月	日本蟳	1.39	6.24	48.13	42.41	100.00	9 053.74
	红星梭子蟹	0.81	6.32	28.03	42.96	88.89	6 310.44
	纤手梭子蟹	0.36	1.01	12.59	6.84	100.00	1 943.65
	三疣梭子蟹	0.17	0.60	5.80	4.06	77.78	766.70
	矛形梭子蟹	0.06	0.10	2.13	0.71	77.78	221.39
	锈斑蟳	0.02	0.26	0.84	1.76	66.67	173.26
11月	双斑蟳	6.52	14.94	88.78	73.25	100.00	16 202.74
	红星梭子蟹	0.24	3.31	3.26	16.20	88.89	1 730.21
	日本蟳	0.20	1.21	2.72	5.94	66.67	577.36
	纤手梭子蟹	0.11	0.24	1.49	1.17	88.89	236.96
	三疣梭子蟹	0.15	0.24	1.98	1.20	66.67	212.24
	矛形梭子蟹	0.10	0.16	1.30	0.81	55.56	117.34
	锐齿蟳	0.03	0.25	0.41	1.22	22.22	36.36

6.3.5 优势种资源密度对蟹类总资源密度的贡献

表6-9表明，6月，蟹类各优势种的尾数贡献不均，除双斑鲟0.58外，其余都在0.5以下，重量优势种贡献与尾数贡献相似，双斑鲟是主要贡献种；8月的尾数优势种和重量优势种的贡献都低于0.5；10月日本鲟的尾数贡献明显，为0.72，其他优势种的尾数和重量贡献都小于0.5；11月双斑鲟的尾数和重量贡献最高，分别为0.88和0.77，超过其他优势种贡献之和。

表6-9 蟹类优势种密度对总密度的贡献

时间	优势种	尾数			重量		
		β	t	p	β	t	p
6月	双斑鲟	0.58	10.60	0.000 4	0.78	41.59	0.000 0
	三疣梭子蟹	0.26	20.26	0.000 0	0.26	32.47	0.000 0
	矛形梭子蟹	0.20	5.21	0.006 5	0.07	4.25	0.013 1
	贪精武蟹	0.08	3.19	0.033 1			
	日本鲟				0.06	9.33	0.000 7
8月	纤手梭子蟹	0.28	20.33	0.000 3	0.35	16.37	0.000 5
	红星梭子蟹	0.21	11.82	0.001 3	0.31	18.57	0.000 3
	日本鲟	0.16	11.70	0.001 3	0.17	19.91	0.000 3
	变态鲟	0.30	19.53	0.000 3	0.16	8.68	0.003 2
	三疣梭子蟹	0.15	8.79	0.003 1	0.10	9.74	0.002 3
10月	日本鲟	0.72	31.78	0.000 0	0.46	98.73	0.000 0
	红星梭子蟹	0.24	12.71	0.000 1	0.46	120.96	0.000 0
	纤手梭子蟹	0.11	6.27	0.001 5	0.09	33.58	0.000 0
	三疣梭子蟹				0.10	56.01	0.000 0
11月	双斑鲟	0.88	136.74	0.000 0	0.77	86.88	0.000 0
	红星梭子蟹	0.04	8.82	0.003 1	0.21	23.73	0.000 0
	三疣梭子蟹	0.10	14.97	0.000 6	0.07	3.47	0.025 6
	纤手梭子蟹	0.02	5.23	0.013 6			
	矛形梭子蟹	0.04	4.82	0.017 0			
	日本鲟				0.12	7.79	0.001 5

6.3.6 蟹类主要优势种的生态学特征

日本鲟 (*Charybdis japonica*)：属梭子蟹科、梭子蟹亚科、鲟属，别名靠山红、石鲟仔、海鲟和石蟹等，是一种大型海产食用蟹类，生活于潮间带至水深10~15 m

有水草、泥沙的水底或潜伏于石块下，属沿岸定居性种类，广泛分布于我国沿海及日本、朝鲜、东南亚等沿海岛礁区及浅海水域。具有较高的经济价值。

双斑蟳（*Charybdis bimaculata*）：双斑蟳属于蟳属，为小型蟳类，表面背面密生短毛，呈浅褐色，因在中鳃区各有一黑色小斑点而得名。前侧缘分六齿，第六齿略长于前五齿。栖息于近岸浅海，或在水深 20~430 m 的泥质、沙质或泥沙混合而多碎贝壳的海底上。国内分布于黄海、东海。

红星梭子蟹（*Portunus sanguinolentus*）：为梭子蟹科梭子蟹属的动物。分布于日本、夏威夷、菲律宾、澳大利亚、新西兰、马来群岛、印度洋直至南非沿海的整个印度太平洋暖水区以及中国的广西、广东、福建和台湾岛等地，生活环境为海水，多见于 10~30 m 深的泥沙质海底。

三疣梭子蟹（*Portunus trituberculatus*）：为梭子蟹科梭子蟹属的动物。分布于日本、朝鲜、马来群岛、红海以及中国的广西、广东、福建、浙江、山东半岛、渤海湾、辽宁半岛等地，生活环境为海水，常生活于 10~30 m 的沙泥或沙质海底。其生存的海拔范围为−30~−10 m。

纤手梭子蟹（*Portunus gracilimanus*）：为梭子蟹科梭子蟹属的动物。分布于澳大利亚、新西兰、菲律宾、马来西亚、安达曼以及中国的广西、海南岛、福建等地，生活环境为海水，常生活于沙质或沙泥质的浅海底。

6.3.7　蟹类多样性的平面分布

由图 6-19 来看，10 月的多样性指数均值最高，6 月和 8 月的多样性指数相近，最低为 11 月。但由于 4 个月蟹类种类数较少，蟹类多样性指数在各个站位间分布较为平均，但均低于 2（图 6-20 和图 6-21）。

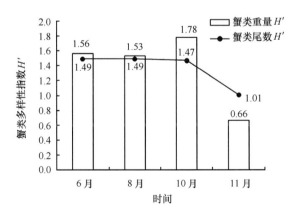

图 6-19　2010 年调查水域蟹类重量、尾数多样性指数（H'）变动趋势

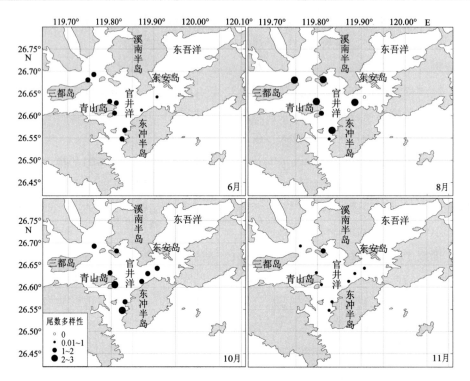

图6-20　2010年调查水域蟹类尾数多样性指数（H'）值分布

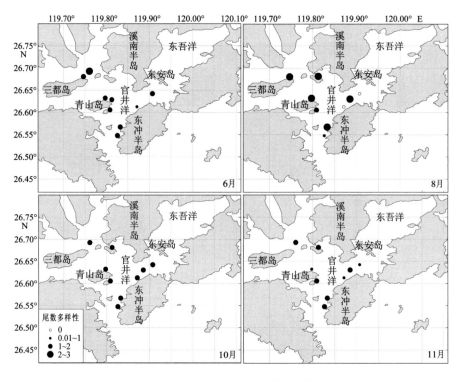

图6-21　2010年调查水域蟹类重量多样性指数（H'）值分布

6.4　大黄鱼繁殖保护区和邻近其他海域资源的比较分析

从调查结果来看（表6-10），2010年6月鱼卵出现种类是鲽形目、鲱形目、鲈形目和鳗鲡目种类；仔鱼出现种类是刺鱼目、颌针鱼目、银汉鱼目、鲈形目和鲱形目。其中保护区鱼卵出现种类是鲽形目、鲱形目和鲈形目；仔鱼出现种类是鲈形目和鲱形目。保护区外鱼卵出现种类是鳗鲡目、鲱形目和鲈形目种类；仔鱼出现种类是刺鱼目、颌针鱼目、银汉鱼目、鲈形目和鲱形目。外浒鱼卵出现种类是鲽形目、鲱形目和鲈形目种类；仔鱼出现种类是鲈形目。

比较保护区和保护区外站位，保护区内站位鱼卵种类数较保护区外多4种。

表 6-10　6月调查水域鱼卵和仔鱼种类数

目	科	种名	2010年6月					
			鱼卵			仔鱼		
			保护区	保护区外	外浒	保护区	保护区外	外浒
鲱形目	鲱科	鲱科	√					
		脂眼鲱	√	√				
		鲱科				√		
		金色小沙丁鱼				√	√	
		小公鱼属	√	√	√		√	
颌针鱼目	颌针鱼目	圆颌针鱼					√	
鲈形目	鳂科	鳂属	√	√				
	带鱼科	小带鱼	√					
	鲷科	黑鲷	√	√				
	鲷科	鲷科					√	
	鳄齿鱼科	鳄齿鱼	√					
	鲹科	斑点马鲛	√			√		
		鲐鱼	√	√				√
	石首鱼科	大黄鱼	√	√	√	√		
		石首鱼科		√		√	√	
	鳚科	美肩鳃鳚				√		
		鳚科					√	
		少鳞鳝				√		
	虾虎鱼科	虾虎鱼科				√	√	
	鲆科	梭鱼	√					
鳗鲡目	蛇鳗科	蛇鳗科		√				

续表

目	科	种名	2010 年 6 月					
			鱼卵			仔鱼		
			保护区	保护区外	外浒	保护区	保护区外	外浒
银汉鱼目	银汉鱼科	白氏银汉鱼					√	
刺鱼目	海龙科	粗吻海龙鱼					√	
鲽形目	舌鳎科	焦氏舌鳎	√		√			
		未定种	√	√				
		未定种 3				√	√	

2010 年 6 月垂直网鱼卵和仔鱼调查共采集到 165 粒鱼卵和 31 尾仔鱼。其中保护区中采集到 63 粒鱼卵和 12 尾仔鱼，保护区外采集到 102 粒鱼卵和 19 尾仔鱼，外浒水域未采集到鱼卵和仔鱼。其中鱼卵中优势种为虾虎鱼科，仔鱼的优势种为美肩鳃鳚（*Omobranchus elegans*）（表 6-11）。

表 6-11　6 月垂直网鱼卵和仔鱼数量分布

目	科	种名	2010 年 6 月					
			鱼卵（粒）			仔鱼（尾）		
			保护区	保护区外	外浒	保护区	保护区外	外浒
刺鱼目	海龙科	粗吻海龙鱼					1	
鲽形目	舌鳎科	焦氏舌鳎	3					
鲱形目	鲱科	鲱科	1			1		
		金色小沙丁鱼			2	1		
		脂眼鲱	1	16				
	鳀科	小公鱼属		36				
	鲥科	鲥属	3	1				
鲈形目	鲷科	鲷科					3	
		黑鲷	26	10				
	鲭科	斑点马鲛	1					
	石首鱼科	大黄鱼				2		
		石首鱼科				2	1	
	鳚科	美肩鳃鳚				2	9	
		鳚科					3	
	鳀科	少鳞鱚				1		
虾虎鱼科	虾虎鱼科	虾虎鱼科	28	38				
鳗鲡目	蛇鳗科	蛇鳗科		1				
		未定种 3				2	1	
合计			63	102	0	12	19	0

2010 年 6 月水平网鱼卵和仔鱼调查中共采集到 730 粒鱼卵和 55 尾仔鱼。其中保护区中采集到 343 粒鱼卵和 10 尾仔鱼，保护区外采集到 379 粒鱼卵和 44 尾仔鱼，外浒水域采集到 8 粒鱼卵和 1 尾仔鱼。其中鱼卵中优势种为黑鲷和小公鱼属，仔鱼的优势种为美肩鳃鳚 （*Omobranchus elegans*） （表 6-12）。

表 6-12　6 月水平网鱼卵和仔鱼数量分布

目	科	种名	2010 年 6 月					
			鱼卵（粒）			仔鱼（尾）		
			保护区	保护区外	外浒	保护区	保护区外	外浒
鲽形目	舌鳎科	焦氏舌鳎	6		1			
鲱形目	鳀科	小公鱼属	1	216	6		1	
	鲱科	脂眼鲱	4	98				
颌针鱼目	颌针鱼目	圆颌针鱼					1	
鲈形目	鲬科	鲬属	10	5				
	带鱼科	小带鱼	2					
	鲷科	黑鲷	204	37				
	鳄齿鱼科	鳄齿鱼	26					
	鲭科	斑点马鲛				2		
		鲐鱼	77	9				1
	石首鱼科	大黄鱼	1	4	1	1		
		石首鱼科		2				
	鳚科	美肩鳃鳚				4	35	
	虾虎鱼科	虾虎鱼科				3	7	
	舒科	梭鱼	2					
银汉鱼目	银汉鱼科	白氏银汉鱼		3				
		未定种	10	5				
合计			343	379	8	10	44	1

2010 年 8 月调查水平和垂直拖网采集的样品共鉴定鱼卵为 4 目 7 科 10 种和 1 未定种，仔鱼为 4 目 8 科 12 种和 1 未定种。其中，保护区鉴定鱼卵为 3 目 6 科 8 种和 1 未定种，仔鱼为 1 目 3 科 5 种；保护区外鉴定鱼卵为 1 目 1 科 9 种，仔鱼为 4 目 8 科 10 种和 1 未定种；外浒鉴定鱼卵为 1 目 1 科 1 种和 1 未定种，仔鱼为 1 目 2 科 2 种 （表 6-13）。

从调查结果来看 （表 6-13），2010 年 8 月鱼卵出现种类是鲻形目、鲽形目、灯笼鱼目和鲈形目种类；仔鱼出现种类是鲻形目、银汉鱼目、鲱形目和鲈形目。其中保护区鱼卵出现种类是鲻形目、鲽形目、灯笼鱼目和鲈形目种类；仔鱼出现种类是鲈形目。保护区外鱼卵出现种类是鲽形目；仔鱼出现种类是鲻形目、银汉鱼目、鲱形目和鲈形目。外浒鱼卵出现种类是鲻形目；仔鱼出现种类是鲈形目。

表 6-13　8 月鱼卵和仔鱼的种类组成

目	科	种名	2010 年 8 月					
			鱼卵			仔鱼		
			保护区	保护区外	外浒	保护区	保护区外	外浒
灯笼鱼目	狗母鱼科	长蛇鲻	√					
鲽形目	舌鳎科	焦氏舌鳎	√					
		舌鳎	√					
鲱形目	鳀科	中华小公鱼				√		
鲈形目	鲾科	鲾属	√					
	带鱼科	带鱼	√					
		小带鱼	√					
	鲷科	黑鲷	√					
	鲭科	鲐鱼				√		
	石首鱼科	白姑鱼			√	√		
		大黄鱼	√					√
		棘头梅童鱼			√			
	鳚科	肩鳃鳚属			√	√		
		美肩鳃鳚			√	√	√	
	鳕科	少鳞鳕				√		
	虾虎鱼科	虾虎鱼科			√	√		
银汉鱼目	银汉鱼科	白氏银汉鱼				√		
鲻形目	舒科	舒属				√		
鲻形目	鲻科	鲻属	√		√			
		未定种	√					
		未定种 3					√	

2010 年 8 月垂直网鱼卵和仔鱼调查共采集到 7 粒鱼卵和 68 尾仔鱼。其中保护区中采集到 7 粒鱼卵和 42 尾仔鱼，保护区外采集 24 尾仔鱼，外浒水域未采集到鱼卵和 2 尾仔鱼。其中鱼卵中优势为长蛇鲻，仔鱼的优势种为虾虎鱼科（表 6-14）。

2010 年 8 月水平网鱼卵和仔鱼调查中共采集到 82 粒鱼卵和 6 尾仔鱼。其中保护区中采集到 80 粒鱼卵和 4 尾仔鱼，保护区外采集到 1 粒鱼卵和 1 尾仔鱼，外浒水域采集到 1 粒鱼卵和 1 尾仔鱼。其中鱼卵中优势种为黑鲷，仔鱼的优势种为美肩鳃鳚（*Omobranchus elegans*）（表 6-15）。

表 6-14　8 月垂直网鱼卵和仔鱼数量分布

目	科	种名	2010 年 8 月					
			鱼卵（粒）			仔鱼（尾）		
			保护区	保护区外	外浒	保护区	保护区外	外浒
灯笼鱼目	狗母鱼科	长蛇鲻	3					
鲱形目	鳀科	中华小公鱼					1	
鲈形目	鲾科	鲾属	1					
	带鱼科	带鱼	1					
		小带鱼	1					
	鲭科	鲐鱼					1	
	石首鱼科	白姑鱼				2	1	
		大黄鱼	1					
		棘头梅童鱼				2		
	鰧科	美肩鳃鰧				3	5	2
	鳚科	少鳞鳚					1	
	虾虎鱼科	虾虎鱼科				35	11	
银汉鱼目	银汉鱼科	白氏银汉鱼					1	
鲉形目	鲬科	鲬属					1	
		未定种 3					2	
合计			7	0	0	42	24	2

表 6-15　8 月水平网鱼卵和仔鱼数量分布

目	科	种名	2010 年 8 月					
			鱼卵（粒）			仔鱼（尾）		
			保护区	保护区外	外浒	保护区	保护区外	外浒
灯笼鱼目	狗母鱼科	长蛇鲻	14					
鲽形目	舌鳎科	焦氏舌鳎		1				
		舌鳎	3					
鲈形目	鲾科	鲾属	3					
	石首鱼科	大黄鱼	2					1
	鲷科	黑鲷	41					
	鰧科	肩鳃鰧属				3	1	
	虾虎鱼科	虾虎鱼科				1		
鲉形目	鲉科	鲉属	6		1			
		未定种	11					
合计			80	1	1	4	1	1

6.5　鱼类资源结构分析

6.5.1　鱼类种类组成

2010 年 6 月调查共鉴定出鱼类 74 种。其中，官井洋大黄鱼繁殖保护区内鉴定鱼类 51 种，保护区外鉴定鱼类 44 种，外浒鉴定鱼类 44 种。

2010 年 8 月调查共鉴定出鱼类 88 种。其中，官井洋大黄鱼繁殖保护区内鱼类 60 种，保护区外鱼类 61 种，外浒鱼类 43 种。

从表 6-16 中可见，2010 年 6 月官井洋大黄鱼繁殖保护区外白姑鱼的重量和尾数百分比最高。由于站位较少，故种类出现率都比较高。保护区内白姑鱼的尾数百分比最高，大黄鱼的重量百分比最高。外浒的大黄鱼出现率、重量和尾数百分比均是最高。

表 6-16　2010 年 6 月三沙湾鱼类种类组成与出现率

种名	保护区外			保护区内			外浒		
	W（%）	N（%）	F（%）	W（%）	N（%）	F（%）	W（%）	N（%）	F（%）
白姑鱼	51.00	63.54	100.00	16.28	32.46	100.00	6.58	9.90	100.00
斑鰶	0.33	0.04	50.00	7.52	1.44	28.57	0.21	0.17	33.33
斑鳍天竺鱼	0.03	0.02	50.00						
斑头舌鳎	0.29	0.22	50.00	0.04	0.03	28.57			
赤鼻棱鳀				0.06	0.06	14.29			
赤刀鱼 sp.	0.05	0.04	50.00						
赤魟							3.49	0.11	33.33
大黄鱼	25.97	18.19	100.00	34.59	14.06	100.00	25.56	25.56	100.00
大鳍蚓鳗	0.09	0.04	50.00						
带纹条鳎	0.02	0.10	100.00	0.05	0.25	57.14	0.00	0.06	16.67
带鱼	0.21	0.50	100.00	0.02	0.02	14.29	0.49	0.11	33.33
刀鲚	0.08	0.02	50.00						
短吻舌鳎	0.00	0.02	50.00	0.02	0.02	14.29	0.63	0.17	16.67
二长棘鲷	0.03	0.02	50.00						
绯鲻	0.03	0.19	100.00	0.07	0.28	57.14			
凤鲚	1.62	0.27	100.00	0.03	0.03	14.29	0.30	0.23	50.00

种名	保护区外			保护区内			外浒		
	W（%）	N（%）	F（%）	W（%）	N（%）	F（%）	W（%）	N（%）	F（%）
光魟							1.52	0.06	16.67
海鳗	0.84	0.22	100.00				0.70	0.17	33.33
汉氏棱鳀	0.14	0.22	50.00	0.36	0.03	14.29			
褐菖鲉	0.07	0.13	100.00	0.09	0.28	71.43	0.22	0.17	33.33
黑鲷							1.79	0.06	16.67
横带髭鲷	0.86	1.82	100.00	0.11	0.36	57.14			
横纹东方鲀	0.27	0.15	100.00	0.06	0.14	42.86			
黄鳍鲷	0.36	0.06	50.00						
棘头梅童鱼	4.00	0.51	100.00	2.63	4.97	71.43	1.37	0.51	83.33
尖尾鳗	0.17	0.04	100.00	0.16	0.26	71.43			
焦氏舌鳎	0.27	0.09	50.00	0.33	0.21	71.43	0.14	0.11	16.67
锯塘鳢	1.09	0.76	100.00	0.15	0.13	28.57	0.05	0.06	16.67
康氏小公鱼	0.20	0.42	100.00	1.72	4.25	57.14			
孔虾虎鱼	1.01	0.61	100.00	1.56	1.11	71.43	6.33	8.48	100.00
宽体舌鳎	0.00	0.02	50.00						
眶棘双边鱼	1.66	2.96	28.57						
拉氏狼牙虾虎鱼	0.31	0.13	50.00	0.28	0.25	57.14	13.30	19.53	100.00
莱氏舌鳎	0.80	0.35	50.00	0.01	0.02	14.29	0.53	0.45	50.00
蓝圆鲹				0.28	0.58	57.14			
棱鲹	0.15	0.49	100.00	12.99	11.44	85.71	0.01	0.11	16.67
列牙鲕	0.18	0.04	50.00						
龙头鱼	0.04	0.02	50.00	3.53	1.14	71.43	0.32	0.17	33.33
麦氏犀鳕	0.03	0.06	100.00	0.01	0.17	42.86			
鳗鲡幼体	0.01	0.34	50.00	0.01	0.30	42.86			
矛尾虾虎鱼	0.92	2.39	100.00	0.90	4.57	85.71	0.06	0.17	33.33
鮸							2.38	1.30	100.00
拟矛尾虾虎鱼							0.04	0.06	16.67
皮氏叫姑鱼	0.62	0.09	50.00	0.04	0.01	14.29	7.58	5.49	100.00
前肛鳗	0.19	0.02	50.00						

种名	保护区外			保护区内			外浒		
	W（%）	N（%）	F（%）	W（%）	N（%）	F（%）	W（%）	N（%）	F（%）
青鳞小沙丁鱼	0.05	0.02	50.00	1.58	0.73	28.57	0.21	0.11	16.67
日本单鳍电鳐							0.83	0.17	33.33
日本海马				0.01	0.03	14.29			
日本康吉鳗	0.01	0.02	50.00	0.00	0.03	14.29			
少鳞舌鳎				0.04	0.02	14.29	1.16	0.57	100.00
食蟹豆齿鳗	0.41	0.26	100.00	0.05	0.05	42.86	0.04	0.51	66.67
双斑舌鳎							0.24	0.06	16.67
丝背细鳞鲀	0.34	0.29	100.00	0.07	0.04	28.57	8.30	8.45	100.00
条尾绯鲤	0.28	1.51	100.00	0.46	2.62	100.00	0.00	0.06	16.67
条纹斑竹鲨							0.37	0.06	16.67
香鲥				0.00	0.02	14.29			
小带鱼	0.27	0.82	100.00	0.39	0.75	85.71	1.00	0.84	33.33
小鳞舌鳎							0.25	0.06	16.67
小头栉孔虾虎鱼	0.00	0.02	50.00	0.01	0.06	28.57			
小眼绿鳍鱼	0.33	0.06	100.00	0.01	0.06	28.57	0.06	0.06	16.67
斜带髭鲷	0.07	0.02	50.00						
须蓑鲉	0.05	0.09	50.00						
牙鲆	0.10	0.04	50.00						
银鲳	3.79	3.84	100.00	5.05	5.72	85.71	0.81	1.19	66.67
鲕				0.04	0.10	14.29	0.39	0.11	16.67
窄体舌鳎	0.02	0.06	50.00	0.06	0.12	42.86	0.82	0.79	66.67
脂眼鲱				0.04	0.03	14.29			
中国花鲈	0.46	0.31	100.00	0.32	0.18	42.86	10.30	12.28	100.00
中颌棱鳀	0.98	0.26	100.00	3.23	1.07	28.57	0.92	0.90	66.67
中华尖牙虾虎鱼	0.01	0.02	50.00				0.13	0.11	16.67
中华小公鱼	1.58	6.00	57.14						
竹筴鱼				0.03	0.01	14.29			
髭缟虾虎鱼	0.54	0.18	50.00	0.19	0.16	28.57	0.28	0.34	66.67
鲻	1.27	0.37	28.57				0.18	0.06	16.67

续表

种名	保护区外			保护区内			外浒		
	W（%）	N（%）	F（%）	W（%）	N（%）	F（%）	W（%）	N（%）	F（%）
紫斑舌鳎							0.07	0.06	16.67

　　2010 年 8 月官井洋大黄鱼繁殖保护区内大黄鱼出现率最高，为 100%，且重量和尾数百分比也是最高。保护区外白姑鱼的重量和尾数百分比也较高，重量百分比仅次于大黄鱼。由于布设站位较少，故种类出现率都比较高。外浒的白姑鱼和大黄鱼的出现率、重量和尾数百分比均较高（表 6-17）。

表 6-17　2010 年 8 月三沙湾鱼类种类组成与出现率

种名	保护区外			保护区内			外浒		
	W（%）	N（%）	F（%）	W（%）	N（%）	F（%）	W（%）	N（%）	F（%）
白姑鱼	11.66	12.81	100	2.9	2.56	42.86	15.94	20.98	100
斑鰶	1.63	0.3	50	6.49	2.12	28.57	0.13	0.14	16.67
斑鰶 sp.				0.04	0.12	14.29			
斑头舌鳎	0.35	0.76	100	0.14	0.14	14.29			
赤鼻棱鳀				0.20	0.17	28.57	0.03	0.14	16.67
赤魟				2.53	0.05	14.29			
大黄鱼	20.5	8.98	100	26.45	14.65	85.71	40.78	18.65	100.00
大甲鲹	2.37	1.36	50				0.3	0.4	33.33
大鳞舌鳎	0.43	0.6	50						
带纹条鳎	0.15	0.15	50	0.23	0.21	28.57			
带鱼	0.05	0.16	50	1.88	2.65	71.43	4.3	1.1	66.67
刀鲚	1.33	0.77	100				0.03	0.14	16.67
杜氏棱鳀							0.14	0.55	33.33
短棘银鲈				0.06	0.05	14.29			
短吻舌鳎	0.23	0.3	50	0.61	0.15	14.29			
多鳞鱚	0.28	0.15	50						
鳄鲻	0.58	0.30	50						
二长棘鲷				0.16	0.05	14.29			
绯鲱				0.05	0.06	14.29			
凤鲚	4.60	3.78	100	2.37	2.64	57.14			

续表

种名	保护区外			保护区内			外浒		
	W（%）	N（%）	F（%）	W（%）	N（%）	F（%）	W（%）	N（%）	F（%）
高体鰤				1.53	0.12	14.29			
海鳗	5.77	0.6	50						
汉氏棱鳀	1.41	0.15	50	0.40	0.70	14.29	0.10	0.14	16.67
横带髭鲷	0.28	0.3	50	0.05	0.05	14.29			
横纹东方鲀	1.26	1.66	50	1.00	0.92	42.86	10.70	19.3	100.00
黄斑蓝子鱼				0.28	0.05	14.29			
黄姑鱼	1.20	0.60	50				1.64	0.82	33.33
黄鲫	0.11	0.15	50						
黄鳍鲷							0.52	0.27	16.67
黄鳍东方鲀	0.53	0.30	50						
棘头梅童鱼	2.38	11.33	100	10.3	27.76	71.43	0.02	0.14	16.67
尖头黄鳍牙鰔	0.19	0.15	50	0.05	0.09	14.29	0.67	0.69	50.00
尖尾鳗	1.29	1.82	100	0.70	0.47	28.57			
尖吻鲾	0.11	0.16	50	0	0.05	14.29			
焦氏舌鳎	0.32	0.30	50						
金色小沙丁鱼	2.09	8.59	50	6.52	5.44	71.43	2.11	9.32	100.00
锯塘鳢	0.15	0.15	50						
康氏小公鱼	0.14	1.36	50	0.15	0.42	28.57	0.07	0.68	50
孔虾虎鱼	2.95	4.15	100	0.70	1.29	57.14			
拉氏狼牙虾虎鱼	1.53	2.06	50	0.08	0.05	14.29	0.06	0.14	16.67
莱氏舌鳎	0.64	0.93	100	0.56	0.46	42.86	0.3	0.27	16.67
蓝点马鲛	4.38	2.26	50	1.29	1.72	57.14	0.57	0.69	50
蓝圆鲹							0.92	0.55	33.33
鲫	0.59	0.61	100	0.49	0.54	28.57	0.10	0.27	16.67
棱鲅				2.75	0.57	28.57			
丽叶鲹	1.61	2.11	50	0.22	0.39	42.86	0.27	0.55	33.33
镰鲳	0.57	0.30	50	1.15	0.34	14.29	0.45	0.14	16.67
列牙鲾	0.15	0.15	50	0.09	0.12	14.29			
鳞鳍叫姑鱼	2.5	2.37	50	0.08	0.05	14.29	1.74	1.63	50

种名	保护区外			保护区内			外洴		
	W（%）	N（%）	F（%）	W（%）	N（%）	F（%）	W（%）	N（%）	F（%）
六带鲹							0.16	0.27	16.67
六丝钝尾虾虎鱼	0.07	0.16	50	0.03	0.06	14.29			
六指马鲅	4.85	5.03	100	1.91	2.53	28.57	2.45	4.25	100
龙头鱼	2.51	6.20	100	14.76	20.41	100.00	2.52	9.19	16.67
鹿斑鲾				0.11	0.63	42.86	0.02	0.69	16.67
裸鳍虫鳗				0.06	0.12	14.29			
矛尾虾虎鱼	0.23	0.76	100	0.48	1.07	71.43			
魮				0.10	0.15	42.86			
皮氏叫姑鱼	4.72	3.80	100	0.29	1.11	42.86	3.84	1.78	83.33
前肛鳗	0.96	0.15	50						
裘氏小沙丁鱼				0.32	0.70	14.29	0.05	0.40	33.33
日本鲭				0.36	0.1	14.29			
少鳞舌鳎	0.17	0.15	50						
少鳞鱚	0.12	0.15	50						
舌鳎 sp.	0.14	0.47	100				0.02	0.14	16.67
石首鱼科							0.19	0.14	16.67
食蟹豆齿鳗	0.54	1.36	50	1.74	1.16	42.86	0	0.14	16.67
鼠鱚	0.42	0.15	50						
丝背细鳞鲀				0.20	0.05	14.29			
条尾绯鲤	0.42	0.45	50	0.70	0.60	57.14	0.08	0.14	16.67
网纹裸胸鳝							0.08	0.14	16.67
乌塘鳢				0.05	0.06	14.29			
小带鱼				0.31	0.60	14.29	0.35	0.41	16.67
小眼绿鳍鱼				0	0.06	14.29			
须鳗虾虎鱼				0.02	0.06	14.29			
银鲳	1.12	0.45	50	0.18	0.05	14.29	4.95	2.19	33.33
银腰犀鳕				0.03	0.05	14.29			
硬头鲻	0.04	0.16	50						
鲬	0.24	0.15	50	0.17	0.18	14.29			

种名	保护区外			保护区内			外浒		
	W (%)	N (%)	F (%)	W (%)	N (%)	F (%)	W (%)	N (%)	F (%)
油䲕				0.82	0.10	14.29	0.54	0.14	16.67
窄体舌鳎	2.41	3.01	50						
真鲷	0.15	0.16	50	0.21	0.05	14.29			
中国花鲈	0.57	0.15	50	0.48	0.12	28.57	0.66	0.41	50
中颌棱鳀	2.86	3.01	50	3.84	2.32	57.14	0.51	0.96	33.33
竹䇲鱼	0.28	0.15	50				0.45	0.27	16.67
髭缟虾虎鱼	0.13	0.16	50						
鲻	0.04	0.30	50	0.35	0.50	28.57	0.30	0.14	16.67
紫斑舌鳎	0.11	0.16	50						
棕腹刺鲀	0.61	0.30	50				0.98	0.55	33.33

6.5.2　鱼类密度的变动和分布

从图 6-22 中可见，2010 年 6 月调查期间，官井洋大黄鱼繁殖保护区外鱼类尾数密度和重量密度最高，分别为 55.24×10³ ind./km² 和 257.84 kg/km²，外浒的尾数密度和重量密度均是最低值。

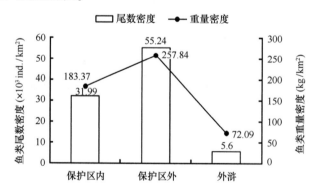

图 6-22　三沙湾 6 月鱼类重量、尾数密度变动趋势

2010 年 8 月调查期间，官井洋大黄鱼繁殖保护区内和官井洋大黄鱼繁殖保护区外鱼类尾数密度较高，分别为 6.86×10³ ind./km² 和 6.83×10³ ind./km²，保护区外鱼类重量密度最高，为 79.96 kg/km²，外浒的尾数密度和重量密度均是最低值（图 6-23）。

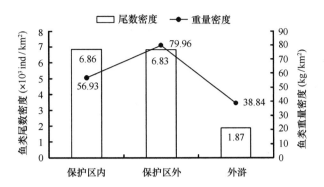

图 6-23 三沙湾 8 月鱼类重量、尾数密度变动趋势

从图 6-24~图 6-27 分析中可见，鱼类重量密度分布和尾数密度分布不均匀，东冲半岛西部、官井洋以及三都岛东北部水域密度分布较高。

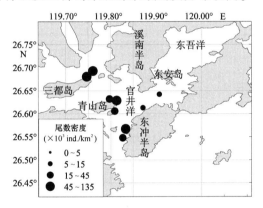

图 6-24 三沙湾 6 月鱼类尾数密度分布（×10³ ind./km²）

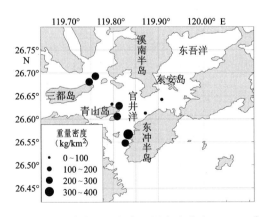

图 6-25 三沙湾 6 月鱼类重量密度分布（kg/km²）

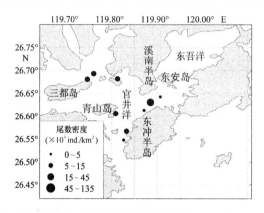

图6-26　三沙湾8月鱼类尾数密度分布（×10³ ind./km²）

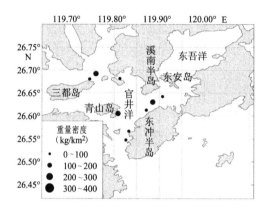

图6-27　三沙湾8月鱼类重量密度分布（kg/km²）

6.5.3　主要优势种相对重要性指数

2010年6月官井洋大黄鱼繁殖保护区内白姑鱼的 *IRI* 指数远远大于其他物种，其尾数和重量百分比、出现率均最高。其中，官井洋大黄鱼繁殖保护区外白姑鱼尾数百分比最高，大黄鱼重量百分比最高。外浒的大黄鱼相对重要性指数和出现率均最高（表6-18）。

2010年8月官井洋大黄鱼繁殖保护区内大黄鱼的 *IRI* 指数最高，其次是棘头梅童鱼。保护区外大黄鱼的 *IRI* 指数最高，白姑鱼的 *IRI* 指数值是第二，其尾数百分比是最高。外浒大黄鱼是最重要种，其 *IRI* 指数值最大（表6-19）。

表 6-18　2010 年 6 月鱼类主要优势种生态特征

区域	种名	尾数密度 （×10³ ind./km²）	重量密度 （kg/km²）	W （%）	N （%）	F （%）	IRI
保护 区内	白姑鱼	10.38	29.85	51	63.54	100	11 454.44
	大黄鱼	4.5	63.42	25.97	18.19	100	4 416.41
	凤鲚	0.01	0.05	1.62	0.27	100	188.49
	横带髭鲷	0.12	0.2	0.86	1.82	100	267.95
	棘头梅童鱼	1.59	4.82	4	0.51	100	450.92
	锯塘鳢	0.04	0.28	1.09	0.76	100	184.92
	孔虾虎鱼	0.35	2.87	1.01	0.61	100	161.94
	眶棘双边鱼	0.95	3.05	1.66	2.96	28.57	131.92
	矛尾虾虎鱼	1.46	1.65	0.92	2.39	100	330.39
	条尾绯鲤	0.84	0.84	0.28	1.51	100	179.14
	银鲳	1.83	9.27	3.79	3.84	100	762.76
	中华小公鱼	1.92	2.9	1.58	6	57.14	433.04
	鲻	0.12	2.33	1.27	0.37	28.57	46.93
保护 区外	白姑鱼	35.1	131.51	16.28	32.46	100	4 874.08
	斑鰶	0.02	0.85	7.52	1.44	28.57	256.09
	大黄鱼	10.05	66.96	34.59	14.06	100	4 865.23
	棘头梅童鱼	0.28	10.32	2.63	4.97	71.43	542.66
	康氏小公鱼	0.23	0.5	1.72	4.25	57.14	341.46
	孔虾虎鱼	0.33	2.61	1.56	1.11	71.43	190.86
	棱鲮	0.27	0.39	12.99	11.44	85.71	2 093.95
	龙头鱼	0.01	0.1	3.53	1.14	71.43	333.56
	矛尾虾虎鱼	1.32	2.37	0.9	4.57	85.71	468.7
	青鳞小沙丁鱼	0.01	0.12	1.58	0.73	28.57	66.04
	条尾绯鲤	0.83	0.73	0.46	2.62	100	307.43
	银鲳	2.12	9.78	5.05	5.72	85.71	923.13
	中颌棱鳀	0.15	2.52	3.23	1.07	28.57	122.76

区域	种名	尾数密度 （×10³ ind./km²）	重量密度 （kg/km²）	W （%）	N （%）	F （%）	IRI
外浒	白姑鱼	0.55	4.74	6.58	9.9	100	1 648.18
	赤虹	0.01	2.52	3.49	0.11	33.33	120.31
	大黄鱼	1.43	18.43	25.56	25.56	100	5 112.38
	光虹	0	1.1	1.52	0.06	16.67	26.3
	黑鲷	0	1.29	1.79	0.06	16.67	30.84
	棘头梅童鱼	0.03	0.99	1.37	0.51	83.33	156.83
	孔虾虎鱼	0.47	4.57	6.33	8.48	100	1481.29
	拉氏狼牙虾虎鱼	1.09	9.59	13.3	19.53	100	3 283.55
	鮸	0.07	1.72	2.38	1.3	100	367.88
	皮氏叫姑鱼	0.31	5.46	7.58	5.49	100	1 306.96
	少鳞舌鳎	0.03	0.84	1.16	0.57	100	173.16
	丝背细鳞鲀	0.47	5.99	8.3	8.45	100	1 675.55
	小带鱼	0.05	0.72	1	0.84	33.33	61.36
	银鲳	0.07	0.59	0.81	1.19	66.67	133.67
	中国花鲈	0.69	7.42	10.3	12.28	100	2 257.82

表 6-19　2010 年 8 月鱼类主要优势种生态特征

区域	种名	尾数密度 (×10³ ind./km²)	重量密度 (kg/km²)	W (%)	N (%)	F (%)	IRI
保护区外	白姑鱼	0.87	9.33	11.66	12.81	100	2 447.61
	斑鰶	0.02	1.3	1.63	0.3	50	96.39
	大黄鱼	0.61	16.39	20.5	8.98	100	2 948.09
	大甲鲹	0.09	1.89	2.37	1.36	50	186.27
	刀鲚	0.05	1.07	1.33	0.77	100	210.28
	凤鲚	0.26	3.67	4.6	3.78	100	837.94
	海鳗	0.04	4.61	5.77	0.6	50	318.69
	汉氏棱鳀	0.01	1.12	1.41	0.15	50	77.79
	横纹东方鲀	0.11	1.01	1.26	1.66	50	145.89
	黄姑鱼	0.04	0.96	1.2	0.6	50	89.91
	棘头梅童鱼	0.77	1.91	2.38	11.33	100	1 371.13
	尖尾鳗	0.12	1.03	1.29	1.82	100	311.25
	金色小沙丁鱼	0.59	1.67	2.09	8.59	50	534.02
	康氏小公鱼	0.09	0.11	0.14	1.36	50	74.59
	孔虾虎鱼	0.28	2.36	2.95	4.15	100	710.42
	拉氏狼牙虾虎鱼	0.14	1.23	1.53	2.06	50	179.6
	蓝点马鲛	0.15	3.51	4.38	2.26	50	332.24
	丽叶鲹	0.14	1.29	1.61	2.11	50	186.19
	鳞鳍叫姑鱼	0.16	2	2.5	2.37	50	243.81
	六指马鲅	0.34	3.87	4.85	5.03	100	987.97
	龙头鱼	0.42	2	2.51	6.2	100	870.13
	皮氏叫姑鱼	0.26	3.77	4.72	3.8	100	851.8
	食蟹豆齿鳗	0.09	0.43	0.54	1.36	50	94.79
	银鲳	0.03	0.89	1.12	0.45	50	78.52
	窄体舌鳎	0.21	1.93	2.41	3.01	50	271.17
	中颌棱鳀	0.21	2.28	2.86	3.01	50	293.63

续表

区域	种名	尾数密度 (×10³ ind./km²)	重量密度 (kg/km²)	W (%)	N (%)	F (%)	IRI
保护区内	白姑鱼	0.18	1.65	2.9	2.56	42.86	233.85
	斑鰶	0.15	3.7	6.49	2.12	28.57	245.99
	赤魟	0.1	1.44	2.53	0.05	14.29	36.83
	大黄鱼	1	15.06	26.45	14.65	85.71	3 522.58
	带鱼	0.18	1.07	1.88	2.65	71.43	323.6
	凤鲚	0.18	1.35	2.37	2.64	57.14	286.23
	高体鰤	0.01	0.87	1.53	0.12	14.29	23.6
	棘头梅童鱼	1.9	5.87	10.3	27.76	71.43	2 718.76
	金色小沙丁鱼	0.37	3.71	6.52	5.44	71.43	854.05
	孔虾虎鱼	0.09	0.4	0.7	1.29	57.14	113.69
	蓝点马鲛	0.12	0.74	1.29	1.72	57.14	172.26
	棱鲮	0.04	1.57	2.75	0.57	28.57	94.92
	镰鲳	0.02	0.66	1.15	0.34	14.29	21.33
	六指马鲅	0.17	1.08	1.91	2.53	28.57	126.81
	龙头鱼	1.4	8.4	14.76	20.41	100	3 517.67
	矛尾虾虎鱼	0.07	0.27	0.48	1.07	71.43	110.38
	皮氏叫姑鱼	0.08	0.17	0.29	1.11	42.86	60.05
	食蟹豆齿鳗	0.08	0.99	1.74	1.16	42.86	124.21
	中颌棱鳀	0.16	2.19	3.84	2.32	57.14	352.16
外浒	白姑鱼	0.39	6.19	15.94	20.98	100	3 691.68
	大黄鱼	0.35	15.84	40.78	18.65	100	5 943.3
	带鱼	0.02	1.67	4.3	1.1	66.67	359.83
	横纹东方鲀	0.36	4.16	10.7	19.3	100	3 000.45
	黄姑鱼	0.02	0.64	1.64	0.82	33.33	82.14
	金色小沙丁鱼	0.17	0.82	2.11	9.32	100	1 143.03
	鳞鳍叫姑鱼	0.03	0.67	1.74	1.63	50	168.37
	六指马鲅	0.08	0.95	2.45	4.25	100	669.88
	龙头鱼	0.17	0.98	2.52	9.19	16.67	195.23
	皮氏叫姑鱼	0.03	1.49	3.84	1.78	83.33	468.36
	银鲳	0.04	1.92	4.95	2.19	33.33	237.9

6.5.4　种类数的平面分布

2010年6月调查显示,官井洋大黄鱼繁殖保护区内各站平均出现鱼类22种,最高出现在11#站,为31种,最低的9#站仅9种;官井洋大黄鱼繁殖保护区外布设站位数较少，1#站出现 39 种，2#站 41 种；外浒各站平均出现鱼类 20 种，种类数在 17~23 种之间（图 6-28）。

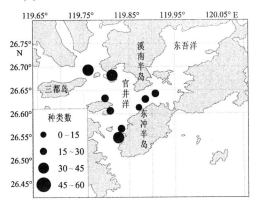

图 6-28　三沙湾 6 月鱼类种类数分布

2010 年 8 月调查显示，官井洋大黄鱼繁殖保护区内各站平均出现鱼类 18 种，8#站出现最高 30 种，9#站 6 种；官井洋大黄鱼繁殖保护区外 2#站 52 种，3#站 24 种；外浒各站平均出现鱼类 16 种，12#站最高 19 种，其余站位在 14~16 种之间（图6-29）。

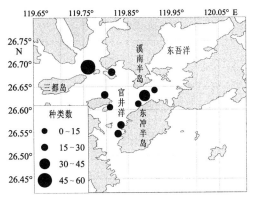

图 6-29　三沙湾 8 月鱼类种类数分布

6.5.5　物种多样性平面分布

由图 6-30~图 6-35 来看，2010 年 6 月外浒鱼类尾数多样性和重量多样性指数均是最高值，分别为 3.00 和 3.28。2010 年 8 月保护区外鱼类的尾数多样性和重量多样性指数均是最高值，分别为 4.00 和 3.78。

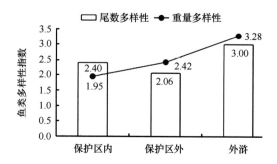

图 6-30　三沙湾 6 月鱼类重量、尾数多样性指数（H'）值变动趋势

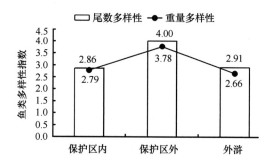

图 6-31　三沙湾 8 月鱼类重量、尾数多样性指数（H'）值变动趋势

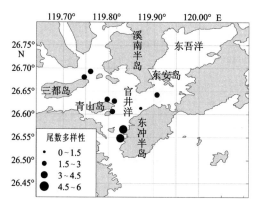

图 6-32　三沙湾 6 月鱼类尾数多样性指数（H'）值分布

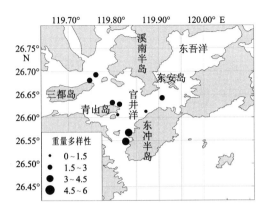

图 6-33　三沙湾 6 月鱼类重量多样性指数（H'）值分布

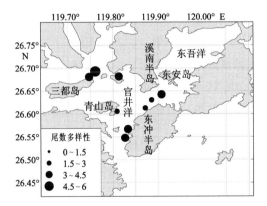

图 6-34　三沙湾 8 月鱼类尾数多样性指数（H'）值分布

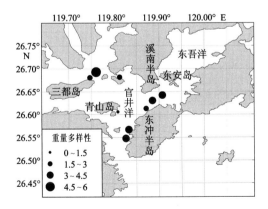

图 6-35　三沙湾 8 月鱼类重量多样性指数（H'）值分布

6.6　虾类资源结构分析

6.6.1　虾类种类组成

2010 年 6 月和 8 月三沙湾海域共鉴定虾类 30 种，其中，官井洋大黄鱼繁殖保护区内共鉴定 25 种，保护区外 25 种，外浒 16 种。6 月保护区内鉴定虾类 21 种，其中，保护区外 19 种，外浒 14 种；8 月保护区内鉴定虾类 19 种，保护区外 18 种，外浒 10 种。

由表 6-20 可知，6 月官井洋大黄鱼繁殖保护区内哈氏仿对虾、口虾蛄、葛氏长臂虾和扁足异对虾的重量和尾数百分比均大于 10%，扁足异对虾、葛氏长臂虾、哈氏仿对虾、口虾蛄、窝纹网虾蛄、细螯虾、细巧仿对虾、中国毛虾和中华管鞭虾的出现率均大于 50%；保护区外哈氏仿对虾、口虾蛄和扁足异对虾等虾类的重量和尾数百分比较高；外浒以口虾蛄、哈氏仿对虾和周氏新对虾等为主，常见的虾类还有刀额仿对虾、刀额新对虾、葛氏长臂虾、脊尾白虾、细巧仿对虾和中华管鞭虾等。

表 6-20　三沙湾 6 月虾类种类组成与出现率

种名	保护区内			保护区外			外浒		
	W（%）	N（%）	F（%）	W（%）	N（%）	F（%）	W（%）	N（%）	F（%）
鞭腕虾	0.39	0.61	14.29						
扁足异对虾	12.89	12.41	85.71	15.43	27.14	100.00	0.38	1.40	33.33
刀额仿对虾	1.15	0.34	14.29	0.47	0.22	50.00	4.28	7.02	66.67
刀额新对虾	4.40	1.59	42.86	0.21	0.33	50.00	4.98	5.26	66.67
仿对虾属				0.85	0.33	50.00			
葛氏长臂虾	13.17	16.62	85.71	2.58	3.54	100.00	1.55	2.81	50.00
哈氏仿对虾	19.27	20.63	100.00	35.91	34.40	100.00	21.62	31.19	100.00
脊尾白虾	0.32	0.10	14.29				2.27	3.80	66.67
口虾蛄	16.44	2.46	57.14	15.72	1.98	100.00	40.40	15.64	83.33
拉氏绿虾蛄				0.10	0.11	50.00			
日本鼓虾	0.50	0.65	28.57						
日本囊对虾	3.31	0.96	42.86				2.18	0.68	16.67
水母虾 sp.							0.02	0.70	16.67

续表

种名	保护区内			保护区外			外浒		
	W（%）	N（%）	F（%）	W（%）	N（%）	F（%）	W（%）	N（%）	F（%）
窝纹网虾蛄	5.04	0.90	85.71	6.55	0.86	100.00			
无刺口虾蛄				1.62	0.72	100.00			
细螯虾	7.47	28.16	100.00	2.32	9.63	100.00	0.27	7.02	16.67
细巧仿对虾	4.11	2.00	71.43	3.19	7.95	100.00	5.99	12.28	83.33
鲜明鼓虾	0.47	0.14	28.57	0.44	0.21	100.00			
小眼绿虾蛄	0.16	0.03	14.29						
须赤虾	0.33	0.28	42.86	1.80	1.33	100.00			
鹰爪虾	1.37	0.64	42.86	2.41	1.28	100.00	0.14	0.35	16.67
疣背宽额虾	0.14	0.51	42.86	0.11	0.10	50.00			
中国毛虾	1.27	5.46	57.14	0.15	0.43	100.00			
中华管鞭虾	7.10	5.36	85.71	9.54	9.15	100.00	1.27	1.75	50.00
周氏新对虾	0.69	0.15	14.29	0.59	0.30	50.00	14.64	10.08	83.33

由表 6-21 可见，8 月官井洋大黄鱼繁殖保护区内虾类以葛氏长臂虾、哈氏仿对虾、中华管鞭虾和周氏新对虾为主，出现率较高的还有口虾蛄、细螯虾、细巧仿对虾、鹰爪虾和中国毛虾；保护区外以哈氏仿对虾、口虾蛄、鹰爪虾、中华管鞭虾和周氏新对虾为主；外浒以哈氏仿对虾、细巧仿对虾、中华管鞭虾和周氏新对虾为主，此外刀额仿对虾亦较常见。

表 6-21　三沙湾 8 月虾类种类组成与出现率

种名	保护区内			保护区外			外浒		
	W（%）	N（%）	F（%）	W（%）	N（%）	F（%）	W（%）	N（%）	F（%）
鞭腕虾	0.03	0.12	14.29	1.35	0.30	50.00			
扁足异对虾	2.98	2.81	28.57						
刀额仿对虾	1.38	1.17	28.57	2.55	2.02	50.00	2.42	1.16	50.00
葛氏长臂虾	22.71	23.51	71.43	2.92	4.99	100.00	0.12	0.15	16.67
哈氏仿对虾	11.61	10.32	71.43	10.68	15.65	100.00	40.73	27.43	83.33
脊条褶虾蛄	0.70	0.23	14.29	0.58	0.30	50.00			

续表

种名	保护区内			保护区外			外浒		
	W（%）	N（%）	F（%）	W（%）	N（%）	F（%）	W（%）	N（%）	F（%）
脊尾白虾				0.89	0.61	50.00			
尖刺口虾蛄	0.35	0.23	14.29	0.48	0.29	50.00			
巨指长臂虾				0.16	0.61	50.00			
口虾蛄	4.14	1.27	57.14	17.81	3.56	100.00	9.17	1.45	33.33
绿虾蛄	1.99	0.48	14.29						
日本鼓虾	0.17	0.58	14.29						
日本毛虾							0.02	0.15	16.67
水母虾 sp.	0.07	0.36	28.57	0.56	1.21	50.00			
细螯虾	2.20	15.97	85.71	1.29	10.85	100.00			
细巧仿对虾	3.25	3.47	57.14	0.49	1.49	100.00	13.96	28.51	50.00
鲜明鼓虾	1.01	0.33	28.57	0.26	0.30	50.00			
须赤虾	0.54	0.33	28.57	1.86	1.74	50.00	1.30	0.44	33.33
鹰爪虾	8.20	4.76	71.43	20.68	15.50	100.00	0.54	0.29	16.67
中国毛虾	0.76	6.52	71.43	0.15	1.45	50.00			
中华管鞭虾	25.36	13.15	71.43	27.71	24.83	100.00	12.82	6.09	100.00
周氏新对虾	12.58	14.40	100.00	9.56	14.29	100.00	18.92	34.32	100.00

6.6.2　虾类种类数平面分布

6月和8月虾类种类数平面分布趋势有所差别（图6-36和图6-37）。6月官井洋大黄鱼繁殖保护区外虾类种类数较多，均在15种以上；保护区内多在10种左右；外浒虾类种类数较低，多数站位不及10种。8月虾类种类数较6月要低，整体分布较均匀，以外浒最低（10种以下），保护区外为10~15种，保护区内有高有低，1~15种均有分布。

6.6.3　虾类密度的变动和分布

由图6-38和图6-39可知，6月和8月官井洋大黄鱼繁殖保护区内和保护区外的虾类资源密度量较相当，保护区内稍高些，而外浒的最低，尤其6月保护区内外相差较大。

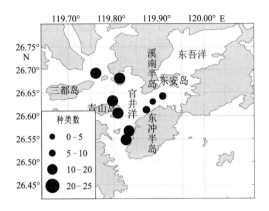

图 6-36　三沙湾 6 月虾类种类数平面分布

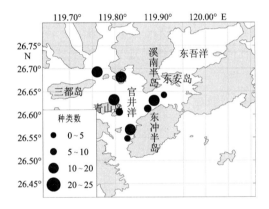

图 6-37　三沙湾 8 月虾类种类数平面分布

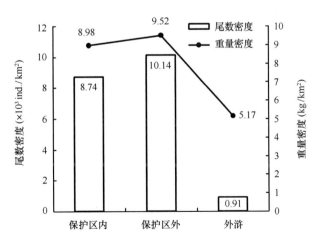

图 6-38　三沙湾 6 月虾类重量、尾数密度分布

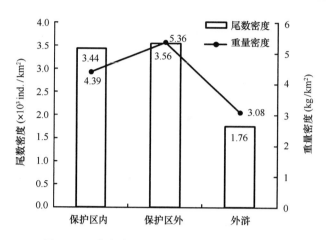

图 6-39　三沙湾 8 月虾类重量、尾数密度分布

在平面分布上（图 6-40~图 6-43），6 月官井洋大黄鱼繁殖保护区内以近青山岛的站位资源量最高，其他较低；保护区外 2 个站点资源量相当；外浒水域资源量分布较均匀，均很低。8 月虾类资源量的平面分布较 6 月大致相似。

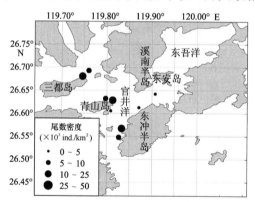

图 6-40　三沙湾 6 月虾类尾数密度平面分布（×10³ ind. /km²）

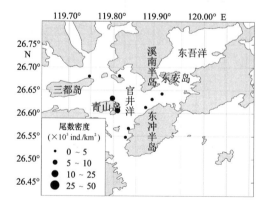

图 6-41　三沙湾 8 月虾类尾数密度平面分布（×10³ ind. /km²）

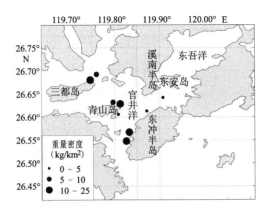

图 6-42 三沙湾 6 月虾类重量密度平面分布（kg/km²）

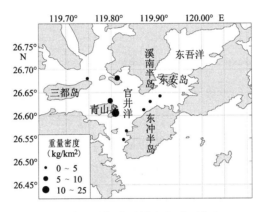

图 6-43 三沙湾 8 月虾类重量密度平面分布（kg/km²）

6.6.4 主要优势种相对重要性指数

从数据统计结果（表 6-22 和表 6-23）来看，6 月官井洋大黄鱼繁殖保护区内外和外浒海域均以哈氏仿对虾和口虾蛄为前 2 位优势种；8 月，官井洋大黄鱼繁殖保护区内外分别以葛氏长臂虾和中华管鞭虾 *IRI* 指数值最高，而外浒水域以哈氏仿对虾和周氏新对虾最高。

表 6-22　三沙湾 6 月虾类主要优势种生态特征

区域	优势种	尾数密度 （×10³ ind./km²）	重量密度 （kg/km²）	W （%）	N （%）	F （%）	IRI
保护区内	哈氏仿对虾	1.80	1.73	19.27	20.63	100.00	3 989.45
	口虾蛄	0.21	1.48	16.44	2.46	57.14	1 080.06
	葛氏长臂虾	1.45	1.18	13.17	16.62	85.71	2 553.74
	扁足异对虾	1.08	1.16	12.89	12.41	85.71	2 168.88
	细鳌虾	2.46	0.67	7.47	28.16	100.00	3 562.87
	中华管鞭虾	0.47	0.64	7.10	5.36	85.71	1 068.35
	窝纹网虾蛄	0.08	0.45	5.04	0.90	85.71	508.71
	刀额新对虾	0.14	0.39	4.40	1.59	42.86	256.43
	细巧仿对虾	0.18	0.37	4.11	2.00	71.43	436.80
	日本囊对虾	0.08	0.30	3.31	0.96	42.86	183.09
	鹰爪虾	0.06	0.12	1.37	0.64	42.86	85.81
	中国毛虾	0.48	0.11	1.27	5.46	57.14	384.96
	刀额仿对虾	0.03	0.10	1.15	0.34	14.29	21.17
保护区外	哈氏仿对虾	3.49	3.42	35.91	34.40	100.00	7 031.74
	口虾蛄	0.20	1.50	15.72	1.98	100.00	1 769.81
	扁足异对虾	2.75	1.47	15.43	27.14	100.00	4 257.01
	中华管鞭虾	0.93	0.91	9.54	9.15	100.00	1 868.19
	窝纹网虾蛄	0.09	0.62	6.55	0.86	100.00	740.58
	细巧仿对虾	0.81	0.30	3.19	7.95	100.00	1 114.23
	葛氏长臂虾	0.36	0.25	2.58	3.54	100.00	612.53
	鹰爪虾	0.13	0.23	2.41	1.28	100.00	368.24
	细鳌虾	0.98	0.22	2.32	9.63	100.00	1 195.61
	须赤虾	0.14	0.17	1.80	1.33	100.00	313.44
	无刺口虾蛄	0.07	0.15	1.62	0.72	100.00	234.01
外浒	口虾蛄	0.14	2.09	40.40	15.64	83.33	4 670.64
	哈氏仿对虾	0.28	1.12	21.62	31.19	100.00	5 281.27
	周氏新对虾	0.09	0.76	14.64	10.08	83.33	2 060.72
	细巧仿对虾	0.11	0.31	5.99	12.28	83.33	1 522.74
	刀额新对虾	0.05	0.26	4.98	5.26	66.67	682.69
	刀额仿对虾	0.06	0.22	4.28	7.02	66.67	753.01
	脊尾白虾	0.03	0.12	2.27	3.80	66.67	404.93
	日本囊对虾	0.01	0.11	2.18	0.68	16.67	47.77
	葛氏长臂虾	0.03	0.08	1.55	2.81	50.00	217.73
	中华管鞭虾	0.00	0.07	1.27	1.75	50.00	151.17

表 6-23　三沙湾 8 月虾类主要优势种生态特征

区域	优势种	尾数密度 （×10³ ind./km²）	重量密度 （kg/km²）	W （%）	N （%）	F （%）	IRI
保护区内	中华管鞭虾	0.45	1.11	25.36	13.15	71.43	2 750.73
	葛氏长臂虾	0.81	1.00	22.71	23.51	71.43	3 301.25
	周氏新对虾	0.50	0.55	12.58	14.40	100.00	2 697.47
	哈氏仿对虾	0.36	0.51	11.61	10.32	71.43	1 566.21
	鹰爪虾	0.16	0.36	8.20	4.76	71.43	925.68
	口虾蛄	0.04	0.18	4.14	1.27	57.14	309.00
	细巧仿对虾	0.12	0.14	3.25	3.47	57.14	383.70
	扁足异对虾	0.10	0.13	2.98	2.81	28.57	165.40
	细螯虾	0.55	0.10	2.20	15.97	85.71	1 557.43
	绿虾蛄	0.02	0.09	1.99	0.48	14.29	35.23
	刀额仿对虾	0.04	0.06	1.38	1.17	28.57	72.72
	鲜明鼓虾	0.01	0.04	1.01	0.33	28.57	38.07
	中国毛虾	0.22	0.03	0.76	6.52	71.43	519.95
保护区外	中华管鞭虾	0.88	1.48	27.71	24.83	100.00	5 254.33
	鹰爪虾	0.55	1.11	20.68	15.50	100.00	3 618.43
	口虾蛄	0.13	0.95	17.81	3.56	100.00	2 137.19
	哈氏仿对虾	0.56	0.57	10.68	15.65	100.00	2 632.56
	周氏新对虾	0.51	0.51	9.56	14.29	100.00	2 384.57
	葛氏长臂虾	0.18	0.16	2.92	4.99	100.00	791.41
	刀额仿对虾	0.07	0.14	2.55	2.02	50.00	228.92
	须赤虾	0.06	0.10	1.86	1.74	50.00	179.90
	鞭腕虾	0.01	0.07	1.35	0.30	50.00	82.72
	细螯虾	0.39	0.07	1.29	10.85	100.00	1 213.97
	水母虾 sp.	0.01	0.03	0.56	1.21	50.00	88.97
	细巧仿对虾	0.05	0.03	0.49	1.49	100.00	197.84
	中国毛虾	0.05	0.01	0.15	1.45	50.00	80.00
外浒	哈氏仿对虾	0.48	1.25	40.73	27.43	83.33	5 680.03
	周氏新对虾	0.60	0.58	18.92	34.32	100.00	5 323.86
	细巧仿对虾	0.50	0.43	13.96	28.51	50.00	2 123.71
	中华管鞭虾	0.11	0.40	12.82	6.09	100.00	1 891.94
	口虾蛄	0.03	0.28	9.17	1.45	33.33	354.03
	刀额仿对虾	0.02	0.07	2.42	1.16	50.00	179.10
	须赤虾	0.01	0.04	1.30	0.44	33.33	58.04

6.6.5 物种多样性的平面分布

由图 6-44 和图 6-45 可知，6 月和 8 月均以官井洋大黄鱼繁殖保护区内的多样性指数值最高，6 月以保护区外最低，8 月以外浒水域最低，其中 8 月外浒水域多样性指数平均值低于 2，其他水域均高于 2。

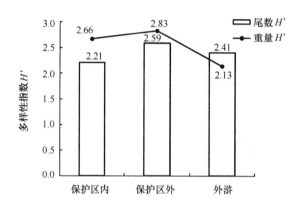

图 6-44　三沙湾 6 月虾类重量、尾数多样性指数值（H'）分布

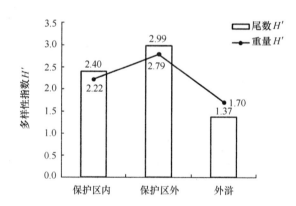

图 6-45　三沙湾 8 月虾类重量、尾数多样性指数值（H'）分布

平面分布上，6 月和 8 月的多样性指数值分布皆较均匀（图 6-46~图 6-49）。

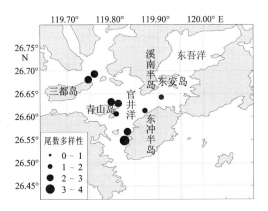

图 6-46　三沙湾 6 月虾类尾数多样性指数值（H'）平面分布

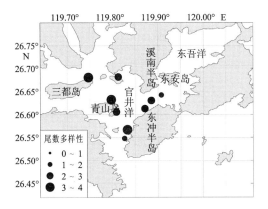

图 6-47　三沙湾 8 月虾类尾数多样性指数值（H'）平面分布

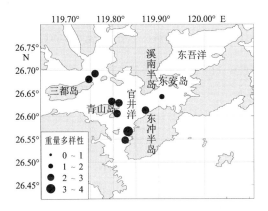

图 6-48　三沙湾 6 月虾类重量多样性指数值（H'）平面分布

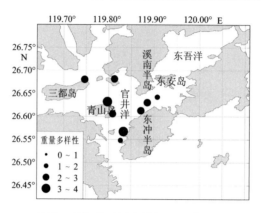

图 6-49　三沙湾 8 月虾类重量多样性指数值（H'）平面分布

6.7　蟹类资源的比较分析

6.7.1　蟹类种类组成

2010 年 6 月调查共鉴定蟹类 13 种。官井洋大黄鱼繁殖保护区内鉴定蟹类 10 种，保护区外鉴定蟹类 12 种，外浒鉴定蟹类 5 种。

2010 年 8 月出现蟹类 11 种。官井洋大黄鱼繁殖保护区内和保护区外均鉴定蟹类 9 种，外浒鉴定蟹类 8 种。

从表 6-24 可见，2010 年 6 月官井洋大黄鱼繁殖保护区内双斑蟳出现率最高，为 100%，且重量和尾数百分比也是最高。保护区外由于布设站位较少，种类出现率都比较高。外浒的三疣梭子蟹出现率、重量和尾数百分比均是最高。

表 6-24　三沙湾 6 月蟹类种类组成与出现率

种名	保护区内			保护区外			外浒		
	N（%）	W（%）	F（%）	N（%）	W（%）	F（%）	N（%）	W（%）	F（%）
变态蟳	1.39	1.71	57.14	2.08	2.78	100.00			
红线黎明蟹				0.57	1.14	100.00			
红星梭子蟹	2.80	2.55	71.43	0.94	0.68	100.00			
矛形梭子蟹	16.64	10.33	71.43	2.74	2.60	100.00	10.65	1.41	50.00
日本关公蟹	0.05	0.05	14.29	0.47	2.18	100.00			
日本蟳	0.32	1.05	71.43	0.96	0.64	100.00	13.61	32.14	50.00
锐齿蟳				0.10	0.03	50.00			

种名	保护区内			保护区外			外浒		
	N（%）	W（%）	F（%）	N（%）	W（%）	F（%）	N（%）	W（%）	F（%）
三疣梭子蟹	11.69	9.73	85.71	44.29	43.16	100.00	39.39	63.92	100.00
双斑鲟	59.58	69.92	100.00	37.62	29.70	100.00	34.83	2.29	83.33
贪精武蟹	4.36	2.19	42.86	7.53	12.19	50.00			
狭颚绒螯蟹				0.54	0.20	50.00			
纤手梭子蟹	2.92	2.41	71.43	2.15	4.71	100.00	1.52	0.25	16.67
拥剑梭子蟹	0.24	0.06	14.29						

2010 年 8 月官井洋大黄鱼繁殖保护区内红星梭子蟹出现率最高，为 100%，且重量和尾数百分比也较高，仅次于纤手梭子蟹。保护区外由于布设站位较少，种类出现率都比较高。外浒的三疣梭子蟹出现率、重量和尾数密度百分比均是最高（表6-25）。

表 6-25　三沙湾 8 月蟹类种类组成与出现率

种名	保护区内			保护区外			外浒		
	N（%）	W（%）	F（%）	N（%）	W（%）	F（%）	N（%）	W（%）	F（%）
变态鲟	11.99	7.30	28.57	3.45	2.69	100.00	12.26	0.54	16.67
红星梭子蟹	29.46	25.70	100.00	14.57	22.08	100.00	19.48	12.07	33.33
矛形梭子蟹	1.22	0.62	42.86	3.42	2.48	50.00	2.45	0.05	16.67
日本关公蟹	0.18	0.72	14.29						
日本鲟	10.23	8.99	57.14	32.26	31.50	100.00	9.55	19.35	16.67
三疣梭子蟹	2.76	5.27	42.86	5.99	5.00	100.00	36.64	59.78	100.00
双斑鲟	13.21	9.45	42.86	11.63	7.39	100.00	4.90	0.20	16.67
纤手梭子蟹	30.67	41.01	71.43	25.76	25.61	100.00	12.26	1.35	16.67
锈斑鲟				1.47	2.38	50.00	2.45	6.66	16.67
银光梭子蟹				1.47	0.86	50.00			
远海梭子蟹	0.29	0.94	14.29						

6.7.2　种类数的平面分布

2010 年 6 月调查，官井洋大黄鱼繁殖保护区内各站平均出现蟹类 6 种，最高出现在 10# 站，为 9 种，最低的 9# 站仅 2 种；保护区 1# 站出现 11 种，2# 站 10 种；外浒各站在 2~4 种之间（图 6-50）。

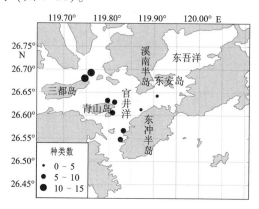

图 6-50　三沙湾 6 月蟹类种类数分布

2010 年 8 月保护区内各站平均出现蟹类 4 种，4#站、8#站和 10#站均出现最高值 7 种，7#站和 9#站仅出现 1 种；保护区外 2#站出现 9 种，3#站 6 种；外浒各站在 1~5 种，12#站最高，15#站和 16#站仅 1 种（图 6-51）。

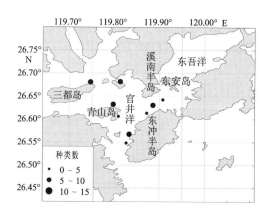

图 6-51　三沙湾 8 月蟹类种类数分布

6.7.3　蟹类密度的变动和分布

由图 6-56 可见，2010 年 6 月调查，官井洋大黄鱼繁殖保护区外蟹类尾数密度和重量密度最高，分别为 11.47×10^3 ind./km^2 和 23.06 kg/km^2，外浒最低（图 6-52、图 6-54 和图 6-55）。

2010 年 8 月调查（图 6-53、图 6-56~图 6-57），保护区内蟹类尾数密度和重量密度最高，分别为 2.24×10^3 ind./km^2 和 7.12 kg/km^2，外浒最低。

从图 6-56~图 6-57 看，蟹类重量和尾数密度分布不均匀，东冲半岛西部至官

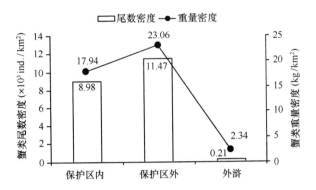

图 6-52　三沙湾 6 月蟹类重量、尾数密度变动趋势

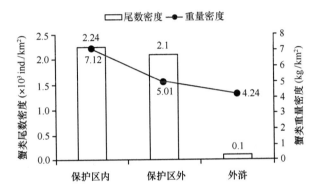

图 6-53　三沙湾 8 月蟹类重量、尾数密度变动趋势

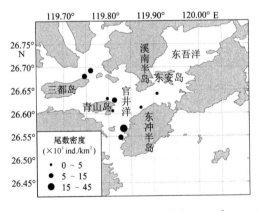

图 6-54　三沙湾 6 月蟹类尾数密度分布（×10³ ind./km²）

井洋水域的密度较高，尤其是东冲半岛西部的 10#站和 11#站，往往是重量和尾数密度的高值点。

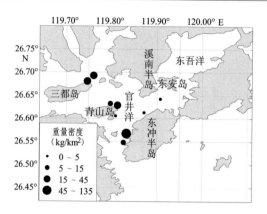

图 6-55　三沙湾 6 月蟹类重量密度分布（kg/km²）

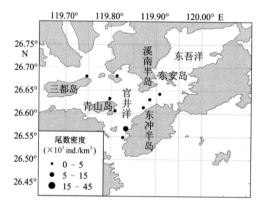

图 6-56　三沙湾 8 月蟹类尾数密度分布（×10³ ind./km²）

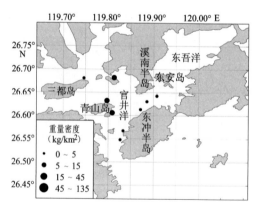

图 6-57　三沙湾 8 月蟹类重量密度分布（kg/km²）

6.7.4 主要优势种相对重要性指数

2010 年 6 月保护区内双斑蟳的 *IRI* 指数远远大于其他物种，其尾数和重量密度百分比、出现率均最高。保护区外和外浒的三疣梭子蟹的相对重要性指数最高，其尾数和重量密度百分比、出现率均最高（表 6-26）。

表 6-26 6 月蟹类主要优势种生态特征

区域	优势种	尾数密度 （×10³ ind./km²）	重量密度 （kg/km²）	N （%）	W （%）	F （%）	*IRI*
保护区内	双斑蟳	5.35	12.54	59.58	69.92	100.00	12 950.18
	矛形梭子蟹	1.50	1.85	16.64	10.33	71.43	1 926.68
	三疣梭子蟹	1.05	1.75	11.69	9.73	85.71	1 835.44
	红星梭子蟹	0.25	0.46	2.80	2.55	71.43	381.99
	纤手梭子蟹	0.26	0.43	2.92	2.41	71.43	381.10
	贪精武蟹	0.39	0.39	4.36	2.19	42.86	280.82
	变态蟳	0.13	0.31	1.39	1.71	57.14	177.51
	日本蟳	0.03	0.19	0.32	1.05	71.43	98.29
保护区外	三疣梭子蟹	5.08	9.95	44.29	43.16	100.00	8 745.03
	双斑蟳	4.32	6.85	37.62	29.70	100.00	6 732.15
	贪精武蟹	0.86	2.81	7.53	12.19	50.00	986.07
	纤手梭子蟹	0.25	1.09	2.15	4.71	100.00	685.29
	矛形梭子蟹	0.31	0.60	2.74	2.60	100.00	533.90
	变态蟳	0.24	0.64	2.08	2.78	100.00	486.56
	日本关公蟹	0.05	0.50	0.47	2.18	100.00	265.45
	红线黎明蟹	0.07	0.26	0.57	1.14	100.00	171.28
外浒	三疣梭子蟹	0.08	1.50	39.39	63.92	100.00	10 331.33
	双斑蟳	0.07	0.05	34.83	2.29	83.33	3 092.99
	日本蟳	0.03	0.75	13.61	32.14	50.00	2 287.47
	矛形梭子蟹	0.02	0.03	10.65	1.41	50.00	602.72
	纤手梭子蟹	0.00	0.01	1.52	0.25	16.67	29.45

2010 年 8 月保护区内红星梭子蟹和纤手梭子蟹的 *IRI* 指数居前两位，远高于其他物种。保护区外日本蟳的 *IRI* 指数、尾数密度百分比和重量百分比均是最高。外浒的三疣梭子蟹是最重要种，其 *IRI* 指数、尾数和重量密度百分比要远高于其他物种（表 6-25）。

表6-27 8月蟹类主要优势种生态特征

区域	优势种	尾数密度 （×10³ ind./km²）	重量密度 （kg/km²）	N （%）	W （%）	F （%）	IRI
保护区内	红星梭子蟹	0.66	1.83	29.46	25.70	100.00	5 515.77
	纤手梭子蟹	0.69	2.92	30.67	41.01	71.43	5 120.06
	日本蟳	0.23	0.64	10.23	8.99	57.14	1 098.04
	双斑蟳	0.30	0.67	13.21	9.45	42.86	971.06
	变态蟳	0.27	0.52	11.99	7.30	28.57	551.05
	三疣梭子蟹	0.06	0.38	2.76	5.27	42.86	344.28
	矛形梭子蟹	0.03	0.04	1.22	0.62	42.86	78.80
保护区外	日本蟳	0.68	1.58	32.26	31.50	100.00	6 376.19
	纤手梭子蟹	0.54	1.28	25.76	25.61	100.00	5 136.97
	红星梭子蟹	0.31	1.11	14.57	22.08	100.00	3 664.07
	双斑蟳	0.24	0.37	11.63	7.39	100.00	1 902.15
	三疣梭子蟹	0.13	0.25	5.99	5.00	100.00	1 098.82
	变态蟳	0.07	0.13	3.45	2.69	100.00	613.76
	矛形梭子蟹	0.07	0.12	3.42	2.48	50.00	295.24
	锈斑蟳	0.03	0.12	1.47	2.38	50.00	192.36
	银光梭子蟹	0.03	0.04	1.47	0.86	50.00	116.42
外浒	三疣梭子蟹	0.04	2.53	36.64	59.78	100.00	9 642.44
	红星梭子蟹	0.02	0.51	19.48	12.07	33.33	1 051.85
	日本蟳	0.01	0.82	9.55	19.35	16.67	481.71
	纤手梭子蟹	0.01	0.06	12.26	1.35	16.67	226.76
	变态蟳	0.01	0.02	12.26	0.54	16.67	213.26
	锈斑蟳	0.00	0.28	2.45	6.66	16.67	151.80
	双斑蟳	0.01	0.01	4.90	0.20	16.67	85.04
	矛形梭子蟹	0.00	0.00	2.45	0.05	16.67	41.76

6.7.5 物种多样性的平面分布

由图6-58~图6-63可见，2010年6月保护区外蟹类的尾数多样性和重量多样性指数均是最高值，分别为1.86和1.96；外浒的多样性指数最差。2010年8月保护区外蟹类的尾数多样性和重量多样性指数均是最高值，分别为2.39和2.29；外浒的多样性指数最差。

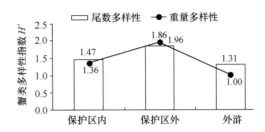

图 6-58　三沙湾 6 月蟹类重量、尾数多样性指数（H'）值变动趋势

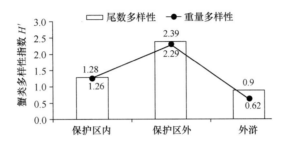

图 6-59　三沙湾 8 月蟹类重量、尾数多样性指数（H'）值变动趋势

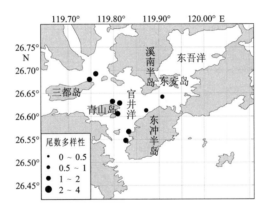

图 6-60　三沙湾 6 月蟹类尾数多样性指数（H'）值分布

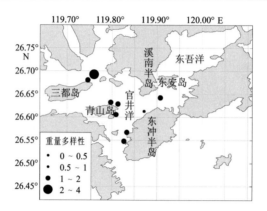

图 6-61　三沙湾 6 月蟹类重量多样性指数（H'）值分布

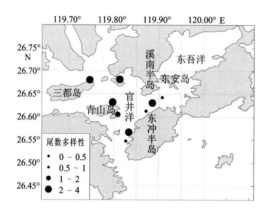

图 6-62　三沙湾 8 月蟹类尾数多样性指数（H'）值分布

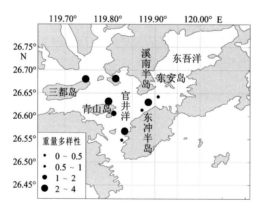

图 6-63　三沙湾 8 月蟹类重量多样性指数（H'）值分布

第7章 官井洋野生大黄鱼鱼卵仔鱼的分布特征

7.1 以往官井洋大黄鱼鱼卵仔鱼

在第一章就曾经提到，目前，我国只有福建闽东的官井洋和邻近水域大黄鱼资源尚能提供稳定的大黄鱼鱼卵和仔、稚鱼研究标本，其他海域大黄鱼稀少，无论成体和幼体都很少发现。因此，官井洋和邻近水域是研究大黄鱼鱼卵和仔、稚鱼的理想场所。

以往我国对野生大黄鱼鱼卵仔鱼的研究主要反映了大黄鱼早期的生物学状况（郑文莲等，1964；沙学坤，1962），而对野生大黄鱼鱼卵仔鱼分布和环境关系的研究尚处于空白状态。我国在大黄鱼产卵场的环境特征及其主要环境因子的参数阈值方面，在海洋水文条件，海水化学因子的变化，海湾和浅海海域的地形地貌特征，大黄鱼产卵行为的地域特征关系等方面，还缺少相关的研究报道。

依据徐兆礼等最近调查的结果，在2010年4月末，在江苏如东沿海发现了大黄鱼鱼卵，同时，依据刘磊等（2009）文献报道，2006年5月下旬在海安到启东沿海调查，50%站位出现了大黄鱼仔鱼。依据作者于2010年6月对洞头洋调查结果，2010年6月在洞头洋发现了大黄鱼的鱼卵或仔鱼。至今为止，我国尚未见对大黄鱼产卵场鱼卵和仔、稚鱼专门的研究报道。

鱼卵和仔鱼是鱼类资源进行补充和可持续利用的基础（王兴春，2006；戴燕玉，2006），而鱼卵和仔稚幼鱼阶段是鱼类生命周期中最为脆弱的时期，它们随海流的漂移性和对海洋环境的敏感性，海洋环境因素的细微变化将对其生长、发育直至种群的补充产生强烈的影响，这一阶段其成活率的高低、剩存量的多寡将决定鱼类补充群体资源量的丰歉（刘育莎等，2010；吴国凤，2004；卢振彬，2004；沈长春，2011）。鱼类产卵习性和生态的调查研究对把握渔业资源数量变动状况具有重要的意义，因此，鱼卵和仔稚鱼存活机制和数量的研究是渔业资源可持续利用研究中必不可少的首要工作之一。其次，在海洋食物网中，鱼卵、仔稚幼鱼是主要的被捕食者，仔稚幼鱼又是次级生产力的重要消费者。在海洋营养动力学研究中，仔稚幼鱼既是生物能的消费者，同时鱼卵、仔稚幼鱼又是生物能量的转换者，是海洋食物链中的重要环节之一。因此，了解产卵场中大黄鱼鱼卵和仔、稚鱼的数量分布状况，进而了解大黄鱼的早期补充状态，对掌握大黄鱼资源的变动趋势，深入研究海洋生态系统的结构和功能是十分必要的。

依据以往的研究（徐兆礼，2010），江苏南部沿海的吕泗洋，浙江沿海从北到南的岱衢洋、大目洋、猫头洋和洞头洋，福建北部的官井洋是东黄海大黄鱼的主要产卵场，而官井洋是其中唯一的内湾性大黄鱼产卵场。这里以官井洋所在三沙湾为例，对大黄鱼鱼卵和仔、稚鱼的数量与分布特征进行研究。详细报道官井洋产卵场大黄鱼鱼卵和仔、稚鱼数量与水平分布特征，为大黄鱼早期补充机制与补充过程研究积累基础资料。

7.2　研究的材料和方法

7.2.1　调查的航次和站位分布

2010 年 6—11 月以及 2011 年 4—5 月大黄鱼繁殖季节，对官井洋产卵场进行了 8 个航次的综合调查，大黄鱼鱼卵和仔、稚幼鱼的数量与分布为重点调查内容。调查范围：$26°25'$—$26°50'$N、$119°35'$—$120°05'$E（图 7-1），除 2010 年 6 月下旬和 8 月调查新增三沙湾湾内东吾洋（站位 26~29）和湾外外浒海域（站位 30~33）对比站位，其余航次调查站位均一致（表 7-1 和图 7-1）。

表 7-1　官井洋水域大黄鱼产卵场调查情况

调查时间		航次	调查站位	备注
2011 年 4 月	4 月 16—19 日	1	1~25	
2011 年 5 月	5 月 16—19 日	2	1~25	
2010 年 06 月中旬	6 月 11—17 日	3	1~25	
			26~33	对比站位
2010 年 06 月下旬	6 月 24—28 日	4	1~25	
			26~33	对比站位
2010 年 8 月	8 月 21—26 日	5	1~25	
2010 年 9 月	9 月 22—26 日	6	1~25	
2010 年 10 月	10 月 21—25 日	7	1~25	
2010 年 11 月	11 月 19—23 日	8	1~25	

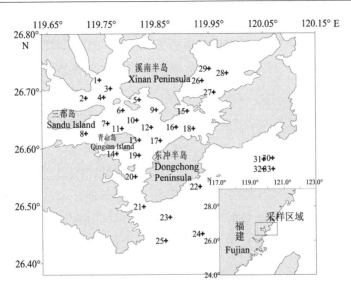

图 7-1　官井洋大黄鱼产卵场调查站位

7.2.2　样品的采集处理和分析

样品采集用浅水 Ⅰ 型浮游生物拖网（网长 145 cm，网口内径 50 cm，网口面积 0.2 m²），水平拖网 10 min，拖速约 2.0 nmile/h；垂直拖网由底到表，拖速 0.5 m/s；样品保存于 5% 的福尔马林溶液中。在实验室内从浮游生物样品中挑取鱼卵和仔、稚鱼标本，对各站标本进行种类鉴定、个体计数和发育阶段的判别。定量资料取自垂直网采集数据，水平网采集鱼卵和仔、稚幼鱼用于定性分析。垂直网采用如下公式计算

$$C_b = N_b / s$$

式中：C_b 的单位为 ind./m³，N_b 为全网鱼卵和仔鱼的个体数（个或尾），s 表示浮游生物网的网口面积。

7.3　结果

7.3.1　大黄鱼产卵的季节分布

2011 年 4 月调查期间水平和垂直网未采集到鱼卵和仔鱼。2011 年 5 月调查期间水平网采集到 5 粒大黄鱼鱼卵，未采集到大黄鱼仔鱼。说明官井洋大黄鱼进入产卵期。2010 年 6 月中旬调查期间水平网和垂直网均采集到大黄鱼鱼卵，垂直网共 8 个站位采集到大黄鱼鱼卵，水平网 2 个站位采集到鱼卵；6 月下旬调查期间采集到 6

粒鱼卵和 7 粒仔鱼，鱼卵和仔鱼的出现频率分别为 15.2% 和 9.1%。2010 年 8 月调查期间出现 3 粒鱼卵和 1 尾仔鱼。鱼卵和仔鱼的数量、出现频率及密度大幅度下降。2010 年 9 月、10 月和 11 月调查未出现鱼卵，9 月和 11 月调查期间未出现仔鱼，10 月调查出现 8 尾仔鱼。

7.3.2　大黄鱼鱼卵数量的水平分布特征

一般地讲，垂直网中的鱼卵仔鱼样品反映了大黄鱼数量，从而用于定量分析。而水平网中的大黄鱼样品用于定性分析。然而，相对鱼卵仔鱼总量，垂直网中的大黄鱼样品出现率很少，难以反映大黄鱼鱼卵仔鱼的空间分布状态。本文基于每个水平分布站位采样方法（网具、拖速、时间）基本一致，给出每个水平分布站鱼卵仔鱼的数量（表 7-2）。

2010 年 6—11 月以及 2011 年 4—5 月调查期间，各月的大黄鱼鱼卵的数量和密度分布差异较大。8 个航次调查中，4 月未出现大黄鱼鱼卵，5 月开始出现大黄鱼鱼卵一直持续到 8 月，9 月、10 月和 11 月调查中均未出现大黄鱼鱼卵。

7.3.3　垂直网分布特征

2010 年 6—11 月和 2011 年 4—5 月调查期间，垂直网调查中仅在 6 月中旬和 8 月调查中出现大黄鱼鱼卵。其余 6 个航次垂直网调查中均未出现大黄鱼鱼卵。6 月中旬 33 个垂直网调查中仅有 4 个站位出现大黄鱼鱼卵，大黄鱼鱼卵平均密度为 273.6×10^{-3} ind./m³，大黄鱼的高密度区域集中在官井洋水域和三都岛东北侧的盐田港水域（图 7-2）。2010 年 8 月调查中仅有鸡公山附近一个站位出现大黄鱼鱼卵，垂直网采集的大黄鱼鱼卵平均密度为 1.82×10^{-3} ind./m³，其他调查站位均未出现大黄鱼鱼卵。

7.3.4　水平网分布特征

水平采集大黄鱼鱼卵仅能用来定性分析，2010 年 6—11 月和 2011 年 4—5 月调查期间。2011 年 5 月水平网调查期间在青山岛附近官井洋水域水平网采集到大黄鱼鱼卵。2010 年 6 月中旬调查期间 25 个水平调查站位中共 3 个站位采集到大黄鱼鱼卵，主要分布在青山岛北侧水域和盐田港水域。2010 年 6 月下旬调查期间，33 个水平网调查站位中共 5 个调查站位采集到大黄鱼鱼卵，大黄鱼鱼卵主要分布在三都岛北侧水域以及两个三沙湾口外水域调查站位中。2010 年 8 月调查期间，水平网在官井洋东侧水域采集到大黄鱼鱼卵。2010 年 9 月、10 月以及 11 月调查期间均未出现大黄鱼鱼卵。

表7-2　官井洋产卵场大黄鱼鱼卵和仔、稚鱼的数量

航次	垂直网						水平网			
	鱼卵			仔鱼			鱼卵		仔鱼	
	数量（ind）	密度（×10⁻³ ind./m³）	频率（%）	数量（ind）	频率（%）	密度（×10⁻³ ind./m³）	数量（ind）	频率（%）	数量（ind）	频率（%）
1	/	/	/	/	/	/	/	/	/	/
2	/	/	/	/	/	/	5	12.0	/	/
3	10	273.6	24.0	/	/	/	8	12.0	/	/
4	/	/	/	6	6.1	3.64	6	15.2	1	3.03
5	1	1.82	3.03	/	/	/	2	3.03	1	3.03
6	/	/	/	/	/	/	/	/	/	/
7	/	/	/	6	8	15.6	/	/	/	/
8	/	/	/	/	/	/	/	/	/	/

注：鱼卵的数量单位（ind）表示"粒"，仔鱼数量单位（ind）表示"尾"。

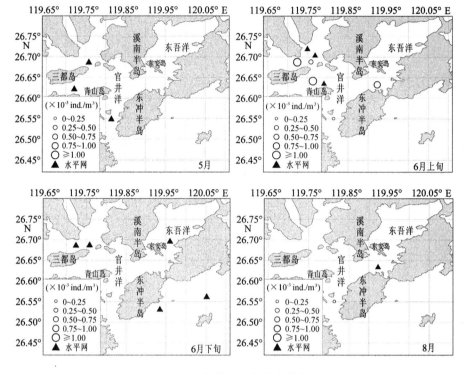

图 7-2　大黄鱼鱼卵密度分布

7.3.5　大黄鱼仔稚鱼数量的水平分布特征

2010 年 6—11 月和 2011 年 4—5 月调查期间，各月的大黄鱼仔鱼的数量和密度分布差异较大。8 个航次调查中，4 月和 5 月调查期间未出现大黄鱼鱼卵，6 月下旬开始出现大黄鱼仔鱼一直持续到 10 月（图 7-3）。

7.3.6　垂直网水平分布特征

2010 年 6—11 月和 2011 年 4—5 月调查期间调查资料表明，每月的大黄鱼仔稚鱼的数量和分布差异较大。从数量上分析，2011 年 4—5 月以及 2010 年 6 月中旬调查期间未采集到大黄鱼仔稚鱼。2010 年 6 月下旬调查期间，垂直网采集的大黄鱼仔稚鱼的平均密度为 $3.64×10^{-3}$ ind./m³，垂直网采集到大黄鱼仔稚鱼主要集中在三沙湾湾外水域，2010 年 8 月调查期间，垂直网未采集到大黄鱼仔、稚鱼。10 月调查期间，垂直网采集的大黄鱼仔稚鱼的平均密度为 $15.6×10^{-3}$ ind./m³，垂直网采集到大黄鱼仔、稚鱼主要集中在三沙湾湾外水域和官井洋水域。

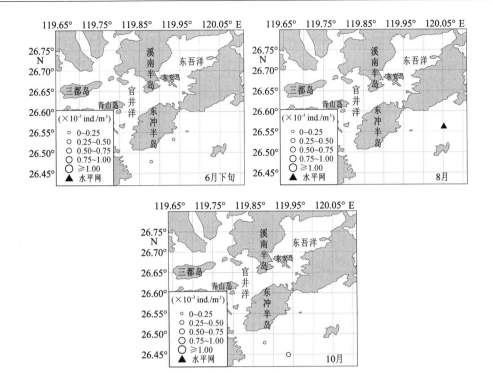

图 7-3　大黄鱼仔鱼密度分布

7.3.7　水平网水平分布特征

水平网调查中仅在 8 月三沙湾湾外外浒海域 33# 站调查站位出现 1 尾大黄鱼仔鱼。

7.3.8　与湾外比较

通过三沙湾内外大黄鱼鱼卵和仔鱼的比较，很明显的特征为：大黄鱼鱼卵主要分布在三沙湾湾内水域，仅在 6 月下旬的调查中在三沙湾口外水域出现大黄鱼鱼卵。而大黄鱼仔鱼主要集中在三沙湾湾外水域。这与鱼卵的分布趋势具有很大的区别。而从采集到大黄鱼鱼卵和仔鱼的类型上看：三沙湾湾外采集到大黄鱼鱼卵都是通过水平网采集到，而大黄鱼仔鱼在三沙湾湾外水域垂直网和水平网都采集，采集到方式以垂直网为主。

7.4　官井洋大黄鱼产卵场和产卵期的分析

7.4.1　官井洋大黄鱼产卵期

一般认为，鱼卵大量集中出现的时期为该海区鱼类的主要产卵期。如万瑞景等（2002）等根据山东半岛南部鳀鱼鱼卵的频率和丰度推测鳀鱼的产卵期为5月中下旬。根据厦门冬春季的鱼卵和仔鱼丰度最高，认为冬季是该海区鱼类的产卵期（蔡秉及等，1994）。从前文分析可见，5月调查海区中开始出现大黄鱼鱼卵，可见5月中下旬官井洋大黄鱼已经进入产卵初期。随着水温的进一步的上升，三沙湾大黄鱼调查中鱼卵的出现频率和密度进一步的上升，可见6月下旬大黄鱼进入产卵的高峰期。张仁斋（1985）研究黄海吕泗渔场大黄鱼产卵习性，5月下旬至6月下旬为产卵盛期，东海中部浙江沿海岱衢洋产卵期为5月中旬至6月中旬，而依据本文研究，东海南部官井洋海域大黄鱼的产卵盛期为5月中旬至6月下旬。而位于南海粤东渔场大黄鱼的产卵期为9—12月，产卵期明显区别也印证了中国科学院海洋所将中国大黄鱼划分为两个种群，东黄海群和硇州群的结论，徐兆礼（2010）也从洄游等方面印证了中国大黄鱼划分两个种群。分析东黄海大黄鱼种群洄游路线可以看出5月外海大黄鱼陆续进入沿海吕泗洋岱衢洋和大目洋产卵。而浙江中南部和福建北部近海越冬的群体直接进入邻近的大目洋、猫头洋、洞头洋和官井洋等水域产卵。

海洋环境是鱼类赖以生存的基础，海洋鱼类的分布、繁殖、生长不仅与海区水文环境的分布和变化有着密切的关系，与饵料的丰度也密切相关。温度是影响鱼类产卵活动的主要因素之一，上文研究得出官井洋大黄鱼产卵期是5月下旬至6月下旬，大黄鱼的产卵盛期主要集中在6月中旬。5月调查期间测得三沙湾水域水温范围$17.8 \sim 20$℃，东海大黄鱼进入三沙湾官井洋水域进行产卵，6月期间官井洋海域水温上升到$22 \sim 24$℃，大黄鱼进入产卵的盛期，待8月水温上升到25℃以上大黄鱼的产卵基本结束。因此大黄鱼在三沙湾内适宜的温度为$20 \sim 24$℃。大黄鱼在湾内的各水域生殖期的早晚，随水温的变化有所提前或推迟。张仁斋（1985）研究表明福建官井洋，当水温在$18 \sim 20$℃时鱼群开始进入渔场产卵，水温在$20 \sim 22$℃时进入产卵盛期，当水温上升到24℃以上产卵基本结束。与本书研究的结果基本一致。可见大黄鱼适宜较高的水温环境，分布的主体是亚热带海域，因而是暖水种。

从表7-2看出随着11月水温下降到$18.9 \sim 19.2$℃又发现大黄鱼仔鱼。说明官井洋大黄鱼一年内有2次生殖高峰，第一次出现在春夏季；第二次出现在秋季。而且以春夏季为主也就是5—6月为主，秋季为次。从大黄鱼鱼卵和仔鱼的密度分布和出现频率明显的得出此结论。

7.4.2 官井洋大黄鱼产卵场的位置特征

大黄鱼产卵场分为两个部分，其一是产卵行为的水域，换句话说是大黄鱼排卵和受精的水域。有些鱼类在产卵期进行排卵时，需要有一定的水流速作为刺激。例如，浙江近海的大黄鱼产卵时除了需要有一定的温度外，还要有一定的流速。在岱衢渔场一般要在海流流速达到 2~4 kn 时才会有集群并大批产卵。分析三沙湾潮流走向看，青山岛以北以东的官井洋海域位于三沙湾潮流主干道上，潮流速度符合大黄鱼产卵条件。而且通过走访附近年老渔民和当地渔业资源老专家了解到，在 50 年前，每当大黄鱼产卵盛期来临，也即是 6 月大潮汛期间，青山岛以北以东的官井洋海域，均可以听见大黄鱼寻偶、集群和产卵时发出的"呱呱"叫声，鱼群密集是发出犹如水沸声。而在三沙湾其他海域大黄鱼叫声并未如此强烈。因此三沙湾大黄鱼产卵场的核心位置是鸡公山至青山岛北侧官井洋海域。这是官井洋大黄鱼产卵行为的位置。

调查中大黄鱼鱼卵仔鱼密度高值区域并非是三沙湾大黄鱼产卵的核心位置所在。从图 4.8~图 4.11 可见，大黄鱼鱼卵密度高值区域或出现的区域往往在三都岛的北部、南部、东部、青山岛的北部沿海。甚至在盐田港、白马港口、官井洋和东吾洋之间水道等地。至于仔鱼更加分散，在湾外水域也有出现。由于鱼卵和仔鱼不具有主动运动的能力，易受到潮流的扩散而出现转移，因此大黄鱼鱼卵高密度区域并未出现在大黄鱼产卵的核心的鸡公山至青山岛北侧官井洋潮流主干部分海域而是随着潮流扩散。这些大黄鱼鱼卵密度高值区域或出现的区域往往具有水流较缓，存在大量的天然礁石群，可以产生紊流、上升流等多种流态效应，是大黄鱼鱼卵孵化，幼体发育的理想水域。也是大黄鱼产卵场一个重要的部分。礁石群还能为大黄鱼仔鱼和幼鱼起到躲避敌害的生态效应。

7.4.3 潮流对大黄鱼鱼卵和仔鱼分布的影响

鱼卵和仔、稚幼鱼阶段是鱼类生命周期中最为脆弱的时期，它们随海流的漂移进而出现扩散现象（万瑞景等，2000）。从上面分析来看大黄鱼产卵场核心位置在官井洋鸡公山至青山岛北侧海域。而调查中在东吾洋、盐田港和白马港水域也有大黄鱼鱼卵分布。除了极少数大黄鱼个体有可能在上述水域产卵，究其原因主要是由于大黄鱼鱼卵的分布在一定程度上受到潮流的作用下扩散和转移。三沙湾海域的涨潮自东冲口进入的潮流，至青山岛后，除少部分流入东吾洋外其余分成两股，一股在其西侧进入三沙湾航道；另一股在其东侧主要沿三都岛东侧深槽北上，分别进入三都岛北侧水域、白马港和盐田港；少部分经三都岛和青山岛之间通道，汇入三沙湾航道。三沙湾海域的落潮，其趋势基本与涨急流场相反。可以看出大黄鱼在官井洋水域产卵之后，受到潮流的影响。少部分大黄鱼鱼卵随着潮流进入东吾洋水域，而大部分大黄鱼鱼卵顺着青山岛东侧注入三都岛的北侧水域、白马港和盐田港。因此潮流对官井洋大黄鱼鱼卵具有转移扩散效应。位于潮流主干部分大黄鱼鱼卵密度出现高值，而位于潮流支流部分的海域大黄鱼鱼卵的密度较低。

7.4.4 影响官井洋大黄鱼产卵场的其他因素

除了水流和地形要素外，水质污染、营养盐构成、饵料丰富程度都可以影响到大黄鱼产卵场形成。依据有关研究官井洋水质污染的主要问题是营养盐超标的问题（蔡清海，2007），同时依据作者未发表的水质监测资料（2010年调查），除了锌在个别站位属于二类海水水质标准，磷属于四类或劣四类海水水质标准，无机氮属于三类海水水质标准，其他指标几乎都符合一类海水水质标准。营养盐超标往往难以构成对大黄鱼产卵场不利的影响，例如，我国的大黄鱼产卵场普遍位于沿岸海域，大部分水体的水环境质量较差，长江口的岱衢洋渔场水质为劣四类水质就是一例。可以认为，水质状况并不是影响大黄鱼产卵空间分布的主要影响因子。比较兴化湾、东山湾和三沙湾饵料浮游动物数量（林景宏等，1997；1998），大黄鱼产卵场的三沙湾浮游动物数量最低，由此可见，饵料浮游动物数量也不是影响大黄鱼产卵场的重要因素。因此，在诸多的环境因子中，影响三沙湾大黄鱼产卵场形成的主要因素为水温和地形环境。

7.4.5 三沙湾内外鱼卵仔鱼分布的比较

依据结果，大黄鱼鱼卵主要出现在三沙湾湾内海域，仅在6月下旬在三沙湾湾外水平网调查中出现大黄鱼鱼卵。福建官井洋大黄鱼人工授精实验研究表明水温在22.2~24.3℃之间，不到24 h大黄鱼鱼卵就孵出了仔鱼。而官井洋大黄鱼产卵行为的位置主要在鸡公山至青山岛北侧的官井洋海域。产卵之后由于受到潮流的作用鱼卵分布发生扩散，大多数漂流至沿岸水流较缓，存在大量的天然礁石群区域。再则，鱼卵存在时间相对较短，沿岸受到潮流影响较小。这就是为什么大黄鱼鱼卵主要集中在三沙湾湾内水域的原因。

仔鱼分布部分集中在三沙湾湾外水域，由于大黄鱼鱼卵不到一天就孵化出了仔鱼，从仔鱼成长到幼鱼需要相对长得一段时间，且仔鱼自主运动能力有限，受到潮流的影响时间比较长，因此仔鱼分布更加分散，可以看出，虽然大黄鱼仔鱼主要分布于三沙湾湾外水域，但是大黄鱼仔鱼分布主要还是集中在潮流进出三沙湾主干道上相对比较密集的区域。

7.4.6 官井洋大黄鱼产卵保护建议

目前三沙湾官井洋大黄鱼产卵场大黄鱼鱼卵资源的急剧下降主要原因是由于大黄鱼产卵群体的急剧下降不能形成鱼汛。徐开达（2007）研究表明自 20 世纪 70 年代以后，由于东海区大黄鱼渔业投入的捕捞力量和强度过大，已远远超过了大黄鱼资源的承受能力，大黄鱼资源量快速衰减，过度捕捞使东海区在 20 世纪 80 年代中期已形不成大黄鱼渔汛。而官井洋水域产卵条件的改变也是引起大黄鱼产卵减少的因素之一。就目前官井洋水域大片的渔排，大范围、高密度的养殖设施存在有可能阻止了水流正常流动，改变流速流向，大黄鱼、鲍鱼、海参、海带、羊栖菜养殖带来的操作船只扰动，使得石首鱼科的大黄鱼再也无法安静地在这一片水域产卵，产卵的水流条件也迅速恶化。这可能是近年来官井洋野生大黄鱼产卵场功能迅速萎缩的原因之一。

第8章　官井洋大黄鱼生长和资源分布的特征

8.1　数据处理和分析

调查地点、调查季节、站位设置、调查方法和密度计算与第 5 章游泳动物调查相同，这里就不再累述。

8.1.1　生长参数的计算

大黄鱼体长、体重关系呈幂函数相关。可以用公式（8-1）进行描述，其中 Wt 为体长，Lt 为体重，a 为生长条件因子，b 为幂指数系数。

大黄鱼生长的一般规律可以使用 Von Bertalanffy 生长方程，也就是公式（8-2）进行描述。其中 L_t 为 t 龄鱼的叉长，L_∞ 为渐近叉长（渐进体长），k 为生长参数，代表生物的平均生长速率，t_0 为理论生长起点。首先通过大黄鱼调查资料数据，对最大渐进体长 L_∞ 和生长曲率 k 的估计采用资源评估软件 FISAT 中的体长频率分析法 ELEFAN（Electronic length Frequency analysis）估算。其次，公式（8-2）中理论生长起点年龄 t_0 用 Pauly 的经验公式，即公式（8-3）可得。

$$W_t = aL_t^b \tag{8-1}$$

$$L_t = L_\infty(1 - e^{-k(t-t_0)}) \tag{8-2}$$

$$\ln(-t_0) = -0.392\,2 - 0.272\,5\,\ln L_\infty - 1.038\ln k \tag{8-3}$$

8.1.2　死亡参数的计算

死亡系数可分为总死亡系数（Z）、捕捞死亡系数（F）和自然死亡系数（M），三者之间的关系可以用公式（8-4）表示：

总死亡系数（Z）用 FISAT 中的长度变换渔获曲线法估算，其计算过程如下：

（1）将每一叉长组中值依 Von Bertalanffy 生长公式（8-3）变换为相对年龄；

（2）将全年的样品按叉长组求和，并计算各叉长组鱼的尾数占总渔获样品尾数

的比例 $N\%$，然后分别除以其相应叉长组由下限生长到上限所需要的时间 Δt。这一步骤是为了消除鱼类生长的非线性；

（3）用 $N/\Delta t$ 的自然对数值及其相对应的相对年龄作图，据此，采用一元线性回归的统计方法，求得回归方程即公式（8-5）中的参数 c 和 d，t 为对应每一叉长组中值的年龄；$-b=Z$，即为总死亡系数的估计值。

自然死亡系数 M 用 Pauly（1980）的经验公式（8-6）来计算，其中 T 为平均水温，为了消除不同水温对结果的影响，按不同季节捕获鱼的尾数与栖息地实测水温进行加权，得 $T=21.3℃$。

开发率（k）指捕捞死亡占总死亡的比例。

$$Z = F + M \qquad\qquad (8-4)$$

$$\ln N/t = c + dt \qquad\qquad (8-5)$$

$$\ln M = -0.006\,6 - 0.279\ln L_\infty + 0.654\,3\ln k + 0.463\,4\ln T \qquad (8-6)$$

8.2　大黄鱼资源调查结果

8.2.1　2010 年 6 月大黄鱼资源密度（尾数、重量）和平面分布

8.2.1.1　大黄鱼资源密度

2010 年 6 月大黄鱼尾数密度最大值出现在 2#站位，为 $10.53×10^3$ ind./km^2，最小值出现在 10#站位（$0.45×10^3$ ind./km^2）。大黄鱼尾数密度占鱼类总尾数密度和游泳动物总尾数密度百分比，最大值均出现在 9#站位，最小值为 10#站位（图 8-1）。

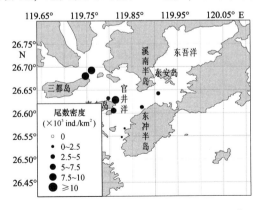

图 8-1　2010 年 6 月大黄鱼尾数密度平面分布（$×10^3$ ind./km^2）

2010 年 6 月大黄鱼重量密度最大值（264.41 kg/km^2）、占鱼类总重量密度和游

泳动物总重量密度百分比均出现在 6#站位，最小值均出现在 10#站位
（4.49 kg/km²）（图 8-2）。

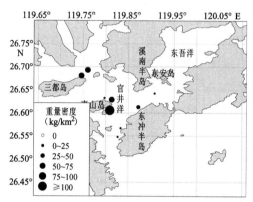

图 8-2　2010 年 6 月大黄鱼重量密度平面分布（kg/km²）

8.2.1.2　大黄鱼资源密度平面分布

2010 年 6 月各站位各潮水大黄鱼资源密度值见表 8-1、图 8-1 和图 8-2，其中，青山岛附近的 5#和 10#站位分潮水渔获量变化幅度较大，其他各号站位各潮水渔获物量较均匀。

表 8-1　2010 年 6 月大黄鱼资源密度

号站位	潮水数	资源密度	均值	标准差	变异系数（%）
1	7	尾数密度（×10³ind./km²）	9.57	4.17	43.55
		重量密度（kg/km²）	66.37	32.25	48.60
2	6	尾数密度（×10³ind./km²）	10.53	3.76	35.73
		重量密度（kg/km²）	67.55	16.71	24.73
4	8	尾数密度（×10³ind./km²）	3.48	3.09	88.80
		重量密度（kg/km²）	26.83	22.21	82.76
5	7	尾数密度（×10³ind./km²）	8.60	8.63	100.33
		重量密度（kg/km²）	68.01	60.13	88.42
6	7	尾数密度（×10³ind./km²）	8.27	5.26	63.60
		重量密度（kg/km²）	264.61	148.60	56.16
7	6	尾数密度（×10³ind./km²）	3.02	1.79	59.27
		重量密度（kg/km²）	22.33	13.65	61.14
9	6	尾数密度（×10³ind./km²）	5.39	4.08	75.67
		重量密度（kg/km²）	30.46	23.33	76.59

号站位	潮水数	资源密度	均值	标准差	变异系数（%）
10	3	尾数密度（×10³ind./km²）	0.45	0.45	100.00
		重量密度（kg/km²）	4.49	5.25	117.06
11	3	尾数密度（×10³ind./km²）	2.28	0.68	29.73
		重量密度（kg/km²）	27.23	27.37	100.51

8.2.1.3 大黄鱼体长和体重分布

2010年6月各站位大黄鱼体长体重调查结果见表8-2、图8-3和图8-4。6月航次调查共测定大黄鱼974尾，体长优势组110~120 mm，体长均值为113 mm；体重优势组为25~35 g，体重均值为29.96 g。

表8-2　2010年6月各站位大黄鱼体长体重分布

号站位	测定尾数密度	体长（mm）			体重（g）		
		范围	优势组体长	平均值	范围	优势组体重	平均值
1	171	40~213	70~80	109	2.0~218.7	0~10	27.6
2	91	49~237	110~120	117	1.8~260.7	0~10	34.8
4	114	41~179	100~110	100	1.7~88.2	10~30	19.7
5	59	39~204	50~60	106	1.1~116.2	0~10	25.7
6	341	43~207	130~140	137	2.0~114.7	30~40	44.6
7	87	49~132	60~70	81	3.2~36.1	0~10	10.4
9	63	44~14.8	70~80	80	1.6~45.2	0~10	9.8
10	6	58~126	70~80	79	3.3~31.6	10~20	10.0
11	43	39~167	60~70	84	0.9~77.7	0~10	18.4

8.2.2　2010年8月大黄鱼资源密度(尾数、重量)和平面分布

8.2.2.1　大黄鱼资源密度

2010年8月张网渔业资源大黄鱼尾数密度最大值为6#站位（4.05×10³ind./km²），而在10#站位大黄鱼未出现。大黄鱼尾数密度占鱼类尾数密度和渔业资源尾数密度百分比，最大值均出现在6#站位，最小值均为10#站位。

2010年8月张网渔业资源大黄鱼重量密度最大值为6#站位（58.66×

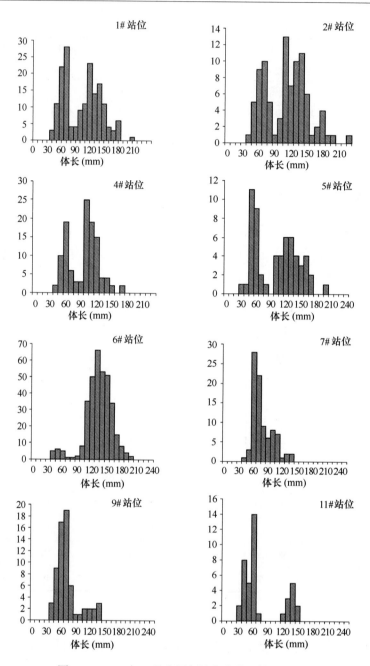

图 8-3　2010 年 6 月张网各站位大黄鱼体长分布

10^3 ind. /km^2), 而在 10#站位大黄鱼未出现。大黄鱼尾数密度占鱼类尾数密度和渔业资源尾数密度百分比, 最大值均出现在 6#站位, 最小值均为 10#站位。

8.2.2.2　大黄鱼资源密度平面分布

2010 年 8 月各号站位张网分潮水大黄鱼资源密度值见 (表 8-3、图 8-5 和图 8-

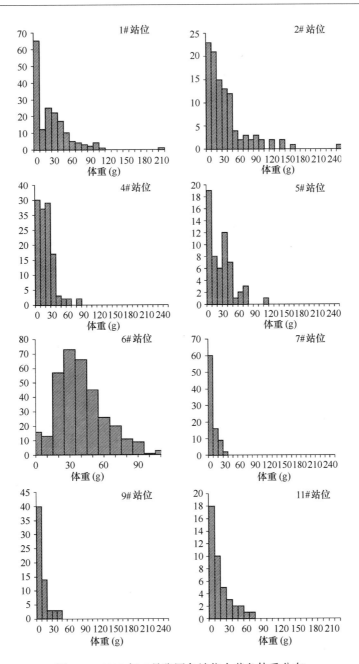

图 8-4　2010 年 6 月张网各站位大黄鱼体重分布

6)，其中 2#站位和 11#站位分潮水渔获量变化幅度较大，其他各号站位张网各潮水渔获物量较均匀。

表 8-3　2010 年 8 月大黄鱼资源张网资源密度

张网号站位	潮水数	资源密度	均值	标准差	变异系数（%）
2	7	尾数密度（×10³ind./km²）	0.45	0.34	76.02
		重量密度（kg/km²）	6.25	4.08	65.24
3	6	尾数密度（×10³ind./km²）	0.78	0.36	46.02
		重量密度（kg/km²）	26.54	13.90	52.37
4	8	尾数密度（×10³ind./km²）	0.39	0.00	0.00
		重量密度（kg/km²）	9.64	4.03	41.80
6	7	尾数密度（×10³ind./km²）	4.05	2.71	67.00
		重量密度（kg/km²）	58.66	30.70	52.33
7	7	尾数密度（×10³ind./km²）	0.34	0.22	63.81
		重量密度（kg/km²）	4.98	3.67	73.57
8	6	尾数密度（×10³ind./km²）	1.54	0.99	64.24
		重量密度（kg/km²）	21.47	12.60	58.66
9	6	尾数密度（×10³ind./km²）	0.33	0.02	4.88
		重量密度（kg/km²）	5.99	1.15	19.25
10	3	尾数密度（×10³ind./km²）	0.00	0.00	0.00
		重量密度（kg/km²）	0.00	0.00	0.00
11	3	尾数密度（×10³ind./km²）	0.37	0.43	113.65
		重量密度（kg/km²）	4.66	4.69	100.52

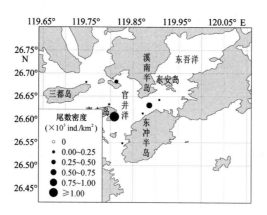

图 8-5　2010 年 8 月大黄鱼尾数密度平面分布（×10³ ind./km²）

8.2.2.3　各站位大黄鱼体长体重分布

2010 年 8 月各站位大黄鱼体长体重调查结果见表 8-4、图 8-7 和图 8-8。8 月航次调查中测定大黄鱼 357 尾，体长优势组为 100～110 mm，体长均值为 104 mm；

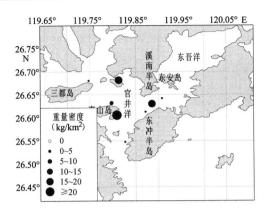

图 8-6 2010 年 8 月大黄鱼重量密度平面分布（kg/km²）

体重优势组为 10~20 g，体重均值为 21.87 g。

表 8-4 2010 年 8 月各站位大黄鱼体长体重

号站位	测定尾数	体长（mm）			体重（g）		
		范围	优势组体长	均值	范围	优势组体重	均值
2	60	57~118	90~100	96	4.4~32.8	10~20	19.9
3	51	26~234	100~110	133	2.8~180.3	20~30	67.0
4	70	53~235	90~100	108	2.6~213.0	10~20	24.5
6	50	74~145	100~110	100	6.1~43.7	10~20	75.4
7	19	57~126	90~100	92	4.0~34.5	10~20	14.6
8	50	62~179	90~100	97	1.6~101.6	10~20	86.7
9	41	62~172	110~120	100	4.0~77.8	0~10	18.0
11	16	66~121	80~90	91	4.8~22.8	10~20	12.5

8.2.3 2010 年 10 月大黄鱼资源密度(尾数、重量)和平面分布

8.2.3.1 大黄鱼资源密度

2010 年 10 月张网渔业资源大黄鱼尾数密度最大值为 6#站位为（2.51×10³ ind./km²），10#站位未出现大黄鱼。大黄鱼尾数密度占鱼类尾数密度和渔业资源尾数密度百分比，最大值均出现在 3#站位，最小值均为 10#站位。

2010 年 10 月张网渔业资源大黄鱼重量密度最大值为 3#站位（50.15×10³ ind./km²），10#站位未出现大黄鱼。大黄鱼尾数密度占鱼类尾数密度和渔业资

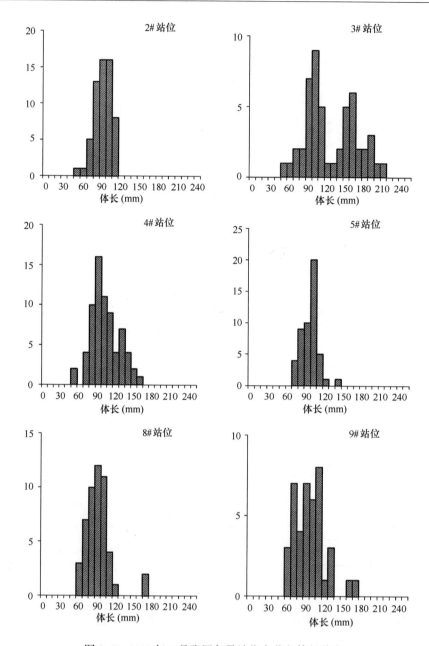

图 8-7　2010 年 8 月张网各号站位大黄鱼体长分布

源尾数密度百分比，最大值均出现在 3# 站位，最小值均为 10# 站位，其次为 11# 站位。

8.2.3.2　大黄鱼渔获物资源密度平面分布

2010 年 10 月各站位张网分潮水大黄鱼资源密度值见表 8-5、图 8-9 和图 8-10，

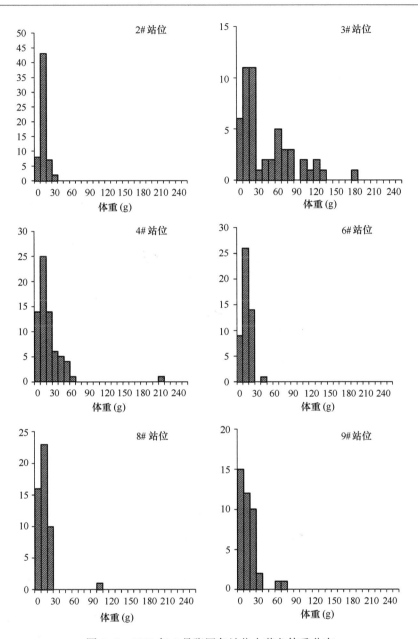

图 8-8　2010 年 8 月张网各站位大黄鱼体重分布

其中 8#站位、9#站位和 11#站位分潮水渔获量变化幅度较大，其他各号站位张网各潮水渔获物量较均匀。

表 8-5　2010 年 10 月大黄鱼资源张网资源密度

张网号站位	潮水数	资源密度	平均值	标准差	变异系数（%）
1	7	尾数密度（×10³ind./km²）	0.50	0.18	36.74
		重量密度（kg/km²）	10.26	4.85	47.29
3	6	尾数密度（×10³ind./km²）	2.39	1.47	61.44
		重量密度（kg/km²）	66.87	45.94	68.70
4	8	尾数密度（×10³ind./km²）	1.70	0.57	33.43
		重量密度（kg/km²）	48.38	13.87	28.67
6	7	尾数密度（×10³ind./km²）	2.51	1.60	63.78
		重量密度（kg/km²）	61.97	37.76	60.94
7	7	尾数密度（×10³ind./km²）	0.59	0.43	73.11
		重量密度（kg/km²）	8.69	6.69	76.96
8	6	尾数密度（×10³ind./km²）	1.11	1.04	93.87
		重量密度（kg/km²）	16.23	14.81	91.21
9	6	尾数密度（×10³ind./km²）	0.37	0.55	147.83
		重量密度（kg/km²）	5.46	8.54	156.41
10	3	尾数密度（×10³ind./km²）	0.00	0.00	0.00
		重量密度（kg/km²）	0.00	0.00	0.00
11	3	尾数密度（×10³ind./km²）	0.21	0.29	138.01
		重量密度（kg/km²）	5.79	8.68	149.85

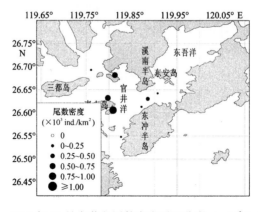

图 8-9　2010 年 10 月大黄鱼尾数密度平面分布（×10³ ind./km²）

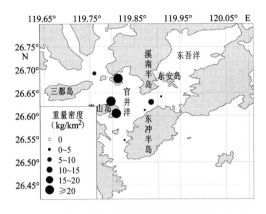

图 8-10　2010 年 10 月大黄鱼重量密度平面分布（kg/km²）

8.2.3.3　各站位大黄鱼体长体重分布

2010 年 10 月各站位大黄鱼体长体重调查结果见表 8-6、图 8-11 和图 8-12。10 月航次调查中测定大黄鱼 492 尾，体长优势种为 110～120 mm，体长均值为 123.7 mm，体重均值为 10～20 g，体重均值为 29.67 g。

表 8-6　2010 年 10 月各站位大黄鱼体长体重

号站位	测定尾数	体长（mm）			体重（g）		
		范围	优势组体长	平均值	范围	优势组体重	平均值
1	84	70～189	100～110/120～130	139.3	4.0～88.7	10～20	24.5
3	90	77～224	130～140	128.9	6.7～153.2	30～40	37.8
4	81	63～245	120～130/130～140	135.4	5.2～265.1	20～30	42.9
6	84	68～230	110～120	127.7	5.2～154.6	20～30	34.4
7	35	72～127	80～90	95.7	6.5～10.9	10～20	14.5
8	71	76～151	100～110	107.1	5.9～53.3	10～20	18.7
9	29	60～172	90～100	97.4	4.3～78.7	0～10	15.3
11	18	74～214	100～110/110～120	117.4	6.3～104.1	20～30	27.5

8.2.4　2010 年 11 月大黄鱼资源密度(尾数、重量)和平面分布

8.2.4.1　大黄鱼资源密度

2010 年 11 月大黄鱼尾数密度最大值为 6#站位（$1.51×10^3$ ind./km²），最小值

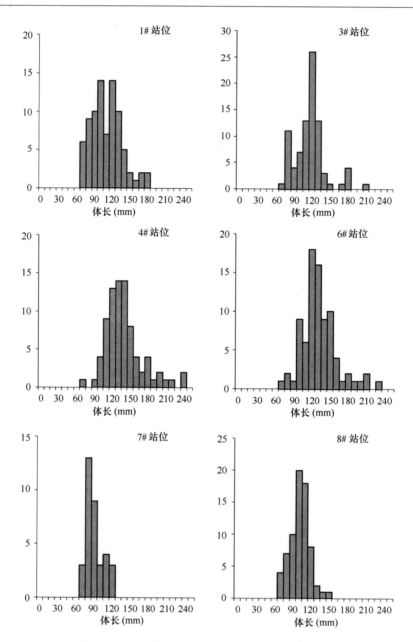

图 8-11　2010 年 10 月张网各站位大黄鱼体长分布

出现在 9#站位和 11#站位均为（0×10³ ind. /km³）。大黄鱼尾数密度占鱼类尾数密度和渔业资源尾数密度百分比，最大值均出现在 6#站位，最小值均为 9#和 11#站位。

2010 年 11 月大黄鱼重量密度最大值为 6#站位（34. 79×10³ ind. /km²），最小值出现在 9#站位和 11#站位资源密度均为（0×10³ ind. /km²）。大黄鱼尾数密度占鱼类尾数密度和渔业资源尾数密度百分比，最大值均出现在 3#站位，最小值均为 9#站位和 11#站位。

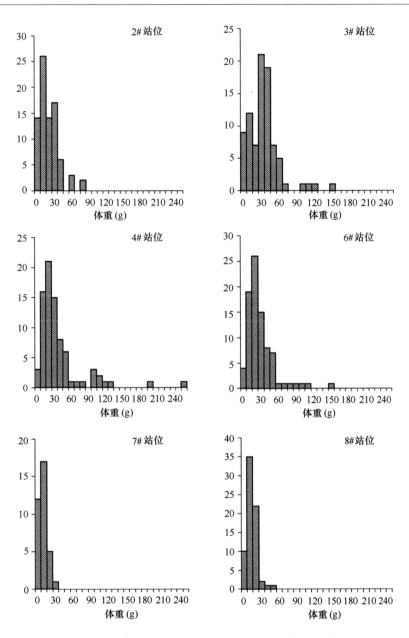

图 8-12 2010 年 10 月张网各站位大黄鱼体重分布

8.2.4.2 大黄鱼资源密度平面分布

2010 年 11 月各号站位张网分潮水大黄鱼资源密度值见表 8-7、图 8-13 和图 8-14，其中 7#站位和 11#站位分潮水渔获量变化幅度较大，其他各号站位张网各潮水渔获物量较均匀。

表 8-7　2010 年 11 月大黄鱼资源张网资源密度

张网号站位	潮水数	资源密度	均值	标准差	变异系数（%）
1	7	尾数密度（×10³ind./km²）	0.01	0.02	0.00
		重量密度（kg/km²）	0.23	0.36	158.07
3	6	尾数密度（×10³ind./km²）	0.18	0.11	63.18
		重量密度（kg/km²）	5.31	3.12	58.72
4	8	尾数密度（×10³ind./km²）	0.19	0.10	48.97
		重量密度（kg/km²）	3.30	1.06	32.11
6	7	尾数密度（×10³ind./km²）	0.25	0.07	27.77
		重量密度（kg/km²）	5.80	2.02	34.90
7	7	尾数密度（×10³ind./km²）	0.02	0.03	114.56
		重量密度（kg/km²）	0.35	0.37	104.81
8	6	尾数密度（×10³ind./km²）	0.13	0.07	55.56
		重量密度（kg/km²）	2.20	1.16	52.61
9	6	尾数密度（×10³ind./km²）	0.00	0.00	0.00
		重量密度（kg/km²）	0.00	0.00	0.00
10	3	尾数密度（×10³ind./km²）	0.01	0.01	198.43
		重量密度（kg/km²）	0.09	0.21	234.70
11	3	尾数密度（×10³ind./km²）	0.00	0.00	0.00
		重量密度（kg/km²）	0.00	0.00	0.00

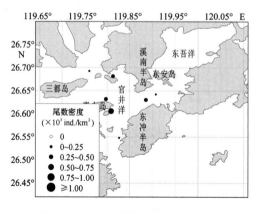

图 8-13　2010 年 11 月大黄鱼尾数密度平面分布（×10³ ind./km²）

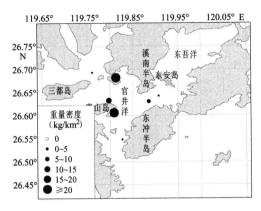

图 8-14　2010 年 11 月大黄鱼重量密度平面分布（kg/km²）

8.2.4.3　各站位大黄鱼体长体重分布

2010 年 11 月各站位大黄鱼体长体重调查结果见表 8-8、图 8-15 和图 8-16。11 月航次调查测定大黄鱼 274 尾，体长优势组为 100～110 mm，体长均值为 109.4 mm，体重优势组为 10～20 g，体重均值为 24.12 g。

表 8-8　2010 年 11 月各站位大黄鱼体长体重

号站位	测定尾数	体长（mm）			体重（g）		
		范围	优势组体长	均值	范围	优势组体重	均值
1	15	43～152	80～90	95	1.3～65.0	10～20	17.6
3	77	68～176	130～140	118	5.8～87.7	40～50	32.2
4	60	70～137	100～110	105	4.0～54.7	10～20	19.0
6	60	61～184	100～110	111	4.6～100.3	20～30	25.9
7	4	69～110	100～110	96	6～17.8	10～20	14.7
8	54	78～144	110～120	107	2.2～48.5	10～20	19.6
10	4	70～101	80～90	88	5.5～17.8	10～20	13.5

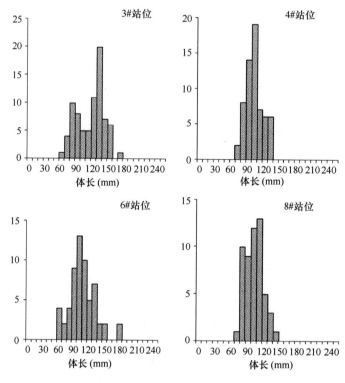

图 8-15   2010 年 11 月张网各站位大黄鱼体长分布

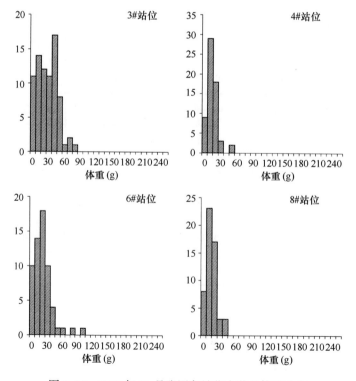

图 8-16   2010 年 11 月张网各站位大黄鱼体重分布

8.3 大黄鱼重量、尾数密度占鱼类和总渔获物的比例

在 4 个月的调查中，6 月大黄鱼渔获重量所占比例较高，10 月和 11 月比例较低。其中 6 月最高为 36.50%，11 月最低（11.27%）。渔获尾数密度也是 6 月和 8 月的比例较高，10 月和 11 月较低，其中 6 月的最高为 17.15%，11 月的最低为 2.06%（表 8-9 和图 8-17）。

表 8-9 大黄鱼渔获重量、尾数密度占鱼类和总渔获物的比例

百分比（%）	6 月	8 月	10 月	11 月
渔获重量占鱼类比例	40.37	26.54	20.09	16.58
渔获尾数占鱼类比例	24.06	12.72	7.53	5.35
渔获重量占总渔获物的比例	36.50	22.28	15.06	11.27
渔获尾数占总渔获物的比例	17.15	7.25	3.76	2.06

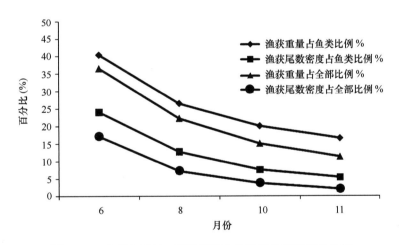

图 8-17 大黄鱼重量、尾数密度占鱼类和总渔获物的比例

8.4 大黄鱼资源分布与水温、水深和盐度的关系

官井洋大黄鱼繁殖水域的平均水温全年变化较大，最高达到 30.8℃，最低仅为 18.9℃（表 8-10）。大黄鱼渔业资源密度（表 8-11）与表层水温的月变化见图 8-18 和图 8-19。大黄鱼重量密度和尾数密度同海洋盐度的月变化见图 8-20 和图 8-21。

表 8-10 官井洋大黄鱼繁殖水域各月环境征值

月	6月	8月	10月	11月
表层水温（℃）	21.5~25.1	26.4~30.8	24.2~26.4	18.9~28.6
表层盐度	24.8~27.9	25.1~31.9	29.5~31.5	24.5~28.7
pH 值	7.95~8.06	7.72~7.92	7.84~7.92	7.91~8.04
透明体（m）	0.7~1.3	0.4~1.2	0.4~1.1	0.4~0.7

表 8-11 各月大黄鱼尾数密度和重量密度

月	尾数密度（×10³ ind./km²）	重量密度（kg/km²）
6月	5.73	64.21
8月	0.92	15.35
10月	0.92	22.21
11月	0.53	11.41
平均	2.02	28.30

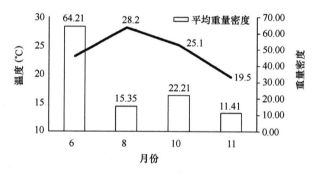

图 8-18 水温和大黄鱼重量密度的关系（kg/km²）

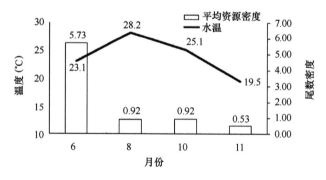

图 8-19 水温与大黄鱼尾数密度的关系（×10³ ind./km²）

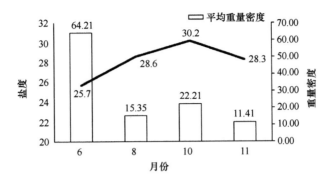

图 8-20 盐度和大黄鱼重量密度的关系（kg/km²）

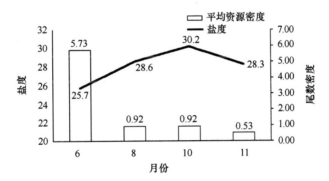

图 8-21 盐度和大黄鱼尾数密度的关系（×10³ ind./km²）

第9章 官井洋野生大黄鱼的摄食食性分析

9.1 大黄鱼摄食研究的意义

我国自 20 世纪 60 年代以来，对大黄鱼展开了众多的研究调查，包括大黄鱼生长繁殖、洄游等方面。就摄食习性方面，仅杨纪明等（1962）对浙江、江苏近海大黄鱼的食性做过较为详细的研究，之后便鲜有报道。上述研究距今时间久远，且仅仅研究大黄鱼的胃含物成分，没有与水体中的浮游动物和游泳动物进行数量比较，难以定量研究大黄鱼对饵料的选择性。在急需恢复大黄鱼资源的背景条件下，研究野生大黄鱼摄食习性，对于大黄鱼增殖放流技术规程的制定，对恢复野生大黄鱼资源具有重要意义，对海洋食物链的研究也有重要的意义。

国外对于主要经济鱼类食性研究也相当重视，很早便开展了多项研究。Wiborg（1948）早自 1930 年起就对挪威北部沿海几种鳕鱼幼鱼胃含物做了相关调查研究并与海洋中浮游动物做比较。Tuncay 等（2008）对土耳其沿岸爱琴海水域真腔吻鳕（*Caelorinchus caelorhincus*）食性进行研究，认为其为底栖食性，食物种类以甲壳类和多毛类为主。Pinkas 等（1971）研究了北太平洋海域东部沿海几种金枪鱼的摄食习性，为之后众多研究的展开奠定了基础。Hikaru 等（2004）研究了长鳍金枪鱼（*Thunnus alalunga*）在春末至秋初，从北太平洋中心海域的亚热带水域向亚北极区迁移阶段的摄食习性。

由于江苏南部近海和浙江近海大黄鱼数量稀少，样品价格高昂，且已经很难获得，本研究转而采集较为容易获得样品的官井洋大黄鱼。官井洋位于福建省三沙湾中部，水深一般 20～30 m，湾内风浪相对平静，水温、盐度适宜，浮游生物丰富，构成了大黄鱼产卵和幼鱼生长的良好场所，是我国著名的内湾大黄鱼产卵场。通过对官井洋大黄鱼胃含物成分进行分析，讨论其食物组成；并与该水域浮游动物、游泳动物种类组成的相似性比较，为大黄鱼生物学的进一步研究以及大黄鱼资源增殖放流地点判定、种群结构、生态分布等相关研究提供基础资料。

9.2　材料方法和计算方法

分析所用大黄鱼样品于 2010 年 6 月取自官井洋水域（见图 5-1），由于采样时间限制，未能反映大黄鱼食性的全年变化。采用定置张网采样，共采集大黄鱼样品 579 尾，其体长范围为 1.1~24.2 cm，其中体长为 20 cm 以下的大黄鱼占样品总数 97.75%，多为当龄未性成熟个体。所以，本研究结果更多的是反映当龄大黄鱼（幼体或小型成体）的食性情况。样品经生物学测定后，取出消化道固定于 10% 的福尔马林溶液中。胃含物分析在实验室进行，记录摄食等级和消化程度，然后用滤纸吸去食物团表面水分，用精度为 0.001 g 的电子秤测定食物团总重，胃含物中饵料生物种类在解剖镜下进行鉴定，对于消化较为充分的胃含物则通过耳石、鳞片、外壳等一些比较难消化的器官结构进行分析鉴定，并尽可能定到种，分别进行计数。

浮游动物样品在定置张网附近采集，采用浅水 I 型浮游生物网（口径 50 cm、筛绢 CQ14、孔径 0.505 mm），自海底至水面垂直拖曳获得。样品采集方法及标本处理等均按《海洋调查规范》进行。所获标本均经 5% 福尔马林溶液固定后再进行分类、鉴定、计数和称重。优势度计算公式如下，取优势度 $Y \geqslant 0.02$ 的浮游动物种类为优势种：

$$优势度\ Y = (n_i/N) \times f_i$$

式中：n_i 为第 i 种的丰度，f_i 是该种在各站位中出现的频率，N 为浮游动物总丰度。

各食物成分的重要性用相对重要性指标 IRI 来衡量，相对重要性指标百分比为该物种的 IRI 占总 IRI 中的百分比，计为"%IRI"。食物成分的出现率（F%）、个数所占百分比（N%）和质量分数（W%）采用以下公式计算：

$$出现频率（F\%）= \frac{含该食物成分的实胃数}{总胃数} \times 100$$

$$质量分数（W\%）= \frac{该食物成分的实际（更正）质量}{食物团总重} \times 100$$

$$个数百分比（N\%）= \frac{该食物成分的个数}{食物团中所有生物的总个数} \times 100$$

$$IRI = (W+N)\ F \times 10^4$$

以上公式中，质量采用更正质量（以下简称"质量"），也就是依据鉴定得出的尾数乘以该类个体的更正质量。游泳动物个体的更正质量依据同步张网调查所获得水生生物样品测量数据，选取相近体长饵料生物平均尾重。桡足类等浮游动物种类的更正质量则依据文献（白雪娥等，1966）的方法通过体积转换间接测定。

胃含物种类和水体中饵料种类的相似性比较，采取 Ivlev 选择指数 E（林龙山等，2005）和 3 种相似性指数（刘守海和徐兆礼，2011），即：

$$\text{Ivlev 选择指数 (1961) } E = \frac{r_i - P_i}{r_i + P_i}$$

式中：r_i 为饵料 i 在鱼类胃含物中所占的质量分数，P_i 为饵料在环境中的相对丰度。E 的值为 $-1.0 \sim +1.0$，-1.0 表示对某种饵料完全不选食或无法获得，$+1.0$ 表示对某种饵料总是选食，当 E 值接近于零时则表示随机选食。

$$\text{Kulczynski (1927) 系数 } S_K = \frac{a}{2}\left(\frac{1}{a+b} + \frac{1}{a+c}\right)$$

$$\text{Ochilai (1957) 系数 } C_o = \frac{a}{\sqrt{a+b} \cdot \sqrt{a+c}}$$

$$\text{Watson et al. (1966) 系数 } S_w = 1 - \frac{b+c}{2a+b+c}$$

上式中，a 是胃含物和海洋中共有的种类数，b 是胃含物有但海洋无的种类数，c 是海洋有但胃含物无的种类数。

9.3　食性分析大黄鱼样本体长组成

从图 9-1 中可见，大黄鱼样本的体长分布趋势，最小体长 11 mm，最大体长 242 mm，平均 136.38 mm。样本体长主要分布在 120～150 mm，占总尾数的 46.63%；其次多分布在 90～120 mm 和 150～180 mm，分别占总尾数百分比的 17.62% 和 20.55%，其余各组百分比均小于 10%。由此可知，本研究中所采到的大黄鱼样本基本为当龄大黄鱼。

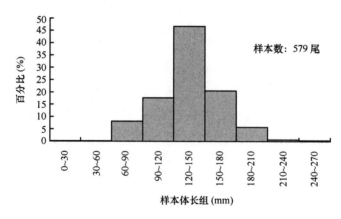

图 9-1　分析胃含物的大黄鱼体长分布

9.4　官井洋大黄鱼的食物组成及重要性分析

官井洋大黄鱼胃含物生物组成分析结果表明（表9-1），大黄鱼食物种类共32种（不包含无法鉴定到种的饵料），分为4个门12大类（不含浮游幼体）。食物组成中甲壳动物占绝对优势，包括十足类、磷虾类、糠虾类、桡足类、介形类、等足类、端足类、口足类、蟹类9大类22个属的29个种类，其中又以十足类的种类最多，达13种。其次为桡足类7种，糠虾类3种，鱼类3种（包括大黄鱼幼鱼），不包含未鉴定到种的食物。

表 9-1　大黄主要摄食种类及其重要性分析

食物种类 food species		F（%）	N（%）	W（%）	IRI	IRI（%）
桡足类 Copepoda		4.49	2.80	*	3.38	0.12
汤氏长足水蚤	Calanopia thompsoni	0.17	0.06	*	0.01	*
真刺唇角水蚤	Labidocera euchaeta	1.38	1.22	*	1.69	0.06
双刺唇角水蚤	Labidocera rotunda	0.35	0.12	*	0.04	*
精致真刺水蚤	Euchaeta concinna	1.55	0.97	*	1.52	0.06
中华哲水蚤	Calanus sinicus	0.35	0.12	*	0.04	*
太平洋纺锤水蚤	Acartia pacifica	0.17	0.06	*	0.01	*
普通波水蚤	Undinula vulgaris	0.17	0.06	*	0.01	*
未辨认的桡足类	Other copepoda	0.35	0.18	*	0.06	*
介形类 Ostracoda		0.34	0.12	*	0.02	*
尖尾海萤	Cypridina acuminata	0.17	0.06	*	0.01	*
未辨认的介形类	Other Ostracoda	0.17	0.06	*	0.01	*
磷虾类 Euphausiacea		21.93	22.47	0.56	505.27	18.31
中华假磷虾	Pseudeuphausia sinica	21.93	22.47	0.56	505.27	18.31
糠虾类 Mysidacea		19.86	9.87	0.2	64.49	2.34
窄尾刺糠虾	Acanthomysis leptura	5.35	2.13	0.04	11.64	0.42
宽尾刺糠虾	Acanthomysis laticauda	2.94	2.13	0.04	6.37	0.23
漂浮小井伊糠虾	Iiella pelagicus	2.07	1.04	0.03	2.20	0.08
未辨认的糠虾	Other Mysidacea	9.50	4057	0.09	44.28	1.60

食物种类 food species		F（%）	N（%）	W（%）	IRI	IRI（%）
等足类 Isopoda		13.99	7.80	0.12	110.74	4.01
端足类 Amphipoda		14.34	7.80	0.12	90.04	3.27
钩虾	*Gammaridea*	1.04	1.22	0.02	1.29	0.05
麦秆虫	*Caprella* sp.	13.30	6.58	0.1	88.76	3.22
十足类 Decapoda		71.16	38.61	13.13	1 355.92	49.14
细螯虾	*Leptochela gracilis*	39.03	22.78	2.23	976.1	35.38
尖尾细螯虾	*Leptochela aculeocaudata*	0.17	0.06	*	0.01	*
中国毛虾	*Acetes chinensis*	0.52	0.18	0.06	0.13	*
哈氏仿对虾	*Parapenaeopsis hardwickii*	2.25	0.91	2.73	8.18	0.30
刀额仿对虾	*Parapenaeopsis cultrirostris*	0.17	0.06	0.18	0.04	*
细巧仿对虾	*Parapenaeopsis tenella*	0.17	0.06	0.15	0.04	*
扁足异对虾	*Atypopeneus stenodactylus*	0.52	0.18	0.37	0.28	0.01
疣背宽额虾	*Latreutes planirostris*	3.97	1.46	1.43	11.49	0.42
中华管鞭虾	*Solenocera crassicornis*	0.52	0.24	1.06	0.68	0.02
葛氏长臂虾	*Palaemon gravieri*	0.17	0.06	0.14	0.03	*
脊尾白虾	*Palaemon carincauda*	0.17	0.06	0.27	0.06	*
刺螯鼓虾	*Alpheus hoplocheles*	0.35	0.12	0.44	0.19	0.01
日本鼓虾	*Alpheus japonicas*	0.17	0.06	0.22	0.05	*
未辨认的虾类	Other decapoda	22.45	12.18	3.79	358.52	12.99
口足类 Stomatopoda		0.86	0.30	2.74	1.79	0.06
无刺口虾蛄	*Oratosquilla inornata*	0.17	0.06	0.55	0.11	*
未辨认的口足类	Other stomatopoda	0.69	0.24	2.19	1.68	0.06
毛颚类 Chaetognatha		0.17	0.06	*	0.01	*
双壳类 Bivalvia		0.17	0.06	*	0.01	*
蟹类 Crabs		4.32	1.52	14.68	59.67	2.16
三疣梭子蟹	*Portunus trituberculatus*	0.35	0.12	1.17	0.45	0.02
未辨认的蟹类	Other crabs	3.97	1.4	13.51	59.22	2.15
鱼类 Fish		17.79	14.13	68.61	564.83	20.47

续表

食物种类 food species		F (%)	N (%)	W (%)	IRI	IRI (%)
棱鲛	*Liza carinatus*	1.38	1.89	9.24	15.38	0.56
麦氏犀鳕	*Bregmaceros macclellandii*	0.35	0.12	0.52	0.22	0.01
大黄鱼（幼鱼）	*Larimichthys crocea*	0.17	0.06	0.30	0.06	*
未辨认的鱼类	Other fish	15.89	12.06	58.55	549.17	19.90
浮游幼体 Larvae		1.73	1.77	0.01	3.08	0.11

注："＊"表示所占比例小于 0.01。

由表 9-1 可见，十足类的出现频率最高，为 71.16%；其次是磷虾类，出现频率为 21.93%。糠虾类和鱼类也是经常被大黄鱼摄食的种类，出现频率分别为 19.86% 和 17.79%。端足类和等足类也较常出现，出现频率分别占 14.34% 和 13.99%。桡足类、介形类、口足类、毛颚类、双壳类、蟹类等类群则是大黄鱼偶然摄食的对象，出现频率均低于 5%。

各类群的个体百分比以十足类最高（38.61%），其次是磷虾类（22.47%）；鱼类（14.13%）、糠虾类（9.87%）等足类（7.80%）和端足类（7.80%）的个体百分比也较高，其余类群较低，均不高于 3%。

食物质量分数以鱼类（68.61%）占优势，蟹类（14.68%）次之，十足类（13.07%）第三位，其他类群均低于 3%。

根据相对重要性指标和相对重要性指标百分比来看，十足类（$IRI = 1\ 355.92$）为大黄鱼摄食最重要的食物类群，相对重要性指标百分比占 49.14%。其次为鱼类（$IRI = 564.83$）相对重要性指标百分比为 20.47%。另外较重要的类群有磷虾类（$IRI = 505.27$），占相对重要性指标百分比的 18.31%。其余类群的相对重要性指标百分比较低，均低于 5%。

大黄鱼胃含物中出现频率最高的种类为细螯虾（*Leptochela gracilis*）占 39.03%，其次为中华假磷虾（*Pseudeuphausia sinica*）占 21.93%。个数百分比最高的两个种类仍为细螯虾和中华假磷虾，分别为 22.78% 和 22.47%。质量分数最高的为棱鲛（*Liza carinatus*），因其个体较甲壳类等类群大，故其质量较大，质量分数较高，占 9.24%。其余种类质量分数均不大于 3%。相对重要性指标最高的是细螯虾（$IRI = 976.10$），其相对重要性指标百分比为 35.38%。其次为中华假磷虾（$IRI = 505.27$），其相对重要性指标百分比占 18.31%。底栖动物中最重要的是麦秆虫（$IRI = 88.76$），相对重要性指标百分比占 3.22%。

9.5　官井洋水体中浮游动物及游泳动物种类组成

对大黄鱼采样点附近官井洋水域浮游动物和游泳动物同步调查结果显示（图9-2、图9-3和表9-2），该水域6月出现的浮游动物种类数共有30种，4个门9个大类（不含浮游幼体）。其中甲壳动物占优势，包括桡足类、端足类、磷虾类、糠虾类、涟虫类和介形类等在内的6大类，共19个属24种，其中又以桡足类种类最多，达16种，占浮游动物总丰度的45.04%。浮游幼体共包含4种。

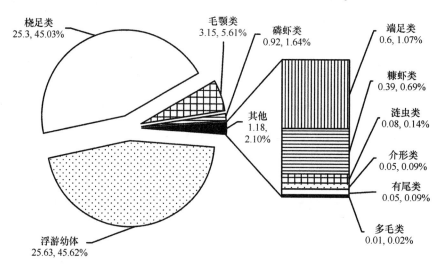

图9-2　官井洋浮游动物主要类群的平均丰度（ind./m³）及其百分比

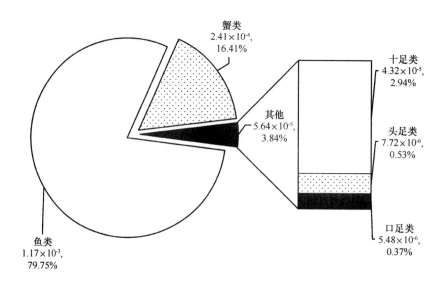

图9-3　官井洋张网主要类群的平均密度（ind./m³）及其百分比

表 9-2　官井洋浮游动物优势度 Y 和平均丰度

种名	优势度 (Y)	平均丰度 (ind./m³)	丰度百分比 (%)
中华哲水蚤 Calanus sinicus	0.06	4.43	11.60
微刺哲水蚤 Canthocalanus pauper	*	0.02	0.06
小拟哲水蚤 Paracalanus parvus	*	0.5	1.32
印度真胖水蚤 Euchirella indica	*	0.06	0.15
精致真刺水蚤 Euchaeta concinna	*	0.17	0.45
平滑真刺水蚤 Euchaeta plana	*	0.16	0.43
锥形宽水蚤 Temora turbinata	*	0.32	0.85
瘦尾胸刺水蚤 Centropages tenuiremis	*	0.08	0.22
背针胸刺水蚤 Centropages dorsispinatus	*	0.11	0.28
汤氏长足水蚤 Calanopia thompsoni	*	0.01	0.03
椭形长足水蚤 Calanopia elliptica	*	0.03	0.07
双刺唇角水蚤 Labidocera bipinnata	0.09	5.54	14.49
真刺唇角水蚤 Labidocera euchaeta	*	0.38	0.99
叉刺角水蚤 Pontella chierchiae	*	0.02	0.06
太平洋纺锤水蚤 Acartia pacifica	0.14	13.22	34.58
近缘大眼剑水蚤 Corycaeus affinis	*	0.22	0.58
钩虾 Gammarus sp.	*	0.26	0.67
麦秆虫 Caprella sp.	*	0.34	0.89
中华假磷虾 Pseudeuphausia sinica	*	0.92	2.41
漂浮小井伊糠虾 Gastrosaccus pelagicus	*	0.25	0.65
宽尾刺糠虾 Acanthomysis laticauda	*	0.11	0.29
窄尾刺糠虾 Acanthomysis leptura	*	0.03	0.08
细长涟虫 Iphinoe tenera	*	0.08	0.22
后圆真浮萤 Euconchoecia maimai	*	0.05	0.13
无瘤蚕 Travisiopsis dubia	*	0.01	0.03
肥胖箭虫 Sagitta enflata	*	0.50	1.30
凶形箭虫 Sagitta ferox	*	0.01	0.03
拿卡箭虫 Sagitta nagae	0.04	2.65	6.92
异体住囊虫 Oikopleura dioica	*	0.03	0.09

种名	优势度 （Y）	平均丰度 （ind./m³）	丰度百分比 （%）
红住囊虫 Oikopleura rufescens	*	0.01	0.03
幼贝 bivaliva larva	*	0.02	0.06
幼螺 Gastropoda larvae	0.04	7.20	18.84
鱼卵 Fish eggs	*	0.05	0.13
仔鱼 Fish larvae	*	0.42	1.09

注："*"表示优势度小于 0.01。

　　在浮游动物中，以优势度大于等于 0.02 为优势种，主要有太平洋纺锤水蚤（*Acartia pacifica*）$Y=0.14$、双刺唇角水蚤（*Labidocera bipinnata*）$Y=0.09$、中华哲水蚤（*Calanus sinicus*）$Y=0.06$、拿卡箭虫（*Sagitta nagae*）$Y=0.04$，四者的丰度百分比之和为 67.59%，占半数以上。

　　对张网所得渔获物进行分析（图 9-3）可见，鱼类平均尾数密度最高，尾数密度百分比占 79.75%，共鉴定 62 种，其中白姑鱼（*Argyrosomus argentatus*）、大黄鱼、棱鲛、银鲳（*Pampus argenteus*）为主要种类。其次为蟹类和十足类，分别占总尾数密度的 16.41% 和 2.94%，其中蟹类主要有三疣梭子蟹（*Portunus trituberculatus*）和双斑蟳（*Charybdis bimaculata*），十足类主要有细螯虾和哈氏仿对虾（*Parapenaeopsis hardwickii*）。需要说明的是，因细螯虾个体较小，在使用张网采集时有部分体型较小的个体并未被采集，故存在一定误差，但对结果的说明影响较小。

9.6　水体中物种组成和大黄鱼胃含物中食物种类组成的相似性分析

　　计算大黄鱼对食物的选择指数（表 9-3）可见，大黄鱼对桡足类（$E=-0.99$）几乎不摄食，选择指数接近 -1；对于蟹类（$E=-0.03$）和鱼类（$E=-0.05$）的选择指数接近 0，表明对此两类食物摄食几乎不具选择性；磷虾类（$E=0.81$）、糠虾类（$E=0.78$）、口足类（$E=0.77$）和十足类（$E=0.65$）的选择性指数较大，说明大黄鱼对该类食物选择性摄食较明显。

　　胃含物中食物种类和水体中生物种类的相似性（表 9-3）可见，胃含物种类与水域中全部种类的相似性在 0.31~0.48 之间。单以磷虾类和糠虾类作相似性计算，胃含物和水体中磷虾类和糠虾类相似性高达 1，即表明海区中鉴定到的种类在胃含物中均有出现。胃含物中和水体中的十足类的相似性也较高，在 0.71 左右。再次是桡足类和口足类，相似性分别在 0.52~0.62 和 0.40~0.63 之间。鱼类和蟹类的相似性较低，分别为0.06~0.52 和 0.14~0.54。

表 9-3　大黄鱼胃含物和水体中生物种类相似性比较

指数	相似性							
	全部种类	桡足类	磷虾类	糠虾类	十足类	口足类	蟹类	鱼类
E		-0.99	0.81	0.78	0.65	0.77	-0.03	-0.05
S_k	0.48	0.62	1	1	0.71	0.63	0.54	0.52
C_o	0.38	0.57	1	1	0.7	0.5	0.28	0.18
S_w	0.31	0.52	1	1	0.7	0.4	0.14	0.06

9.7　有关大黄鱼食性研究讨论

9.7.1　大黄鱼食物种类组成特征

由大黄鱼食物组成（表 9-1）可知，大黄鱼食物类型广泛，既摄食浮游动物，也捕食游泳动物。本文记录到大黄鱼食物种类包含 12 个大类 32 种之多，其食物门类表明众多，其食性复杂。分析大黄鱼食物中各个类群相对重要性指标可见，大黄鱼主要摄食游泳性的十足类和鱼类。对于浮游动物，则主要以个体较大的磷虾、糠虾为摄食对象。本研究中，官井洋大黄鱼大量摄食十足类中的细螯虾和浮游性的中华假磷虾等，而对于在水域中丰度占重要地位的桡足类，在大黄鱼样本胃含物组成中并无表现出偏好和优势；另外，鱼类在食物组成中的出现率仅 17.79%，远低于1962 年浙江、江苏近海大黄鱼研究（杨纪明等，1962）中鱼类所占出现率百分比。进一步与浙江、江苏近海大黄鱼食物组成进行比较，可见不同之处在于，后者以摄食底栖性游泳虾类和鱼类为主，其中鱼类出现率占 35.8%。因为当年浙江、江苏近海所研究大黄鱼标本体长在 20~52.5 cm，为性成熟个体，而本研究中 97.75%的样品体长小于 20 cm，多为未性成熟个体，故而说明不同体长范围的大黄鱼食性存在明显差异，随着个体体长增长，大黄鱼由摄食个体较小的磷虾类和十足类转而捕食个体较大的鱼类和底栖虾类。

小黄鱼（*Larimichthys polyactis*）、带鱼（*Trichiurus lepturus*）和大黄鱼同为"四大海产"之一，比较其摄食习性可见大黄鱼食物组成更为广泛。根据郭斌等（2010）对体长 80 mm 以下的小黄鱼幼鱼食性研究可知，其主要摄食对象为桡足类和糠虾类，在食物中所占个数百分比为99.50%，对于十足类和鱼类等游泳动物几乎不捕食。带鱼（张波等，2004）摄食习性较大黄鱼相比更偏向捕食性，食物组成以鱼类为主，其次是甲壳类和头足类，大黄鱼摄食习性与带鱼相比，在捕食鱼类的同时，更增加了桡足类、介形类等小型浮游甲壳类以及多达11种不同小型虾类（表9-1），因此，大黄鱼食物组成中的食物类群较带鱼的更为广泛。

对长江口和杭州湾的凤鲚（*Coilia mystus*）胃含物食物组成进行研究（刘守海和徐兆礼，2011），结果表明凤鲚主要以浮游动物为食，桡足类是最重要的食物类群，占相对重要性指标百分比为57.27%，其次是糠虾类占相对重要性指标百分比为40.75%。主要摄食种类为长额刺糠虾（*Acanthomysis longirostris*）、火腿许水蚤（*Schmackeria poplesia*）和虫肢歪水蚤（*Tortanus vermiculus*），分别占相对重要性指标百分比为62.94%、23.36%和9.62%。桡足类和糠虾类的相对重要性指标百分比总和高达98.02%，显示出极为明显的浮游动物食性。而在大黄鱼食物组成（表9-2）中最为重要的十足类，在凤鲚食物组成中相对重要性指标百分比仅为1.16%。鱼类在大黄鱼食物组成中相对重要性指标百分比占26.61%，仅次于十足类，而凤鲚对鱼类几乎不摄食，相对重要性指标百分比小于0.01%。因此，大黄鱼的食物种类组成也较凤鲚的丰富，既包括凤鲚中大量出现的桡足类和磷虾类，又增加了大量的十足类和鱼类等体型较大的游泳生物。

大黄鱼食物种类广泛，还可以通过其摄食器官的形态结构得到佐证（杨纪明，2001）。大黄鱼口端位，口裂大而斜，有利于其追逐捕食游泳动物；牙细小尖锐，便于撕咬具有坚硬甲壳质外壳的十足类和蟹类，也可以吞食个体较大的鱼类；另外，大黄鱼鳃耙细长，又能较好的滤食磷虾类、糠虾类和桡足类等个体较小的浮游动物，因此大黄鱼既捕食游泳动物也摄食浮游动物，但以虾、蟹、鱼类为主要饵料。

9.7.2 大黄鱼食性初步分析

大黄鱼幼鱼的主要摄食类群包括十足类、鱼类、磷虾类和糠虾类等个体相对较大的种类（表9-1），细螯虾和中华假磷虾为最重要的饵料食物，此外，窄尾刺糠虾（*Acanthomysis leptura*）、宽尾刺糠虾（*Acanthomysis laticauda*）、哈氏仿对虾、疣背宽额虾（*Latreutes planirostris*）和棱鳀也是大黄鱼较重要的饵料生物。表9-1的食物组成中未出现植物性饵料。依据以上分析可知，大黄鱼为肉食性鱼类。

从优势种来看，细螯虾、哈氏仿对虾、疣背宽额虾和棱鳀属于游泳动物，中华假磷虾、窄尾刺糠虾和宽尾刺糠虾属于浮游动物。上述优势种中游泳动物和浮游动物两类食物类型在大黄鱼食物组成中的出现率之比约为3:2，相对重要性指标之比约为2:1。因此，大黄鱼兼食浮游动物和游泳动物，更偏向于捕食游泳动物。

9.7.3 相似性结果的分析

首先对浮游动物进行分析可知，官井洋水域中浮游动物丰度（图 9-2）以桡足类最高，占总丰度的 45.03%，磷虾类和糠虾类仅占 1.64% 和 0.69%。比较大黄鱼食物组成（表 9-1）中相对重要性指标，磷虾类占 10.01%，糠虾类占 3.20%，而桡足类仅 0.18%，因此，大黄鱼胃含物中浮游动物数量组成与水域中浮游饵料生物数量组成差异明显。同时大黄鱼对食物的选择指数 E（表 9-3）表明大黄鱼对桡足类有明显的选择性不摄食，对磷虾类和糠虾类有明显的选择性摄食，与上述结论相一致。表明，大黄鱼对于浮游动物摄食具有很高的选择性，对水域中丰度高的桡足类很少摄食，而是选择丰度低但个体相对较大的磷虾类和糠虾类大量摄食。进一步通过对 3 个相似性指数的分析（表 9-3），上述三类饵料生物在大黄鱼胃含物和海区中的相似性较高，说明在各个类群内部的摄食选择性较低。

再根据图 9-3 对游泳动物进行分析，一方面，在自然海区中，张网所得样品中鱼类、蟹类和十足类（主要是细螯虾）的平均密度较高分别占总平均密度的 79.75%、16.41% 和 2.94%；另一方面，在大黄鱼胃含物（表 9-1）中，十足类、鱼类和蟹类也为最重要的饵料生物，相对重要性指标百分比分别为 56.17%、26.61% 和 1.52%。胃含物与海区中的情况大致相同，表明大黄鱼对于游泳动物的捕食强度与水域中该动物的丰度大小有关，丰度越高的种类，越容易被捕食。这表明，大黄鱼对十足类、鱼类和蟹类等游泳动物在类群间不表现明显的选择性。

另外，根据大黄鱼食物的选择指数和相似性指数（表 9-3）可知，大黄鱼对鱼类和蟹类的选择指数接近 0 即几乎不存在选择性，但由相似性指数而知，其中鱼类相似性指数最低仅 0.06~0.52，蟹类相似性指数在 0.14~0.54 之间，这说明大黄鱼对鱼类、蟹类在具体种类的捕食上具有一定的选择性。根据表 9-1 可知，其往往选择个体较小、易于被捕食的种类，这可能与本研究中大黄鱼群体多为当龄大黄鱼有关。十足类的选择指数大于 0，在大黄鱼胃含物和水域中的相似性指数较高，为 0.70~0.71，表明大黄鱼对十足类及其内部具体种类都具有一定的摄食选择性。

总的来说大黄鱼对浮游动物的摄食具有较高的选择性，主要体现在类群间的选择，偏向于摄食浮游动物中体型较大的类群，如磷虾类和糠虾类。对磷虾类和糠虾类等大型浮游动物类群内部各个种间几乎没有选择性。而对于游泳动物则主要体现在类群内部具体种间的选择摄食，偏向于捕食个体小，易于被捕食的小型虾类或仔、稚、幼鱼，如棱鲹和大黄鱼幼鱼。

第10章 官井洋大黄鱼生态习性分析

10.1 官井洋大黄鱼生长规律的生物学研究

10.1.1 大黄鱼体长、体重分布

2010年6月、8月、10月和11月4个航次渔业资源调查共测定大黄鱼2 098尾，体长优势组为100~110 mm，均值为112.5 mm；体重优势组为0~10 g，均值为27.8 g（表10-1）。6月航次调查中测定大黄鱼975尾，体长优势组60~70 mm，体长均值为113 mm；体重优势组为0~10 g，体重均值为29.96 g。8月航次调查中测定大黄鱼357尾，体长优势组为100~110 mm，体长均值为104 mm；体重优势组为10~20 g，体重均值为21.87 g。10月航次调查中测定大黄鱼492尾，体长优势种为110~120 mm，体长均值为123.7 mm，体重均值为10~20 g，体重均值为29.67 g。11月航次调查测定大黄鱼274尾，体长优势组为100~110 mm，体长均值为109.4 mm，体重优势组为10~20 g，体重均值为24.12 g（图10-1~图10-4）。

表10-1　2010年各月大黄鱼体长、体重范围

月份	测定尾数	体长（mm）			体重（g）		
		范围	优势组体长	均值	范围	优势组体重	均值
6月	975	39~237	60~70	113.0	0.8~260.7	0~10	29.96
8月	357	53~235	100~110	104.0	1.6~213.0	10~20	21.87
10月	492	60~245	110~120	123.7	4.0~265.1	10~20	29.67
11月	274	43~184	100~110	109.4	1.3~100.3	10~20	24.12
合计	2 098	39~245	100~110	112.5	0.8~360.7	0~10	27.80

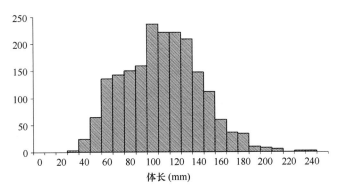

图 10-1 大黄鱼体长分布图

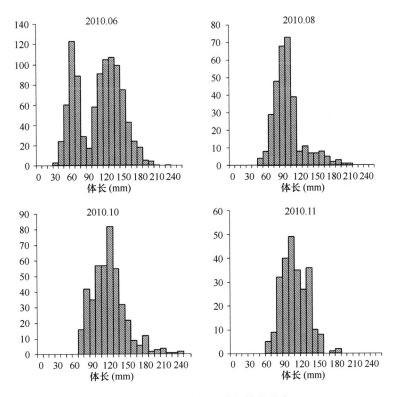

图 10-2 2010 年各月张网大黄鱼体长分布 (mm)

10.1.2 大黄鱼体长、体重关系

鱼类的生长一般由体长和体重两个量值来表示，它们之间存在幂指数关系。根据测定大黄鱼体长、体重数据得到体长、体重关系的幂指数表达式为：

$$W = 2.001 \times 10^{-5} L_i^{3.006} \qquad (10-1)$$

式中：W 表示体重（g），L 表示大黄鱼体长（mm）。大黄鱼的体长、体重关系

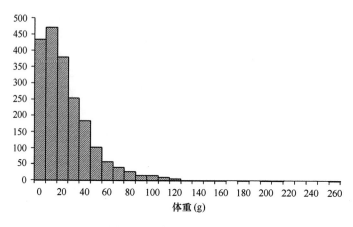

图 10-3 大黄鱼体重分布

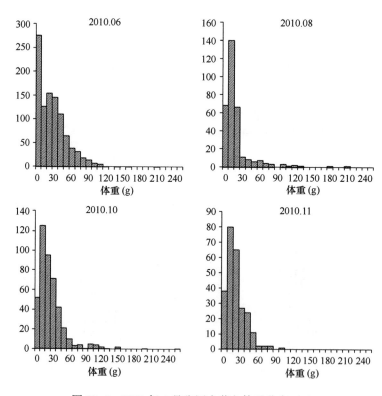

图 10-4 2010 年 6 月张网大黄鱼体重分布 （g）

如图10-5所示的幂指数函数表示测定水域大黄鱼基本处于均匀生长状态。

10.1.3 大黄鱼生长规律的研究结果

鱼类的体长和体重随年龄的增长而增大，大黄鱼在生命周期中，同龄鱼的体长

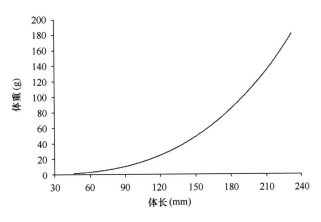

图 10-5 大黄鱼体长和体重的关系

体重相差较大，不同龄的鱼，生长也不均衡。大黄鱼年间生长规律可以采用 Von Bertalanffy 生长方程，计算大黄鱼渐近体长（极限体长）L_∞、渐近体质量（极限体重）W_∞、生长速率 k、t_0（理论体长、体重为零时的牛龄）：

$$L_t = L_\infty \left[1 - e^{-k(t-t_0)} \right]$$
$$W_t = W_\infty \left[1 - e^{-k(t-t_0)} \right]^{3.014}$$

根据测定大黄鱼体长、体重和年龄数据得出公式中 $L_\infty = 385.4$ mm，$W_\infty = 1\ 205$ g，$k = 0.43$、$t_0 = -0.32$ a。大黄鱼群体体重生长曲线和体长的生长曲线如图 10-6 和图 10-7 所示。

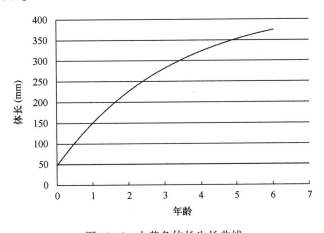

图 10-6 大黄鱼体长生长曲线

大黄鱼的生长速度、体长的增长速度以 0 龄为最大，随着年龄的增大，增长速度逐年减少（图 10-6）；体重的增长速度开始缓慢，随后逐年增大，至增大到最大增长速度之后则逐年减少（图 10-7）。

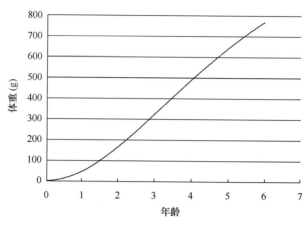

图 10-7 　 大黄鱼体重生长曲线

10.1.4 　 官井洋大黄鱼生长学参数变化的因果分析

体长和体重的相关指标是表征鱼类生长特点的重要指标。体长体重关系式中系数 a 亦称为生长条件因子，即当 b 值相近时，a 值的大小在一定程度上反映了鱼类生活环境条件的适宜性（詹秉义，1995）。当 a 值较大时，说明该水域环境适合大黄鱼生长，反之，当 a 值较小时，说明大黄鱼生活环境相对较差。比较不同海域 a 值的大小（表 10-2），a 值从高到低分别为岱衢洋、吕泗洋、福建近海。这显示出，长江口的环境条件最适宜大黄鱼的生长，其次是吕泗洋，福建沿海生活环境不如以上两个海域。福建沿海不同时期的 a 值比较，本文计算得官井洋大黄鱼的 a 值为 $2.001×10^{-5}$，小于 20 世纪 80 年代福建近海大黄鱼的 a 值，推测近年来大黄鱼的生境有所恶化，环境条件因子 a 值表现为减低。

表 10-2 　 大黄鱼生态学参数的变化

生长参数	吕泗洋（赵传等，1990）	岱衢洋（赵传等，1990）	福建近海（洪港船等，1985）	官井洋
	1982	1982	1980	2010
a	$6.2832×10^{-5}$	$8.3375×10^{-5}$	$2.4476×10^{-5}$	$2.001×10^{-5}$
b	2.75	2.71	2.59	3.00
生长系数（K）	0.37	0.29	0.36	0.43
理论初始年龄（t_0）	-0.6	-0.49	-2.04	-0.32
渐近体长（L_∞）/mm	404.1	512.4	555.4	385.4
体质量生长拐点（t_r）	2.16	2.95	2.97	2.20

Ricker（1975）认为幂指数 b 值可以被用来判断鱼类是否处于等数生长，而等速生长是大黄鱼个体初期生长的特征。而 b 值存在差异性可能与不同生长阶段和相对应营养条件的变化有关（詹秉义，1995），是群体结构呈现小型化和低龄化的指标。由表 10-2 可见，岱衢洋、吕泗洋和福建近海大黄鱼公式中幂指数 b 值也存在差异。在早期，由于大量的渔轮去东海外海越冬场捕捞，岱衢洋和吕泗洋大黄鱼群体最早受到冲击，大黄鱼出现了明显的小型化和低龄化趋势，这就是当时岱衢洋和吕泗洋大黄鱼群体 b 值大于福建近海大黄鱼的原因。同为福建沿海不同时期的比较，本文得到 b 值为 3.006 大于 1980 年福建近海大黄鱼的 b 值，也大于当年岱衢洋和吕泗洋大黄鱼群体（表 10-2）。说明现今官井洋大黄鱼大都处于等速生长的阶段，也就是生长的初期，这显示出大黄鱼群体结构小型化和低龄化更加明显。

渐进体长（极限最大体长）L_∞ 的大小也是显示鱼类群体结构大小变化趋势的指标之一，大黄鱼渐进体长 L_∞ 减小反映了大黄鱼群体结构趋于小型化和低龄化。卢振斌通过对福建近海 20 种鱼类生态学的研究得出，鱼类种群结构小型化和低龄化都伴随着渐进体长 L_∞ 降低趋势。由表 10-2 可见，80 年代大黄鱼渐进体长 L_∞ 从高到低排列顺序依次是：福建近海、岱衢洋、吕泗洋。依据 L_∞ 所显示的大黄鱼群体特征，这一排列顺序反映了吕泗洋的大黄鱼群体小型化趋势最为明显，其大黄鱼资源最先遭受破坏，进而引起大黄鱼群体结构小型化，其次是岱衢洋，福建近海大黄鱼群体小型化趋势优于吕泗洋和岱衢洋。这一结果与上述幂指数 b 值所分析大黄鱼群体结构变化趋势一致，也同赵传等（1990）得到结论一致。赵传发现 20 世纪 80 年代初，福建近海平均年龄 6.36 龄，岱衢洋大黄鱼平均年龄 5.2 龄，而吕泗洋大黄鱼平均年龄只有 2.53 龄。进一步比较福建沿海不同年代大黄鱼渐进体长 L_∞ 值，L_∞ 值从 1980 年的 555.4 mm 下降到现在的 385.4 mm，下降幅度高达 30.61%。说明当今大黄鱼极限最大体长减少，世代延续过程缩短、资源遭受致命的破坏，群体小型化，低龄化严重，规格较大的大黄鱼已经几乎绝迹，官井洋大黄鱼体长和体重分布也表示出这一趋势（图 10-1~图 10-4）。

与此对应的是，现今官井洋大黄鱼的生长速度已经明显加快。Von Bertalanffy 生长方程中的系数 k 表示鱼类的生长速度。从表 10-2 可见，80 年代到现在，福建大黄鱼生长系数 k 已经由 0.36 增长到 0.43，增幅高达 19.44%。一般地讲，低龄鱼生长速度往往快于成体。由官井洋大黄鱼体长和体重分布显示，官井洋大黄鱼已经显著趋于小型化和低龄化。通过同 1980 年福建大黄鱼体长分布来（洪港船等，1985），当时大黄鱼的优势体长为 350~450 mm 组，而本文所研究官井洋的大黄鱼体长均值为 132.6 mm，优势体长以 110~150 mm 组为主，远远小于 80 年代大黄鱼。这一结果也与（徐开达等，2007）幂指数 b 值以及渐进体长 L_∞ 分析所反映的现象一致。这从生长方程的曲线也可以直观的看见。因此，现今官井洋小型化的大黄鱼群体生长速度要快于以往大规格大黄鱼生长速度。对一个以幼体为主，已经小型化的大黄鱼群体而言，生长速度的加快也是对不利环境的一种适应。在捕捞力量较强的条件下，以此可以增加补充群体数量，维持种群生存。

体重生长的拐点年龄和世代生长的临界年龄的大小反映了鱼类个体和种群快速生长时间的长短。当 $t=t_r$ 时（拐点年龄）鱼类生长速度达到最大。当 $t>t_r$，生长速度则随着年龄的增加而递减（詹秉义，1995）。由表 10-2 可见，福建近海、岱衢洋、吕泗洋大黄鱼的拐点年龄依次下降，说明了吕泗洋大黄鱼世代年龄最短、岱衢洋次之而福建近海世代年龄最长。同为福建沿海不同时期的比较，本文研究的拐点年龄小于 80 年代福建近海大黄鱼的拐点年龄，反映了大黄鱼世代年龄减短，进而出现年龄结构低龄化。这与上文幂指数 b 值、渐进体长 L_∞ 分析反应结果一致。

以上大黄鱼生物学参数的变化表明近 30 年来官井洋大黄鱼生物学参数发生了较大的变化，反映在个体的表征上主要是群体结构趋于小型化、年龄结构趋于低龄化。分析其原因，一是捕捞过度导致了资源严重衰退（徐开达等，2007），剩下群体的饵料情况获得改善；二是大黄鱼自身的适应性变化，加快生长可能是为了适应外部环境变化的需要，维持种群延续的表现。

10.2　大黄鱼种群数量变化参数的研究

10.2.1　死亡系数

总死亡系数 Z 通过变换渔获曲线描绘的点（黑点）示于图 10-8，经过拟合的直线方程为 $\ln (N/t) = -3.1195t+10.016$，$R=0.9511$。方程的斜率为 -3.12，故 $Z=3.12$。再由生长参数 $L_\infty=385.4$，$k=0.43$ 和 $T=21.30$，根据 Pauly 的经验公式，得出自然死亡系数的估计量 $M=0.45$，则捕捞死亡系数 $F=Z-M=2.67$。根据鱼类自然死亡率和总死亡率得出大黄鱼开发比率 $E=F/Z=0.856$。

10.2.2　拐点年龄和临界年龄

大黄鱼的体重生长过程存在生长的一个转折点或称拐点。拐点把大黄鱼体型生长的全过程分成两个阶段。其中，拐点前阶段，体重生长速度分布是随年龄的增大而上升。拐点后阶段，体重增长速度则随年龄的增大逐渐下降。通过公式获得体重生长拐点年龄（t_{tp}）为 2.2 龄，代入 Von Bertalanffy 生长方程，得拐点体长为 254.9 mm。根据公式求得大黄鱼的临界年龄（t_c）为 2.8 龄，代入 Von Bertalanffy 生长方程，得临界体长为 284.6 mm。

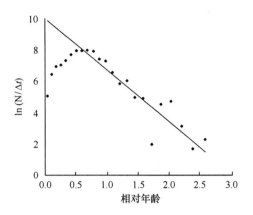

图 10-8　根据变换体长渔获曲线估计总死亡系数

10.2.3　官井洋大黄鱼种群参数的因果分析

鱼类的自然死亡系数 M 值同鱼类个体大小、生长速度和栖息地水温有关。由表 10-3 比较可知，官井洋大黄鱼自然死亡率 M 较 80 年代福建近海出现上升，结合现今大黄鱼的 a 值降低的事实，我们可以推测，由大黄鱼的 a 值降低所代表的生长环境恶化，是导致官井洋大黄鱼自然死亡率高于以往时期的重要原因。另外，官井洋大黄鱼已经趋于小型化（图 10-2），表 10-2 显示，生长速度也已经趋于加快，这也将促使大黄鱼自然死亡系数上升，因为小型个体和快速生长的鱼类往往倾向于 r 选择的生长策略（沈国英和施并章，2002）。而 r 选择生活史一般具有高死亡率。这也显示，在环境压力下，大黄鱼的生活策略已经有所改变，从原有的 k 选择生活史趋向于 r 选择生长策略。这是大黄鱼种群对人类强烈捕捞和自然环境的激烈变化所采取的生态对策。

而引起大黄鱼捕捞死亡系数 F 的上升的原因是多方面的，其中捕捞是主要原因之一。捕捞是影响鱼类种群数量变动的一个重要原因（詹秉义，1995）。虽然少量捕捞可以因为种群繁殖得到补充，从而取得相对平衡，然而当捕捞过度时，大黄鱼资源捕捞减少由于得不到足够的补偿，导致资源平衡破坏，结果使种群资源数量大幅度下降，其中年龄较高的鱼类资源减少得最为明显。由表 10-3 可以看出，官井洋及其附近海域大黄鱼较 1980 年福建近海捕捞死亡系数 F 大幅度提高。捕捞死亡系数的提高引起大黄鱼个体和年龄趋于小型化，大黄鱼个体长度减少，进而导致生长率或补量的变化。另一方面，由于资源中个体较大的大黄鱼数量减少，缓和了食物的竞争，从而加快了补充群体中余下个体的生长。由此，也引起大黄鱼群体生物学参数发生变化。

表 10-3　大黄鱼种群生态学参数的变化

区域	参数值			
	Z	M	F	E
福建近海（1980 年）	1.02	0.18	0.84	0.824
官井洋（2010 年）	3.12	0.45	2.67	0.856

鱼类资源开发率是捕捞死亡系数占总死亡系数的比例。Gullan（1985）提出开发率 E 介于 0~0.5 之间资源群体属于轻度开发，而开发率 E 介于 0.5~1 之间资源群体处于过度开发状态。由表 10-3 可知，大黄鱼开发比率 E 高达 0.856 较 1980 年福建近海 0.824 有所上升，说明官井洋大黄鱼仍处于高捕捞强度下的过度开发状态。

鱼类的死亡是影响资源群体数量变动的主要因素，它表示个体从资源群体中消失的状况，死亡程度的高低决定了资源群体的数量下降速度（郭斌等，2010）。由上文分析可见，虽然自然死亡系数也有所上升，但是捕捞死亡系数上升是引起大黄鱼总死亡系数上升的主要因子。为了降低大黄鱼死亡率恢复大黄鱼资源，应着重从降低捕捞死亡率考虑。

10.3　大黄鱼繁殖习性的研究

10.3.1　性比率和性腺成熟度

根据对全年 566 尾渔获样品的分析，得到大黄鱼雌雄比为 201：365，约为 44：55，各月性腺成熟度百分比组成如图 10-9 所示。由图可见，各月性腺成熟度为 II 期的比例均为最高，9 月和 11 月性腺成熟度为 II 期所占的比例高达 90%，官井洋大黄鱼主要产卵期主要集中在 5 月和 6 月，而 6 月大黄鱼 IV 期和 V 期的比例仅占 16.5%。全年性腺成熟度达 IV 期以上个体的平均体长仅为 209.9 mm。

10.3.2　大黄鱼性腺变化的因果分析

通过以上研究分析得到官井洋大黄鱼雌雄比为 201：365，约为 44：55。2010 年大黄鱼全年性腺成熟主要为 1 龄个体，性成熟个度达 IV 期以上个体的平均体长为 209.9 mm。产卵期大黄鱼性腺 IV 期和 V 期的比例仅占 16.5%。通过与陈必哲（1984）80 年代研究闽南大黄鱼雌雄比例 43：57，基本保持一致，而当时大黄鱼绝大多数性成熟为 2~3 龄的个体，性成熟个体的平均体长为 350~400 mm。通过两者比较，本文研究结果，现今大黄鱼性成熟个体的平均体长远远小于 80 年代大黄鱼个体，反映了大黄鱼性成熟呈提早趋势。80 年代带大黄鱼产卵期期间，IV 期和 V 期分

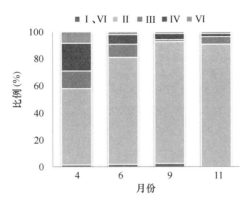

图 10-9　大黄鱼平均性腺成熟度

别占 40.2% 和 0.3%，本文研究大黄鱼性腺成熟个体比例出现下降趋势。林龙山（2005）通过研究东海区同为石首鱼科的小黄鱼也发现小黄鱼在高捕捞强度中表现为低龄化、小型化和性成熟提前的现象。

　　上述现象再一次地说明，在日益增长的捕捞压力下，大黄鱼的适应不但表现为生长速度加快，更表现为首次性成熟年龄的提前，反映出对外界环境变化的一种生物适应。

10.3.3　个体生殖力与鱼体体长、体重和年龄的关系

　　根据郑文莲（1964）对官井洋大黄鱼个体生殖力的研究表明：

　　福建官井洋大黄鱼个体绝对生殖力波动于 39.9~900.6 千粒，平均为 256.8 千粒；它与体长和年龄的关系为不同性质的曲线增长关系，与体重的增长关系为直线关系。

　　个体相对生殖力 r/l 波动于 1 406~18 610 粒/cm，平均为 7 540 粒/cm。它与体长、体重及年龄的增长关系和个体绝对生殖力的完全相同。

　　个体相对生殖力 r/q 波动于 125~907 粒/g，平均为 548 粒/g，它与体长、体重及年龄的关系与前两者显然不同，并不随着这 3 个因子的增大而有显著的提高或降低，而是表现出较为稳定的状况。

　　综合比较个体生殖力与体长、体重及年龄的关系，则可看出，在某一体长或体重组范围内，不论是 r、r/l、r/q 均随年龄的增大而不同程度地表现出提高的现象；在同一年龄组内，r 和 r/l 随体长和体重的增加而提高的现象也很显著，这说明个体生殖力不仅与体长和体重的提高有关，而且从福建官井洋大黄鱼春季生殖种群的大量性成熟年龄主要在 2~4 岁这一特性来看，也与开始性成熟和重复性成熟的年龄有关。

10.3.3.1　生殖力系数

福建官井洋大黄鱼的生殖力系数 C ($l{\times}q/r$) 波动介于 0.023~0.191，主要在 0.042~0.082 之间，它与年龄的关系，除 2 龄鱼稍低些外，基本上保持在一个稳定的范围内，不随年龄的增大而有显著的增加或降低的现象。个体绝对生殖力与"体长×体重"的关系，也有如 r 和体重的关系一样，呈直线增长方式。因此，生殖力系数仍然是一个表示个体生殖力特性的一个良好指标。同时，在分析个体绝对生殖力与体长、体重的复合关系时，亦可用 $l{\times}q$ 表示。

10.3.3.2　个体生殖力与生长及肥满度的关系

福建官井洋大黄鱼的个体绝对生殖力和个体相对生殖力 r/l，在同一年龄之内，均随着生长的改变而改变，亦即生长较好者，r 和 r/l 较高，r/q 则不同，基本上不随生长而改变。这说明在同一年龄内，生长好的个体不仅个体绝对生殖力较高，而且单位体长的生殖力也较高，单位体重的生殖力则基本上保持不变。可见，生长也是影响这一种群个体生殖力的重要因子之一。因此，个体生殖力的变动也与该种群的生活条件有着极为密切的联系。

个体生殖力与丰满度的关系则不显著，亦即不论是个体绝对生殖力或个体相对生殖力均不随丰满度的高低而提高或降低。

10.3.4　官井洋大黄鱼群体补充习性

由于外海海区野生大黄鱼渔场的严重破坏、洄游路线的阻断以及亲鱼枯竭，进入官井洋的亲鱼逐年下降，官井洋野生大黄鱼资源现存量严重的枯竭，虽然有过 20 年的保护，官井洋野生大黄鱼资源也无恢复的迹象，整个东海区大黄鱼也没有出现恢复的迹象。官井洋大黄鱼的补充群体越来越少，而导致官井洋产卵场的萎缩。

10.4　大黄鱼的合理利用

从渔业管理和合理利用上讲，渔业资源管理主要是通过捕捞的调整，渔业资源的可持续利用去获得具有商业价值规格的产品。通常，渔业资源的可持续利用需要在捕捞量和补充量之间找一个平衡点，当捕捞量大大地高于补充量时，应该降低捕捞强度，从而降低捕捞死亡系数 (F)。而维持具有较高经济价值规格个体，需要控制捕捞规格的大小。

由此可见，捕捞死亡系数 (F) 和控制捕捞规格的大小（即网目尺寸或首次捕捞年龄）（t_c）是影响渔业资源量、渔获量和商业价值的两个人为可以调控的因素。在大黄鱼资源遭受严重破坏的背景下，为了恢复大黄鱼渔业资源，在渔业管理和合理利用上应从这两个方面制定相应的措施。

以上分析已经发现，捕捞强度增大，引起大黄鱼的捕捞死亡率上升，是引起大黄鱼总死亡率过高的主要因子，因此，捕捞强度过大是引起总死亡率上升的主要原因。在大黄鱼渔业管理上，需要降低大黄鱼捕捞系数，建议官井洋水域设立大黄鱼禁渔期，在禁渔期，禁止一切作业方式捕捞大黄鱼，特别是要禁止对幼鱼危害明显的张网作业。以此控制捕捞力量，切实保护大黄鱼资源。官井洋水域中是我国唯一大黄鱼内弯产卵场，每年 4 月起，大黄鱼开始产卵场，6—11 月，大黄鱼幼鱼在官井洋及其邻近的浅滩水域索饵，这一时段大黄鱼幼鱼比例和出现率较高。因此对应在每年的 4—11 月对该水域大黄鱼实行全面禁渔，尤其要禁止定置张网的偷捕。对大黄鱼产卵场的核心区域，设立保护区，用以切实保护大黄鱼资源。

从充分利用鱼类生长潜能出发，当鱼类处于拐点年龄之后，鱼类体重增长速度随着年龄增加而降低。因此在实践上，渔业利用开捕年龄往往应该控制在生长拐点年龄之后。而从鱼类世代生物量变化的角度出发；接近临界年龄才是其最佳开捕年龄，此时群体的生物量可以达到最大，往后大黄鱼自然死亡将逐渐增加。从而可以充分利用于大黄鱼生长潜力。基于上述两个方面的考虑，大黄鱼实际开捕年龄应在拐点年龄以后，也就是如体长生长方程计算得出的 2.2 龄，相应体长为 254.9 mm；在其临界年龄之前，也就是如体长生长方程计算得出的 2.8 龄，相应体长为284.6 mm。这样，既可以充分利用大黄鱼生长所带来的经济效益，又可以减少因大黄鱼自然死亡而造成的渔业损失。因此，大黄鱼开捕体长最好是在 254.9 ~284.6 mm之间最为合适。依据本文研究结果，当前渔获物中大黄鱼的平均体长为132.6 mm，优势体长组为 110~150 mm，平均体重为 45.1 g（表 10-1）；体长组成中大于 255 mm 以上个体仅占 0.24%，远远低于本文经过计算得出的捕捞规格标准推荐值。这从一个侧面也说明了生命周期大黄鱼的资源质量衰退以及遭受过度捕捞现象十分严重。而现今大规格的大黄鱼很少见，多以小型的低龄个体为主，在目前高捕捞强度下，应严格控制网目尺寸来控制首次开捕年龄，切实保护大黄鱼幼鱼。

总之，禁渔期的设立，网具设计是大黄鱼渔业资源可持续利用，获得具有商业价值规格产品所必需的两个重要的管理措施。由于本文经过计算得出的捕捞规格标准推荐值与现有的捕捞体长组成差别很大，渔业资源管理将是一个艰巨和持久的任务。

第 11 章　官井洋大黄鱼产卵场形成的水文与地形条件

11.1　官井洋大黄鱼产卵场形成的水文与地形条件

11.1.1　以往文献对官井洋大黄鱼产卵环境的说明

福建省水产科学研究所在 1960 年的一份名为"官井洋大黄鱼调查报告"中对大黄鱼产卵场环境有过描述：从当时的调查结果看，在官井洋海域，不同环境流速有以下特征：

（1）河口、水道的流速大，洋内逐渐缓慢。鸡公山两侧涨流速达到 6~7 kn，洋内落潮流速只有 1~2.5 kn。洋内落潮流速一般大于涨潮流速 1 kn 左右。

（2）表层流速大，往深层递减。某些海域（例如，在长腰岛以南，三都岛以北以东海域，盐田港、白马港口门与涨潮流交汇处），因表层河海水相互顶托，水流较缓。

（3）官井洋大小潮流速相差较大，大潮流急，小潮流缓，流速相差 1~2 kn。

（4）官井洋潮流流向复杂，除了水道水流流向一致，沿海渔场存在旋流，紊流，涡流等。

依据东海水产研究所在 2010 年 6 月调查，三沙湾大黄鱼鱼卵仔鱼大都分布青山岛北岸、盐田港、白马港等岸边浅滩。然而依据前面分析，大黄鱼产卵场与水流、温度和盐度关联。因此，基于资料、数据和有关文献，我们需要进一步分析官井洋大黄鱼产卵场形成与水文和地形条件的关系。

分析官井洋大黄鱼产卵场形成的水文与地形条件机制包括两个方面：其一，需分析三沙湾东冲口和官井洋地形特征与其他海湾的区别，分析大黄鱼产卵场对环境的特殊需求，而这样的特殊性也是将来大黄鱼产卵场保护措施的重要指示；其二，从官井洋水流条件分析大黄鱼选择在三沙湾产卵的致因，此项分析有助于进一步加深对官井洋大黄鱼产卵场形成的水文条件特殊性的认识。

11.1.2　东冲口和官井洋地形和水文特征分析

通过表 11-1 和图 11-1 表可见，三沙湾从东冲口，经过斗帽岛，沿着青山岛东部水域，转向青山岛北部水域，到三都岛以东一带水域存在大量的礁石群。而且这一带也是三沙湾潮流进出湾的主通道，海流与这些天然礁石群结合，可以产生激流、紊流、上升流等多种流态效应，这些流态效是刺激大黄鱼性腺成熟所必不可少的条件。这就是大黄鱼选择产卵场特殊性，也是需要重点保护水域的指标之一。

表 11-1　官井洋暗礁位置、大小一览

暗礁名称	位置	坐向	水深（m）	高度（m）	宽度（m）
上门腊	26°40.9′N	南-北	35.3	23.2	308.4
	119°45.5′E	东-西	45.6	17.6	205.4
下门腊	26°40.9′N	北-南	36.4	25.8	309.3
	119°46.2′E	西-东	36.4	25.8	408.4
拿鸡腊	26°40.4′N	东-西	38.7	31	686.3
	119°46.4′E	南-北	28.7	23.6	218.9
大腊	26°38.6′N	东北-西南	37.3	16	205.8
	119°48.1′E	西北-东南	37.3	14.4	112.9
延屿交片腊	26°38.3′N	东-西	46.7	11.1	175
	119°49.3′E	北-南	46.7	8.2	175
纺车腊	26°36.9′N	南-北	52.8	45.6	537.1
	119°49′E	东-西	54.1	47.6	42.6
延屿带腊	26°36.3′N	弯曲航行找腊	43.9	25.8	154.3
	119°48.8′E				
四门腊（1）	26°35.3′N	东北-西南	54.1	12.6	
	119°50.1′E				761.2
四门腊（2）	26°35.2′N	东北-西南		24.6	
	119°49.9′E				
四门腊（3）	26°35.2′N	东北-西南		9	
	119°49.7′E				
四门腊（4）		东北-西南		12	
紫带腊（1）	26°35.8′E	西南-东北	65.9	31.2	
	119°50.8′N		60.3	26.4	750
紫带腊（2）		西南-东南	65.3	54.4	

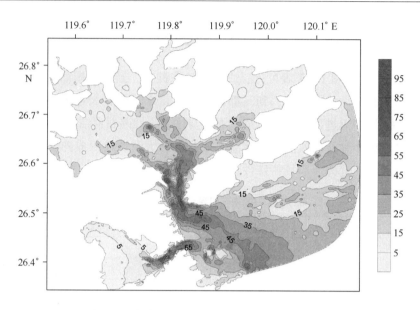

图 11-1　闽东大黄鱼产卵洄游路径上的水深地形

　　这些天然礁石群除了能够产生激流、紊流、上升流等多种流态效应外，礁石群还有鱼类繁殖场所需要的其他效应，而这些效应也是能诱集大黄鱼的特征指标，包括饵料效应、保护幼鱼效应、改造环境效应、阴影效应和音响效应等。

　　底栖生物历来是底层鱼类的主要饵料，因而底栖生物的种类和数量的多少与底层鱼类数量的多少密切相关，而礁石群对底栖生物有较大影响。据黄海水产研究所对山东灵山岛的礁石群进行调查研究表明，除了底栖生物还有浮游生物等也是鱼礁饵料效应的一个环节。

　　浮游生物是礁石区鱼类和底栖生物直接或间接的饵料基础。浮游生物没有自由游动的能力，只能随流浮动，它们来到或离开鱼礁都是被动的；由于礁石群产生的激流、紊流、上升流的流态作用，浮游生物易于聚集到礁石区。浮游动物在亚热带水域中其优势品种有桡足类、磷虾、莹虾、介形类、端足类、毛颚类、有尾类和海樽类等。但这些品种的生物量也因年和因月而各不相同，例如三沙湾官井洋海域桡足类在春夏之交最多、对大黄鱼的繁殖和幼体饵料充分供应都是非常有利的。

　　浮游植物是海洋中最基础的生产力，是海洋生物食物链的最基础环节。在亚热带种中有骨条藻、菱形海线藻、圆筛藻、毛藻等。它们的生物量在不同的年份和月份都有很大的变化。一般来说 5 月是生物量的高峰期，而夏季种类最多。

　　总的来说，鱼礁群能诱集鱼类，饵料效应是其中最重要的因素之一，而在饵料效应中附着生物是主要因素，浮游动物和底栖生物次之。

　　从官井洋地形和水文特征角度分析，三沙湾的天然礁石群水域的激流、紊流、上升流的流态作用和浮游生物易于聚集的特征，是大黄鱼选择产卵场的主要因素之一。

11.2 大黄鱼选择在三沙湾产卵的主因分析

已有的研究结果显示，闽东渔场大黄鱼主要在闽江口外水深 60 m 处越冬。闽东沿海产卵大黄鱼鱼群，一路洄游于 4 月下旬至 5 月中旬进入东引渔场产卵，另一路于 4 月下旬至 6 月中旬经白犬列岛、马祖岛等分 3~4 批，于 5 月中旬至 6 月中旬进入三沙湾内湾，并在官井洋产卵。秋末冬初分散于各处索饵的鱼群开始在四礵列岛一带形成秋冬季大黄鱼汛。此后随水温下降，一部分鱼群游向 60 m 等深线暖水处越冬，一部分鱼群继续向四礵列岛以南洄游。

从大黄鱼产卵洄游路径上的水深地形图中可见（见图 11-1），三沙湾和罗源湾湾口外有一个深槽，水深均在 45 m 以上，这个深槽直接通向三沙湾口；在深槽和罗源湾口之间有一个水深小于 35 m 的水下山脊；由于大黄鱼是深水鱼类，正是这个水下山脊，限制了大黄鱼从主要洄游路径转向罗源湾进行产卵洄游，而使大黄鱼鱼群向三沙湾进行产卵洄游成为必然。

向三沙湾东冲口方向洄游的鱼群，沿着水深深于 45 m 的水下峡谷进入罗源湾湾口外水域，从图 11-1 中可见，45 m 水深以深的水下峡谷在罗源湾湾口出有一个水深小于 30~35 m 高的水下山脊。由于水下峡谷地形的诱导作用，大黄鱼鱼群一般不会翻过水下山脊进入罗源湾湾口，而是顺着水下峡谷进入三沙湾的东冲口和官井洋。

此外，退潮时，三沙湾向外的高速潮流对大黄鱼鱼群也有诱导作用。性腺成熟的大黄鱼鱼群对潮流及其流速非常敏感，高速水流是大黄鱼性腺成熟必不可少的条件之一。由于罗源湾湾口外有 30~35 m 高的水下山脊阻挡，罗源湾湾口的退潮流主要影响 30 m 水深以浅的水体，从而难以影响 45 m 水深以深的水下峡谷中洄游的大黄鱼群体。

依据以上分析，无论从地形诱导角度，还是从水流刺激诱导角度，这两种诱导机制都直接将大黄鱼鱼群引入了三沙湾的东冲口，因此大黄鱼鱼群很少去罗源湾产卵。从历史记录上，到罗源湾产卵的大黄鱼也很难找到。

第 12 章　官井洋大黄鱼产卵洄游路线和产卵场位置的分析

12.1　官井洋大黄鱼产卵洄游路线和产卵场位置的分析

已经了解大黄鱼选择三沙湾为其主要内湾产卵场的原因。可以发现，水文条件是三沙湾成为大黄鱼主要内湾产卵场的主要原因。不但如此，在三沙湾内，水文和地形要素还决定了大黄鱼湾内产卵洄游路线、产卵场、育幼场和索饵场位置的具体分布。这一章主要讨论这个问题。

12.1.1　官井洋湾外大黄鱼产卵洄游路线

以上已经分析，东黄海大黄鱼种群在闽东有一个越冬场，位于闽江口到四礵列岛禁渔线外侧水深 60~100 m 的海域。每年春季 3 月，越冬场的大黄鱼，从平潭岛牛山东南方向的外海，游近平潭岛牛山东南方向 36~55 m 渔场。4 月初，开始逐批进入连江沿海。以后分为两路，一路于 4 月下旬至 5 月中旬进入东引渔场产卵，依据福建省水产科学研究所 1960 年编写的《官井洋大黄鱼调查报告》，其中有一部分北上，经过霞浦、福鼎沿海进入浙江沿海。另一路于 4 月下旬至 6 月中旬经白犬列岛、马祖岛等分（3~4）批进入三沙湾。于 5 月中旬至 6 月中旬每逢大潮在官井洋产卵。秋末冬初分散于各处索饵的鱼群开始 60 m 等深线暖水处越冬洄游，

12.1.2　官井洋大黄鱼湾内洄游路线和产卵场

从图 11-1 的三沙湾地形图中可见，潮流进入三沙湾内后，首先经过水较深的深槽向内湾运动，这一深槽经过了官井洋的主体，而不经过东吾洋。潮流在经过三都澳水道、东吾洋水道分流以后，水势大大地减弱，流速减缓。在青山岛北侧，有一大片水深、开阔、多礁石的海域。上述海域正是经过东冲口高速水流刺激后大黄鱼产卵的主要地点。因此，官井洋的主体，青山岛以北，溪南半岛以南，三都岛以东和东冲半岛以西的官井洋水域是大黄鱼的主要产卵场。而青山岛东北的官井洋水

域是大黄鱼排卵的主要水域。2011 年 9 月，我们就官井洋大黄鱼产卵洄游路线和产卵场位置走访了青山岛上虾荡尾村的老渔民和当年指挥大黄鱼捕捞生产的船老大，包括宁德渔政、宁德地区水产科技推广站的老专家。将官井洋大黄鱼产卵洄游路线和产卵场位置绘成图 12-1 和图 12-2。

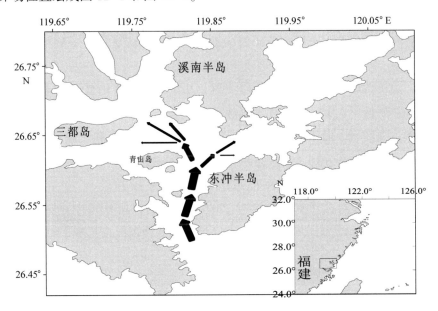

图 12-1　大黄鱼湾内洄游路径示意

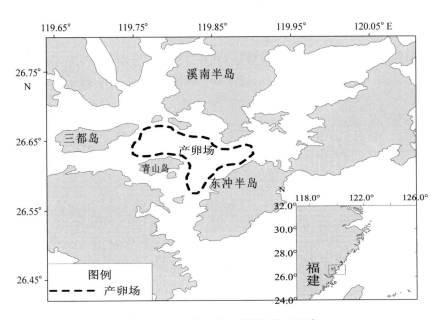

图 12-2　大黄鱼湾内产卵场位置示意

此外，涨潮潮流路经官井洋时，其余流分为两支，一支进入东吾洋，尽管不是主体，潮流的前锋仍然可以到溪南半岛南端和东冲岛之间的水域。这股潮流强度有限，因而带入的大黄鱼鱼卵和仔鱼的数量都有限。余流的另一支是路经官井洋潮流的主干，该支流沿着青山岛北部海域往西，流向三都岛和长腰岛之间的水道，由于这一带水下地形复杂，起伏而多礁石，产卵后的大黄鱼鱼卵仔鱼大多数被带到这里孵化、发育和生长。依据鱼卵仔鱼调查结果，这一带水域是官井洋鱼卵仔鱼数量分布的主要海域。

因此，大黄鱼产卵行为的主要场所应该是从东冲口到青山岛以北水流较急，多礁石的官井洋海域，也就是涨落潮潮流经过的主水道部分，这一水域也应是大黄鱼繁殖保护的主要区域。而沿着青山岛北部海域往西，三都岛和长腰岛之间的水道、盐田港、白马港口门部分都是大黄鱼鱼卵仔鱼孵化、发育和生长的主要场所。溪南半岛南端和东冲岛之间的水域，东冲岛西部沿岸是次要场所。

以上分析结果，与福建水产研究所 2009 年编写的《三沙湾渔业资源产卵场调查》报告中描述的三沙湾官井洋大黄鱼主要产卵群体分布位置基本相似。

12.2 官井洋大黄鱼产卵季节和时间的问题

依据走访资料和本调查鱼卵仔鱼的结果，大黄鱼进入三沙湾一般是 5 月中上旬，从 5 月下旬起进入盛期，至 6 月下旬结束。

每年 4 月，在闽江口外越冬的大黄鱼开始逐批向东引岛和三沙湾作产卵洄游。鱼群一般在湾外水域集结，等待大潮讯的到来。在大潮期的落潮时，大黄鱼逆流而上，进入三沙湾，迎着潮流向上，一般在潮流刺激后 3~7 h 卵巢内卵成熟排出，此时大黄鱼也正好从东冲口游到青山岛东部和北部，这就是为什么青山岛以北以东官井洋海域是大黄鱼产卵行为形成的主要场所的原因。

秋季也有一个大黄鱼产卵季节，一般在 10 月，因此，10 月也有大黄鱼鱼卵仔鱼出现。可见适合的温度，对大黄鱼产卵行为的产生有重要的影响。

12.3 官井洋大黄鱼的育幼场所分析

大黄鱼产卵后，一般鱼卵仔鱼随着潮流漂浮移动。因此，鱼卵最终飘向水流较缓的海域，在落潮可以移向湾外水域，因此，湾外哈与也是鱼卵仔鱼孵化、发育和生长的场所。在湾内，鱼卵仔鱼往往随流来到沿岸水流较缓的海域。本次调查和福建水产研究所 2009 年编写的《三沙湾渔业资源产卵场调查》报告描述的一致。沿岸海域鱼卵仔鱼数量明显大于流急的水域。这是因为，鱼卵仔鱼在流急水域逗留时间较短，所以表面上显示出数量较少。本次调查，鱼卵仔鱼大多集中在三都岛北侧、白马港口、盐田港口，以及附近礁石密布的海域。这里浮游动物数量繁多，饵料丰富，适合大黄鱼仔稚鱼在此生长。此外溪南半岛南端和东冲岛之间的水域，东安岛附近的海域也是大黄鱼仔稚鱼生长肥育的场所。

综上所述，将官井洋大黄鱼索饵场位置总结如示意图 12-3。

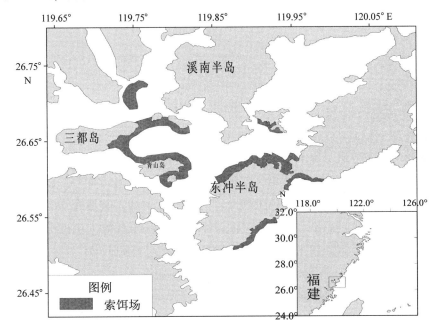

图 12-3　大黄鱼索饵场位置示意

12.4　影响大黄鱼产卵索饵的水团因素

低盐水团是影响大黄鱼洄游和产卵的另一个重要因素。白马港口、盐田港口、三都岛东北部、青山白北部海域何以成为大黄鱼产卵和洄游的重要水域。这一带海域有许多径流注入，包括赛江、霍童溪、赤溪、七都溪、金溪、罗汉溪和交溪等。这些径流流量丰富，淡水水团和潮流水水团的交汇处正是大黄鱼鱼群洄游终点，也是鱼卵仔鱼大量集结、孵化、发育和生长的水域。淡水水团势力的盛衰，淡水水团和潮流水水团的交汇移动对大黄鱼鱼群位置有重要的影响，也就是对三沙湾大黄鱼渔场位置有一定的影响。反映出大黄鱼洄游和产卵与低盐淡水水团有关，盐度对大黄鱼的产卵和洄游也有一定的影响。

第 13 章　官井洋大黄鱼产卵场环境污染和生境分析

13.1　官井洋大黄鱼环境产卵场环境污染和生境分析

以上我们主要分析了水文环境对大黄鱼产卵洄游和产卵场形成的重要意义。然而水文环境的变化一般不大，除非三沙湾进行大规模的填海工程等。就环境要素而言，随着目前大规模的工业开发逐步展开，海水养殖增加，其他海洋经济发展和城镇人民生活水平上升，都不可避免产生海洋水体环境污染问题。因此分析官井洋大黄鱼环境产卵场环境污染和生态恶化的现状和原因是必要的。

13.2　官井洋大黄鱼环境产卵场环境今昔对比

以下比较不同年代官井洋及其邻近海域大黄鱼产卵场环境的基本状况。其中1990 年的资料来自中国海湾志调查，1999 年到 2002 年资料来自 2003 年由宁德市海洋与渔业环境监测站编写的《关于网箱养殖对三都湾港区生态环境影响的调查报告》和刘家富等（2003）。

13.2.1　20 世纪 90 年代初（1990 年）的环境的基本情况

13.2.1.1　温度、盐度、pH 值和溶解氧

水温季节性变化显著，年变化范围在 13.0~29.9℃，平均 20.5℃。春夏季表层水温高于底层，冬季表底层水温较均匀。盐度年变化范围 24.420~33.810，平均为30.155。8 月盐度最高，其次是 12 月，5 月盐度最低。盐度平面分布在东吾洋高于三都岛周围海域，主要原因是后一海域受霍童溪淡水输入的影响，尤其是三都岛北部海域影响最为显著，盐度含量也最低。

pH 值年变化范围 7.93~8.39，平均为 8.22。1 月和 12 月 pH 值较高，均值分别为 8.36 和 8.29，5 月和 8 月 pH 值较低，均值分别为 8.11 和 8.10。溶解氧含量年变

化范围为 5.54~8.84 mg/m³，平均为 7.38 mg/m³；氧饱和度为 83.9%~109.1%，均值为 96.6%。1 月溶解氧含量最高，8 月最低，与水温呈相反变化趋势。5 月和 8 月溶解氧分布类似，都是表层含量高于底层。12 月溶解氧含量自湾口向湾顶呈递增分布趋势。

13.2.1.2　营养盐

硝酸盐含量年变化范围为 1.58~19.5 μmol/dm³，平均为 11.2 μmol/dm³。硝酸盐含量具显著季节性变化特征，1 月含量最高，平均为 16.1 μmol/dm³，其次是 12 月，5 月最低，平均含量为 5.94 μmol/dm³，不及 1 月的一半。5 月和 8 月硝酸盐含量分布相似，东吾洋低于三都岛海域，其中高值位于三都岛西北海域。12 月和翌年 1 月分布特征接近，高值位于长腰岛西南海域，低值位于东吾洋顶部海域，湾口至东吾洋呈递减分布趋势。

亚硝酸盐含量年变化范围为 0.04~2.50 μmol/dm³，平均为 1.02 μmol/dm³。亚硝酸盐也呈现季节性变化，但其变化特征与硝酸盐正好相反。5 月亚硝酸盐均值为全年最高，底层含量高于表层，低值位于东吾洋顶部，从东吾洋向湾口逐渐增加，高值位于三都岛南部海域。1 月亚硝酸盐含量最低，高值位于三都岛西南及东吾洋顶部海域，低值位于青山岛东北海域。

铵盐含量年变化范围为 0.02~3.05 μmol/dm³，平均为 1.22 μmol/dm³。其季节性变化与硝酸盐及亚硝酸盐又有所不同。8 月铵盐含量最高，表、底层高值分别位于三都岛西南海域及白马港口外，低值位于三都岛北部海域。12 月铵盐均值为全年最低，表、底层高值区与 8 月类似，而低值位于湾口。

磷酸盐年变化范围为 0.23~1.08 μmol/dm³，平均为 0.66 μmol/dm³。12 月磷酸盐含量为全年最高值，高值位于三都岛西南海域，低值位于东吾洋。5 月为全年最低，其分布趋势与 12 月相同。

硅酸盐含量年变化范围为 15.6~70.9 μmol/dm³，平均为 34.0 μmol/dm³。硅酸盐含量均值 5 月全年最高，三都岛海域硅酸盐含量高于东吾洋。8 月硅酸盐含量为全年最低值，与盐度呈负相关，其含量随盐度增加而减少。受霍童溪淡水影响，三都岛西北海域硅酸盐含量全年都为最高值。

上述调查结果表明，三沙湾水体中营养盐丰富，无机氮、磷普遍超水质标准，冬季无机氮含量更达到富营养化的临界值。营养盐含量丰富，与四周大小溪河径流输入有关，同时也因为冬季水温低、光照弱，浮游植物对营养盐摄取利用减少。东吾洋水质质量比三都岛海域好。

13.2.1.3　有机物和重金属

三沙湾周边经济以农业为主，工业所占比重小，海水中化学耗氧量及表层海水油类含量较低，显示还未有明显有机污染（表13-1）。但三都岛南部潮间带低潮水体油类含量较高，如5月和10月含量高达332 μg/L和52.8 μg/L，分别超过二类和一类海水标准，主要与船舶来往、停靠排废有关，应引起重视。

表13-1　1990年5月至1991年1月三沙湾海水化学要素含量表

化学要素	5月		8月		12月		1月	
	范围	均值	范围	均值	范围	均值	范围	均值
温度（℃）	20.5~22.5	21.5	26.3~29.9	28.1	17.8~19.9	19.3	13.0~13.6	13.4
盐度	24.4~29.7	27.7	30.8~33.8	31.9	29.3~31.4	30.9	26.1~31.3	30.2
pH值	7.93~8.24	8.11	8.03~8.16	8.10	8.25~8.32	8.29	8.30~8.39	8.36
溶解氧	6.83~8.04	7.31	5.54~6.17	5.82	7.58~7.94	7.71	8.51~8.84	8.66
硝酸盐	1.58~9.07	5.94	5.20~9.99	7.54	9.50~18.4	15.16	12.8~19.5	16.13
亚硝酸盐	0.96~2.35	1.74	1.15~2.50	1.57	0.13~1.11	0.40	0.04~0.66	0.35
铵盐	0.02~2.68	1.10	0.85~3.05	1.59	0.51~1.29	0.92	0.60~2.78	1.25
磷酸盐	0.23~0.72	0.48	0.42~0.59	0.52	0.70~1.08	0.86	0.49~0.99	0.76
硅酸盐	19.5~70.9	40.6	15.6~30.1	21.3	15.7~45.5	36.0	33.7~46.5	38.3

注：营养盐单位为 μmol/L。

三沙湾水体中溶解态与颗粒态铜含量平均为0.44 μg/L和0.98 μg/L，溶解态与颗粒态铅含量平均为0.082 μg/L和0.95 μg/L，溶解态与颗粒态镉含量平均为0.011 μg/L和0.004 μg/L，说明该海域水体中铜和铅主要以颗粒态存在，而镉主要以溶解态形式存在（表13-2）。

表13-2　1990年5月和12月三沙湾海水中重金属、油类及其他污染物含量

污染物质		5月		12月	
		范围	均值	范围	均值
化学耗氧量（mg/m³）		0.64~1.85	0.82	0.60~0.90	0.68
油类（μg/L）		15.7~27.8	20.4	6.70~11.3	8.6
铜（μg/L）	溶解态	0.21~0.47	0.33	0.21~1.17	0.56
	颗粒态	0.04~1.18	0.32	0.70~2.83	1.64

续表

污染物质		5 月		12 月	
		范围	均值	范围	均值
铅	溶解态	0.03~0.22	0.09	0.008~0.58	0.42
（µg/L）	颗粒态	0.12~1.06	0.42	0.78~2.48	1.48
镉	溶解态	0.004~0.016	0.009	0.006~0.019	0.012
（µg/L）	颗粒态	0.002~0.008	0.003	0.003~0.012	0.005

13.2.2　90 年代末至 21 世纪初（1999—2002 年）的状况

依据 2003 年由宁德市海洋与渔业环境监测站编写的《关于网箱养殖对三都湾港区生态环境影响的调查报告》，其中分析了 20 世纪 90 年代末至 21 世纪初三沙湾港区海洋生态环境的状况（表 13-3 和表 13-4）。

表 13-3　1999 年 9 月至 2000 年 8 月三沙湾水质调查情况

项目		006	008	011	012	013	014
溶解氧	超标率（%）	4.2	4.2	4.2	4.2	4.2	8.3
无机氮		62.5	79.1	66.7	41.7	58.3	41.7
活性磷酸盐		29.2	41.7	33.3	29.2	37.5	29.2
N/P		11.6	11.9	11.4	11	11	11.3

表 13-4　2002 年 8 月三沙湾水质调查情况

项目		006	008	011	014	7	8
溶解氧	超标率（%）	0	0	0	0	8.3	4.2
无机氮		70.8	79.1	79.1	41.7	58.4	70.9
活性酸盐		37.5	67.7	54.2	33.3	41.7	62.4
粪大肠菌群		4.1	4.1	0	0	0	16.6
N/P		12.2	11.1	11	11.5	10.8	10.4

根据调查，三都湾海水增养殖区 6 个站位，FJ006、008、011 站位于三都湾西部（湾顶），FJ012、013、014 站位于三都湾东部（湾口）。沉积物的总汞、铜、镉、铅、砷、有机质、DDT、油类、硫化物、粪大肠杆菌符合标准值；水质的水温、盐度、透明度、叶绿素 a 属正常，pH 值、化学需氧量符合第二类海水水质标准，溶解氧除 8 月属第三类水质标准外，其余均符合第二类水质标准，且 6 站位均无明显差

别。湾顶 3 个站位无机氮和活性磷酸盐浓度较高，无机氮年平均浓度为 0.380 mg/L，属第三类水；活性磷酸盐年平均浓度为 0.033 mg/L，属第四类水。湾口 3 个站位无机氮和活性磷酸盐浓度较小，基本属于第二类水。2 个网箱区水质无机氮和活性磷酸盐浓度介于两者之间，水质略劣于第二类水。粪大肠菌群浓度湾顶较高，湾较口低。异养细菌总数属重污染。目前影响三都湾海水水质的主要指标为无机氮和活性磷酸盐（图 13-1）。

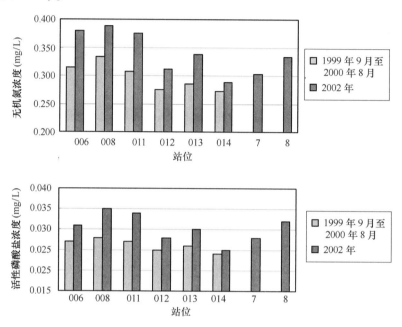

图 13-1 三沙湾不同年份理化因子的比较

13.2.3 2010 年的现况

2010 年 5 月高潮 DO 值为 7.64～8.80 mg/L，均值为 8.13 mg/L；DO 值在湾外大于湾内，但差距不大，且均符合第一类海水水质标准。2010 年 9 月高潮 DO 值为 3.8～6.1 mg/L，均值为 5.6 mg/L，除 8#站、11#站表层、16#站表层符合第一类海水水质标准，其他站位符合第二类海水水质标准；9 月平均 DO 值要比 5 月低 2 mg/L 多，且 9 月的低值出现在水深较深的 5#-7#站底层。

2010 年 5 月化学需氧量为 0.11～2.06 mg/L，均值为 0.72 mg/L，除 4#站中层符合第二类海水水质标准外，其他站位均符合第一类海水水质标准；一类海水水质站位超标率为 4%。2010 年 9 月化学需氧量为 0.35～0.95 mg/L，均值为 0.67 mg/L；低潮化学需氧量为 0.39～0.84 mg/L，均值为 0.57 mg/L。均符合第一类海水水质标准。和 5 月化学需氧量相比，9 月化学需氧量较低。

2010 年 5 月生化需氧量为 0.36~1.84 mg/L，均值为 1.00 mg/L，除 10 个站表层与中层符合第一类海水水质标准外，其他站位符合第二类海水水质标准；一类海水水质站位超标率为 68%。2010 年 9 月高潮生化需氧量为 0~0.9 mg/L，均值为 0.7 mg/L，符合第一类海水水质标准。

2010 年 5 月表层石油类为 32.0~65.8 μg/L，均值为 39.4 μg/L，除 16#站符合第三类海水水质标准外，其他站位均符合第一类海水水质标准；一类海水水质站位超标率为 4%。2010 年 9 月高潮石油类为 0~26.3 μg/L，均值为 9.2 μg/L；低潮石油类为 0~30.5 μg/L，均值为 11.3 μg/L。均符合第一类海水水质标准。

2010 年 5 月活性磷酸盐为 0.011~0.043 mg/L，均值为 0.024 mg/L，表、底层浓度分布趋势基本呈现从西北向东南外海降低的趋势；除个别站位符合第四类海水水质标准外，大多数站位符合第二类海水水质标准；一类海水水质站位超标率为 100%，二类海水水质站位超标率为 32%。2010 年 9 月活性磷酸盐为 0.021 1~0.043 6 mg/L，均值为 0.034 mg/L，除个别符合第二类海水水质标准外，绝大多数站位符合第四类海水水质标准；一类海水水质站位超标率为 100%，二类海水水质站位超标率为 85%。

2010 年 5 月无机氮为 0.214~0.522 mg/L，均值 0.323 mg/L，湾内浓度大于湾外；大多数站位符合第二类海水水质标准，部分站位符合第三类海水水质标准或第四类海水水质标准，极少数劣于第四类海水水质标准；一类海水水质站位超标率为 100%，二类海水水质站位超标率为 40%，三类海水水质站位超标率为 24%，四类海水水质站位超标率为 4%。2010 年 9 月无机氮为 0.169~0.386 mg/L，均值为 0.320 mg/L；7#站底层符合第一类海水水质标准，6#站底层、7#站表层、8#站底层、14#站底层符合第二类海水水质标准，其他站位符合第三类海水水质标准；一类海水水质站位超标率为 100%，二类海水水质站位超标率为 92%。2010 年 9 月和 5 月相比，平均值虽无较大变化，但是 9 月水质比 5 月好一点。

13.3　水质变化对影响大黄鱼资源的原因分析

影响三沙湾水质的指标主要是营养盐超标，营养盐超标早在 20 世纪 90 年代初期已经开始显现，当时营养盐超标主要发生在冬季。至 21 世纪初，营养盐超标有所发展，但主要是网箱养殖附近水域。近两年来，富营养化进一步发展，富营养的趋势主要发生在夏秋季。虽然春季水质营养盐指标基本符合第一、第二类水质标准，但是夏季大多数在符合第三、第四类水质标准之间，部分还劣于第四类水质标准。

三沙湾周边工业化进程刚刚起步，富营养化虽然与工业有一定的关联。但是，周边城市污水、农田养分流失和网箱养殖可能是污染的主要来源。不然就无法解释营养盐超标为何发生在 9 月而不是 5 月。从水质测定报告可见，部分底层水质不但营养盐含量较高，还出现溶解氧偏低，化学耗氧量较高的现象。显示出底层沉积物中有较多的有机质累积。而"三沙湾的水质状况"一文中也指出：① 三沙湾水域具有较高的水温与稳定的盐度，有利于水产生物的繁育与生长。② 其氮、磷含量相对较高，分布具有明显的季节性，表现为夏季、冬季高于春季、秋季，且受径流影响较大；但水产养殖的残饵、水产动物的排泄物带来的污染亦不可忽视。③ 该湾海水氮、磷含量高低对其富营养化起决定性作用，秋季其 33% 测站及夏、冬季的 100% 测站的水体均呈富营养化状态。④ 8 月其溶解氧含量降至全年的最低值，溶氧量的不足可直接影响水生动物的生长、发育。该湾内网箱养殖密集区就曾发生过缺氧死鱼事故，给水产养殖业造成一定的损失。

此外，三沙湾海域现有的大片鱼排，大范围、高密度的养殖设施，可能影响潮流的正常流动；同时，大黄鱼、鲍鱼、海参、海带、羊栖菜等养殖活动带来的操作船只的影响和扰动，对石首鱼科的大黄鱼安静地在这一片水域产卵也造成了不利的影响。

第14章 官井洋大黄鱼产卵场面临的环境压力

14.1 官井洋海水养殖现状及其对大黄鱼繁殖的影响

从现场调查状况可见，目前对官井洋大黄鱼繁殖保护区繁殖环境威胁较大的当属三沙湾的海水养殖业。近年来，由于大黄鱼人工育苗技术的突破，三沙湾海水养殖业迅速发展（见图14-1），导致宁德市的海水养殖产业无限制扩张，仅仅蕉城区就有网箱养殖12.6万箱，池塘、浅海、滩涂等其他渔业养殖10.93万亩，涉及7个沿海乡（镇），从业人员达3万多人。海上水产养殖虽然为加快当地的社会经济发展，增加渔民收入，发挥了积极的作用，但是也带来了严重的生态和环境问题。

近20年来，三沙湾水产养殖的开发利用面积几乎是直线上升，宜养面积利用早已超过100%；到2010年，宁德地区鱼类养殖面积发展到5 207 hm²，几乎都在三沙湾内。在三沙湾的渔排上，生活着8 000多名渔民，其中青山海区是三沙湾的渔排中最为密集的区域，仅该片海区就集中了近6万个网箱，在渔排间狭小的通道中，随处可见草梗、白色泡沫和各种各样的垃圾、废弃物及死鱼。由于三沙湾是一个口小腹大的内湾，湾内水量巨大，海水半交换周期较长，垃圾、废弃物在海面上漂流时间长，沉淀慢，严重影响了海区环境质量，同时由于大量的投饵导致水体富营养化，使海域污染日益严重，早已超过了海湾的自净能力，导致养殖病害发生频繁。如2008年8月，三沙湾海域三都镇海区内因海域污染物聚集、渔排密度过大、水流不畅所致的病害，造成了约5 000多万元的经济损失；2009年夏天，三沙湾青山海域、礁溪海域等由于环境污染造成"白点病"等鱼病爆发都给渔民造成了巨大的经济损失。

海上大规模水产养殖，对官井洋大黄鱼繁殖保护区的影响主要表现在以下几个方面：

（1）海上大规模的鱼排建筑，占用了大片的沿岸水域，由本报告渔业资源和大黄鱼调查的分析结果可知，沿岸水域是大黄鱼幼鱼的主要栖息场所，现大部分已经被鱼排建筑占据。

（2）大面积的海带和紫菜养殖，挤占了三沙湾海域的各个空间；同时，来来往往的生产船、交通艇频繁地在三沙湾水域穿梭。大黄鱼属于石首科鱼类，频繁的水体扰动和噪声对大黄鱼正常生活有明显的影响。人为的养殖生产活动和噪声也是影响大黄鱼繁殖和生活的重要原因之一。

（3）海上大规模的鱼排建筑和大面积的海带、紫菜等养殖，改变三沙湾水体交换时间和水流速度，影响水域生态和水动力环境，也是影响大黄鱼繁殖和生活的重要原因之一。

图 14-1　三沙湾的海水养殖现状

14.2　宁德市的海洋资源与特征

宁德市海岸线曲折漫长，山地、丘陵直逼岸边，形成大大小小接连不断的港湾，从北到南 20 多个港湾如串珠镶嵌在闽东海岸线上，港口优势极为突出，其中沙埕港和三都澳可建 $5 \times 10^4 \sim 10 \times 10^4$ t 级泊位港口，占全省 6 处天然深水港湾的 1/3。深水港湾是宁德地区地理资源最重要的特征，也是宁德经济发展的重要依托。

宁德市目前港口以目前用途划分，大致有三类：① 货运：占全区主要港口码头，以赛岐港为代表，有赛岐、漳湾、沙埕、桐山、姚家屿、古岭下等；② 渔港和商港，有沙埕三沙和古镇；③ 军港，主要是三都港。

三都港口小腹大，有东冲半岛作为天然屏障，四面避风，全年 6 级以上大风不及 20 d，主航道 -27 ~ -115 m，$10 \times 10^4 \sim 50 \times 10^4$ t 大型船舶可在历史最低潮情况下随时进港并可以全年"全天候"作业；三都澳拥有 714 km² 水域，使用面积 430 km²，-10 ~ -50 m 深水锚地 84 km²，-10 ~ -50 m 可开发的深水岸线 72 km，是难得的天然深水良港。

沙埕港位于福建省沿海最北端的闽浙交界处的沙埕镇，地势条件优越，自然岸线长 25 km，水域宽 700 m，水域面积 175 km²，港区总面积 177.14 km²，目前还在建造，现尚未开发利用。

实际上，港口资源是宁德市最重要的海洋资源，例如漳湾、溪南半岛等港口资源，目前由于种种原因，还处于待开发的阶段。这些港湾海阔港深，绵延 878 km 的海岸线，占福建省近 1/3，部分港区，50×10^4 t 轮船可随时进港全天候作业，是远洋大吨位中转港和大项目开发的理想区域。

水产资源是宁德海洋资源的另一个巨大资源。宁德市海洋地理位置优越，沿岸四周大量淡水注入，给海区带来大量有机质和无机盐，滩涂底质和海区水质肥沃，饵料丰富。滩涂底质以泥质底为主，其余为沙泥质；盐分含量 2‰ ~ 3‰，有机质 1.8%，全氮 0.08%，全磷 0.12%，叶绿素 1.66 mg/m³，浮游生物量 61.7 mg/m³；水域常年平均水温在 11 ~ 29℃ 之间，盐度 26 ~ 29，年平均初级生产力 2 392.48 t/a，浮游植物 25.3×10^4 t/a，海区内官井洋和东吾洋是全国少有的大黄鱼、对虾产卵繁殖和幼鱼育肥的理想场所，闽东海区也是多种经济鱼类索饵越冬的场所。优越的环境繁衍了大量海洋生物，水产资源十分丰富。

鱼类资源据初步调查统计，闽东海域 10 ~ 100 m 等深线内有鱼类 500 多种，多数为暖水性种类，暖温性种类次之，从生态类型看以底层、近底层鱼类居多，中、上层鱼类次之，其中经济鱼类约有 100 多种，主要有大黄鱼、带鱼、银鲳、日本鳗鲡、海鳗、蓝圆鲹、真鲷、石斑鱼、大银鱼和龙头鱼等 60 多种 100 多属，资源量达

$18×10^4$ t。

甲壳类有虾、蟹类 60 多种，以热带、亚热带沿岸性虾类为主，经济价值较大的种类有长毛对虾、中国对虾、日本对虾、斑节对虾、新对虾、哈氏仿对虾、中华管鞭虾、锯缘青蟹、三疣梭子蟹、河蟹等 10 多种，其他常见的种类还有日本蟳、口虾姑、日本大眼蟹、长足长方蟹等。资源主要分布在三都湾东吾洋、福安湾、沙埕湾、嵛山岛、台山外渔场及东引周围海区，资源量在 $5×10^4~6×10^4$ t。

贝类资源约有 70 种，以辫鳃类和腹足类占优势，经济价值较高的缢蛏、尖刀蛏、龟足、厚壳贻贝、褶牡蛎、栉江珧、寻氏肌蛤、鲍鱼等 10 多种，全区沿海滩涂均有贝类分布，尤其内湾潮间带资源十分丰富，经济价值较高。已养殖的种类，除传统的蛏、蛎、蚶、蛤四大贝类外，1973 年又发展了贻贝养殖，近几年又引进了太平洋牡蛎。

藻类资源约有 10 多种，经济价值较高的主要品种有海带、坛紫菜、裙带菜、江蓠、石莼、石花菜、红毛藻、礁膜、浒苔等，目前进行养殖利用的主要是海带、坛紫菜、条斑紫菜和裙带菜。

宁德海域面积 $4.46×10^4$ km^2，其中浅海面积 $9.34×10^4$ hm^2，滩涂面积 $4.36×10^4$ hm^2，海水养殖潜力和水面资源也非常丰富。

从以上分析可得出，港口资源和海洋水产资源是宁德市两个最重要、最有区域特色的资源。现有宁德市的海洋开发，以水产资源开发为主。但是未来海洋其他资源的开发，特别是港口资源开发势必涉及现有海洋水产资源环境的保护问题。

14.3　官井洋大黄鱼繁殖保护区生态环境面临的压力

宁德市位于福建省东北部，南与福州市接壤，北与温州市相连，西与南平市毗邻，东与台湾隔海相望，距台湾基隆港 126 海里，区内的三沙湾距台湾马祖东引岛仅 14 海里。全市下辖 9 个县（市、区）、一个开发区，土地面积 $1.34×10^4$ km^2，人口约 330 万人。

温暖湿润的气候，肥沃的土地，为宁德市名优特农副产品生产提供了优越的条件。闽东是我国重点产茶区之一，现有茶园面积 $4.71×10^4$ hm^2，省级以上名茶产品 30 多种。闽东是我国产量最多、品种最全的重要食用菌产区，银耳、香菇产量均居全国首位。闽东水果种类繁多，盛产四季柚、油柰、板栗、芙蓉李、水蜜桃和晚熟荔枝、龙眼等。畜牧业特产有福安杜花猪、福安水牛、古田黑番鸭、霞浦山羊等。全区森林覆盖率为 62.7%，活立木总蓄积量 $1527×10^4$ m^3，用材林面积 $44×10^4$ hm^2。

宁德市雨量充沛，山高谷深，溪流纵横，水电资源十分丰富。全市河流总流域面积达 11 899 km^2，可开发电力 $185.49×10^4$ kW，目前已开发 $42×10^4$ kW，交溪、霍童溪、古田溪等水系，具备建高水头电站、大水库的条件，宜于梯级开发。闽东海岸线长，蕴藏着丰富的潮汐能源，可开发总装机容量 245.96×10^4 kW，其中三都澳潮汐可开发利用 129.34×10^4 kW，为省之最。区内电网建设初具规模，装机容量 40×10^4 kW 的穆阳溪梯级电站正在建设中。城镇供水工程发展迅速，全市已建成水厂 35个，日供水 30×10^4 t，可保证生产和生活的需要。

宁德市属火山岩地带，矿产资源丰富。目前已发现矿产 79 种，矿产地 135 处，探明储量的矿种有 33 种，尤其是玄武岩、高岭土、花岗石、建筑砂、叶蜡石、钼、锌等矿种，储藏量大，品位高，且易于开采，为发展建材、陶瓷等工业提供了充足的原料。

宁德旅游资源也具有非常独特的优势。宁德旅游有"山海川岛、畲族风情、宗教文化和红色旅游"四大特色。拥有福鼎太姥山、屏南白水洋两个国家级风景名胜区和国家地质公园以及宁德三都澳、蕉城支提寺、霞浦杨家溪、周宁鲤鱼溪、古田翠屏湖、柘荣东狮山等一批省级风景名胜区。还有被誉为"中国最美的十大海岛"之一的福鼎俞山岛，被评为国家级森林公园的支提山森林公园。白水洋的所在地屏南县双溪镇和鲤鱼溪的所在地周宁县埔源镇分别被评为"福建最美的乡村"。闽东依山傍海，重峦叠嶂，景色秀丽。被誉为"海上仙都"的福鼎太姥山，全国独有的屏南鸳鸯溪，被明永乐帝赐为"天下第一山"的宁德支提山，华东仅有的周宁九龙漈瀑布群，人鱼和谐闻名数百载的周宁鲤鱼溪，日本国高僧空海大师入唐求法的登陆地霞浦赤岸，驰名东南亚与妈祖庙同享盛誉的古田临水宫，胜似太湖的古田翠屏湖，以及天然良港三都澳等著名景区，都是令人神往的旅游胜地。

宁德海域面积 4.46×10^4 km^2，浅海滩涂面积 4.36 hm^2，可供围海造地面积达 3.18 hm^2。宁德港口资源丰富，全市海岸线长 1 147 km（其中陆域岸线 1 046 km，位居福建首位），占福建省的 1/4 强。从南到北分布有三都澳、赛岐、三沙、沙埕等著名良港。全市规划可建设港口泊位 200 多个。特别是天然良港三都澳，拥有水域面积 714 km^2，10 m 以上深水域面积 174 km^2，拥有深水岸线 110.36 km，是宁波北仑港的 5 倍，日本横滨港的 3 倍，超过荷兰的鹿特丹港，规划可建设 3 万吨级以上泊位 150 多个，其中 20 万～50 万吨级泊位 61 个，主航道水深 30～115 m，第五代、第六代国际集装箱轮船和 50 万吨级巨轮可全天候进出。

原有制约宁德经济发展的一个主因——交通落后这一瓶颈已经逐一解除，2009年温福铁路通车，宁德对外南北交通距离将大大缩短，到上海仅 5.5 h。公路交通环境也在稳步快速提高。

但宁德的产业发展较不平衡。在工业方面，主要是小型加工制造业，如电机电器、船舶修造、医药化工、汽摩配件、建筑建材、食品加工、电力能源等行业。其中比较大的是电机电器和船舶修造两大产业，因而有"中国电机电器城"之美称，

是中国著名的电机电器生产和出口基地，2007 年电机电器行业实现总产值突破 100
亿元，迈入全省产值超亿元产业集群的行列。宁德的船舶修造业历史悠久，现有修
造船企业 80 多家，最大造船能力可达 8 万吨级，修船能力可达 10 万吨级，目前产
值已达 50 亿元以上。在农业生产方面，农副渔业比较发达，茶叶、水产、食用菌、
药材、果蔬、畜牧业等已基本形成基地化、规模化生产经营格局。目前，宁德是全
国最大的绿茶种植基地，年产量占全国的 9%；最大的大黄鱼养殖基地，年产量占
全省的 70%；最大的银耳产区，年产量占全省的 90% 以上；最大的太子参产区，年
产量占全省的 60%。

2009 年宁德市全年实现生产总值（GDP）603.64 亿元，比上年增长 13.3%。
从三大产业看，第一产业增加值 113.44 亿元，增长 5.9%；第二产业增加值 246.57
亿元，增长 15.6%，其中工业增加值 204.43 亿元，增长 16.0%；第三产业增加值
243.63 亿元，增长 14.1%。从产业结构看，第一产业比重下降 1.0 个百分点，第二
产业和第三产业比重分别提高 0.4 和 0.6 个百分点。

然而，宁德地区在福建沿海相对落后的现状，导致了三沙湾大规模无序养殖发
展的经济背景。三沙湾大规模无序养殖的现状，也造成了海域生态环境保护工作的
巨大压力，致使大黄鱼繁殖保护区的生态环境日益恶化，目前尚看不到遏制环境恶
化趋势的希望，官井洋大黄鱼繁殖保护区未来的环境保护和生态修复工作将始终处
于被动地位。

14.4　宁德地区经济发展对大黄鱼产卵环境的影响

宁德地区社会经济和工业发展低水平与邻近的福州、莆田和温州市等地区存在
较明显差距。

国家发改委产业经济与技术经济研究所提出的《环三都澳产业发展规划》和中
国城市规划设计院规划论证的《环三都澳区域发展规划》认为，宁德经济要实现未
来发展，其最佳的途径是：通过环三都澳的综合开发，以临港工业提升城市经济地
位。这是因为环三都澳地区拥有着一个世上少有的深水良港。

这两个规划以国际先进水平为参照系，具有前瞻性思维、高起点规划，做到立
足现在，循序渐进，务求实效的发展。"环三都澳区域发展规划"提出，在充分发
挥深水岸线资源优势中，要按照"产业带动、布局优化、集聚发展、重点突破、环
境友好"的原则，高起点发展临港工业、高新技术产业、现代物流业、滨海旅游
业，促进产业发展规模化、集约化、生态化，努力把环三都澳区域建设成海峡西岸
新兴临港工业基地。依托大型深水港口铸造临港工业基地。

"环三规划"指出，充分发挥深水岸线资源优势，依托大型深水港口，引入大

型战略企业；尽快启动溪南半岛建设，争取"十二五"国家布点建设大型临港工业项目。通过一体化、基地化、园区化布局和清洁化生产，形成产业集中度高、产业配套能力强、生态环境友好的新兴临港工业基地。

以上分析可见，宁德市社会经济要实现跨越式的发展，需要在新形势下，把当地资源优势最大地发挥出来，除了发展水产养殖以外，还要依据当地港口位置资源优势，发展临海工业和服务业。

但在实施宁德市社会经济跨越式发展的同时，如何切实有效地保护好大黄鱼繁殖保护区及其周边海域的生态环境，确实是一个需要当地政府认真思考的实际问题。

14.5　大黄鱼产卵场资源和环境保护建议

通过本项研究，提出如下大黄鱼产卵场资源和环境保护的建议：

（1）加大三沙洋的环境保护投入和监管力度；

（2）严格控制大黄鱼繁殖保护区及其周边海域的现有养殖规模；

（3）从养殖饵料入手，严格控制大黄鱼繁殖保护区及其周边海域的富营养化恶化趋势；

（4）适当扩大大黄鱼繁殖保护区周边海域的渔业资源管理范围；

（5）依据当地港口资源优势，发展临海工业和服务业，使当地经济发展实现集约化、大型化，在解决民生问题的同时，也可获得资金和渔民转产、转业机会，或许这样对解决大黄鱼保护问题有益。

引用文献

白雪娥，王为祥 . 1966. 渤、黄海浮游生物个体质量的测定［J］. 水产学报，3（2）：142-149.

蔡秉及，王志远 . 1994. 厦门港及邻近海域的浮性鱼卵和仔、稚鱼［J］. 台湾海峡，（2）：204-208.

蔡清海 . 2006. 福建三沙湾海洋生态环境研究［J］. 中国环境监测，23（6）：101-105.

蔡清海，杜琦，钱小明，等 . 2004. 福建省三沙湾海洋生态环境质量综合评价［J］. 海洋学报，29（2）：156-159.

蔡清海，等 . 2007. 福建主要港湾的环境质量［M］. 北京：海洋出版社 .

陈必哲，张澄茂 . 1984. 闽南渔场大黄鱼渔业生物学基础的初步研究［J］. 福建水产，（04）6-16.

陈新军 . 2004. 渔业资源与渔场学［M］. 北京：海洋出版社 .

陈作志，邱永松，黄梓荣 . 2005. 南海北部白姑鱼生长和死亡参数的估算［J］. 应用生态学报，16（4）：712-716.

岱山县志编纂委员会 . 1994. 岱山县志［M］. 杭州：浙江人民出版社 .

戴燕玉 . 2006. 福建三沙湾浮性鱼卵和仔、稚鱼的分布［J］. 台湾海峡，（2）：256-261.

国家海洋局 . 2007. GB 12763.1-7-19 海洋调查规范［S］. 北京：中国标准出版社 .

何东海，王晓波，朱志清，等 . 2011. 赤潮多发期岱山丁嘴门增养殖区海水水质分析与评价［J］. 海洋开发与管理，（3）：61-64.

洪港船，陈必哲，张澄茂 . 1985. 福建近海大黄鱼越冬群体的初步研究［J］. 福建水产，2（2）：1-6.

洪国裕 . 1984. 官井洋大黄鱼产卵场暗礁位置的探测［J］. 福建水产，（01）.

黄海水产研究所 . 1981. 海洋水产资源调查手册（第二版）. 上海：上海科学技术出版社 .

郭斌，张波，金显仕 . 2010. 黄海海州湾小黄鱼幼鱼的食性及其随体长的变化［J］. 中国水产科学，17（2）：289-297.

孔祥雨，洪港船，毛锡林，等 . 1987. 大黄鱼，见农业部水产局 . 东海区渔业资源调查和区划［M］. 上海：华东师范大学出版社 .

林景宏，陈瑞祥，林茂，等 . 1998. 三沙湾浮游动物的分布及其与兴化湾、东山湾的比较［J］. 台湾海峡，（4）：426-432.

林景宏，王小平，陈瑞祥 . 1997. 福建三沙湾浮游桡足类的分布［J］. 海洋通报，（6）：13-19.

林龙山，严利平，凌建忠，等 . 2005. 东海带鱼摄食习性的研究［J］. 海洋渔业，27（3）：187-192.

刘磊，郭仲仁，汤晓鸿，等.2009.苏北浅滩生态监控区仔稚鱼的分布［J］.上海海洋大学学报，（5）：546-552.

刘家富，郑钦华，陈洪清，等.2003.三沙湾的水质状况［J］.台湾海峡，（2）：201-204.

刘家富.1999.人工育苗条件下的大黄鱼胚胎发育及其仔、稚鱼形态特征与生态的研究［J］.现代渔业信息，14.

刘育莎，林元烧，郑连明，等.2010.福建省三沙湾饵料浮游动物生态特征研究［J］.厦门大学学报（自然科学版），（1）：102-108.

刘守海，徐兆礼.2011.长江口和杭州湾凤鲚（Coilia mystus）胃含物与海洋浮游动物的比较研究［J］.生态学报，31（8）：2 263-2 271.

卢振彬.2005.闽东渔场不同生态类群的鱼类资源生产量［J］.中国水产科学，（6）：731-738.

孟庆闻，苏锦祥，李婉端.1987.鱼类比较解剖［M］.北京：科学出版社.

沙学坤.1962.大黄鱼卵子和仔、稚鱼的形态特征［J］.海洋科学集刊，第2集：37-43.

沈长春.2011.福建三沙湾鱼类群落组成特征及其多样性［J］.海洋渔业，（3）：258-264.

沈国英，2002.施并章.海洋生态学［M］.北京：科学出版社，114-117.

万瑞景，魏皓，孙珊，等.2008.山东半岛南部产卵场鳀鱼的产卵生态Ⅰ.鳀鱼鱼卵和仔稚幼鱼的数量与分布特征［J］.动物学报，（5）：785-797.

万瑞景，姜言伟.2000.渤、黄海硬骨鱼类鱼卵与仔稚鱼种类组成及其生物学特征［J］.上海水产大学学报，9（4）：290-297.

王兴春.2006.三沙湾夏季浮游植物（Phytoplankton）分布状况初步研究［J］.现代渔业信息，（7）：20-22.

王义刚，王超，宋志尧.2002.福建铁基湾围垦对三沙湾内深水航道的影响研究［J］.河海大学学报（自然科学版），（06）.

吴国凤.2004.闽东渔场渔业资源管理和渔业可持续发展策略［J］.现代渔业信息，（3）：8-11.

肖友红.1998.大黄鱼人工养殖技术概述［J］.中国水产，（7）：30-31.

徐开达，刘子藩.2007.东海区大黄鱼渔业资源及资源衰退原因分析［J］.大连水产学院学报，（10）：392-396.

徐佳奕，陈佳杰，田丰歌，等.2012.官井洋大黄鱼夏季食物组成和摄食习性［J］.中国水产科学，（1）：94-104.

徐兆礼，陈佳杰.2011.东黄海大黄鱼洄游路线的研究［J］.水产学报，3（3）：429-437.

杨纪明，郑严.1962.浙江、江苏近海大黄鱼食性和摄食季节的变化［J］.海洋科学集刊，（2）：14-30.

殷名称.1993.鱼类生态学［M］.北京：中国农业出版社.

詹秉义.1995.渔业资源评估［M］.北京：农业出版社.

张仁斋.1985.中国近海鱼卵与仔鱼［M］.上海：上海科学技术出版社.

张立修，毕定邦.1990.浙江当代渔业史［M］.杭州：浙江科学技术出版社.

郑文莲，徐恭昭.1964.福建官井洋大黄鱼个体生殖力的研究［J］.水产学报，（1）：1-17.

郑元甲，陈雪忠，程家骅，等.2003.东海大陆架生物资源与环境［M］.上海：上海科学技术出版社，286-741.

赵传，陈永法，洪港船. 1990. 东海区渔业资源调查和区划［M］. 上海：华东师范大学出版社.

中国海湾志编纂委员会. 1991. 中国海湾志，第七分册［M］. 北京，海洋出版社.

朱振乐. 2000. 大黄鱼人工育苗技术总结［J］. 水产杂志，13（1）：28-30.

Pinkas, L, Oliphant, Iverson M S, et al. 1971. Food habits of albacore, bluefin tuna, and bonito in California waters［J］. Calif. Dep. Fish Game Fish Bull. , （152）：1-105.

Berg J. 1979. Discussion of methods of investigating the food of fishes, with reference to a preliminary study of the prey of *Gobiusculus flavescens*（Gobiidae）［J］. Marine Biology, 50（3）：263-273.

Cortes E. 1997. A critical review of methods of studying fish feeding based on analysis of stomach contents: application to elasmobranch fishes［J］. Canadian Journal of Fisheries Aquatic Science, 54：726-738.

Hikaru W, Tsunemi K, Suguru M, et al. 2004. Feeding habits of albacore Thunnus alalunga in the transition region of the central North Pacific［J］. Fisheries Science, 70（4）：573-579.

Ivlev V. S. 1961. Experimental ecology of the feeding of fishes［M］. New Haven：Yale University Press.

Gulland J A. 1985. FiSh stock assessment：a manual of basic methods［M］. FAO/Wiley Ser1, New York, P. 223.

Pinkas, L, Oliphant M S, Lverson I L K. 1971. Food habits of albacore, bluefin tuna, and bonito in California waters［J］. Fish Bulletin, 152：1-105.

Ricker W E. 1975. Computation and interpretation of biological statistics of fish population［J］. Bull Fish ResBoard Can , 19：12382.

Sazima I. 1986. Similarities in feeding behaviour between some marine and freshwater fishes in two tropical communities［J］. Journal of Fish Biology, 29（1）：53-65.

Tuncay M S, Halit F, Bahar B, et al. 2008. Food habits of the hollowsnout grenadier, Caelorinchus caelorhincus（Risso, 18110）, in the Aegean Sea, Turkey［J］. Belg. J. Zool. , 138（1）：81-84.

Wiborg, K F. 1948. Investigations on cod larvae in the coastal waters of Northern Norway. Occurrence of cod larvae, and occurrence of food organisms in the stomach contents and in the sea；preliminary report［J］. Fiskeridir. Skr. Havundersok. , 9（3）：1-27.

参考文献

曹启华 . 1998. 湛江沿海大黄鱼种群的研究［J］. 湛江海洋大学学报，18（2）：15-19.

常剑波，孙建贻，段中华，等 . 1994. 网湖似刺鳊的种群生长和死亡的研究［J］. 水生生物学报，18（3）：230-239.

陈必哲，张澄茂 . 1984. 闽南渔场大黄鱼渔业生物学基础的初步研究［J］. 福建水产，（4）：6-16.

陈作志，邱永松，黄梓荣 . 2005. 南海北部白姑鱼生长和死亡参数的估算［J］. 应用生态学报，16（4）：712-716

方永强，翁幼竹，周晶，等 . 2000. 大黄鱼性早熟问题的研究［J］. 台湾海峡，19（3）：354-359.

费鸿年，张诗全 . 1991. 水产资源学［M］. 北京：中国科学技术出版社，303-305.

洪港船，陈必哲，张澄茂 . 1985. 福建近海越冬大黄鱼生长及其特征的初步研究［J］. 福建水产，（2）：1-6.

孔祥雨 . 1985. 浙江近海渔场大黄鱼生长的研究［J］. 水产学报，3（1）：56-63.

兰永伦，罗秉征 . 1996. 大黄鱼耳石、体长与年龄的关系［J］. 海洋与湖沼，27（3）：323-329.

李明云，赵明忠，林允闽，等 . 2001. 闽-粤东族大黄鱼象山港养殖群数量与质量性质的研究［J］. 现代渔业信息，16（12）：6-9.

林更铭，杨清良，等 . 2006. 三沙湾宁德火电厂周边海域初秋浮游植物的种类组成和丰度分布［J］. 台湾海峡，（5）：243-249.

林丹军，张健，骆嘉，等 . 1992. 人工养殖的大黄鱼性腺发育及性周期研究［J］. 福建师范大学学报（自然科学版），8（3）：81-87.

刘育莎 . 2009. 福建三沙湾兴化湾饵料浮游动物主要生态特征及次级产量的初步估算 . 厦门大学硕士学位论文 .

卢振彬，戴泉水，颜尤明 . 1992. 福建近海 20 种鱼类生态学的研究［J］. 福建水产，（2）：20-27.

罗秉征 . 1966. 浙江近海大黄鱼的季节生长［J］. 海洋与湖沼，8（2）：121-139.

郑严，杨纪明 . 1965. 浙江近海大黄鱼仔、稚、幼鱼的食性［J］. 海洋与湖沼，（4）：355-372.

田明诚，徐恭昭 . 1962. 大黄鱼形态特征的地理变异鱼地理种群问题［J］. 海洋科学集刊，（2）：94-104.

魏凤琴 . 1999. 大黄鱼仔鱼摄食节律与生长的初步研究［J］. 福建水产，（1）：5-8.

吴鹤洲 . 1965. 浙江近海大黄鱼性成熟与生长的关系［J］. 海洋与湖沼，7（3）：210-232.

徐恭昭，罗秉征，王可玲 . 1962. 大黄鱼种群结构的地理变异［J］. 海洋科学集刊，2：98-109.

徐汉祥，周永东 . 2003. 浙北沿岸大黄鱼放流增殖的初步研究［J］. 海洋渔业，（2）：69-72.

徐开达，刘子藩 . 2007. 东海区大黄鱼渔业资源及资源衰退原因分析［J］. 大连水产学院学报，
　　（10）：392-396.

徐兆礼，陈亚瞿 . 1989. 东、黄海秋季浮游动物优势种聚集强度与鲐鲹渔场的关系［J］. 生态学杂
　　志，8（4）：13-15.

徐兆礼，高倩 . 2009. 长江口海域真刺唇角水蚤的分布及其对全球变暖的响应［J］. 应用生态学
　　报，20（5）：1196-1201.

徐兆礼 . 2004. 东海近海春季赤潮发生与浮游动物群落结构的关系［J］. 中国环境科学，24（3）：
　　257-260.

徐兆礼 . 2005. 长江口邻近水域浮游动物群落特征及变动趋势［J］. 生态学杂志，24（7）：780-
　　784.

徐兆礼 . 2006. 东海精致真刺水蚤（Copepod：*Euchaeta concinna*）种群生态特征［J］. 海洋与湖
　　沼，37（2）：97-104.

徐兆礼 . 2006. 东海普通波水蚤种群特征与环境的关系［J］. 应用生态学报，17（1）：107-112.

徐兆礼 . 2006. 东海亚强真哲水蚤种群生态特征［J］. 生态学报，26（4）：1151-1158.

徐兆礼 . 2006. 中国海洋浮游动物研究的新进展［J］. 厦门大学学报（自然科学版），45（S2）：
　　16-23.

徐兆礼 . 2005. 长江口北支水域浮游动物的研究［J］. 应用生态学报，16（5）：1 341-1 345.

张澄茂 . 1994. 闽南渔场大黄鱼年间生殖群体组成相似程度的模糊识别［J］. 水产学报，8（4）：
　　335-339.

袁蔚文 . 1989. 南海北部主要经济鱼类生长方程和临界年龄［C］//南海水产研究文集 . 广州：广
　　东科技出版社 .

伊祥华，吴林中，忻荣祥 . 1998. 大黄鱼越冬实验［J］. 中国水产，（9）：38-39.

张其永，洪万树，杨圣云，等 . 2011. 大黄鱼地理种群划分的探讨［J］. 现代渔业信息，（2）：
　　3-8.

张彩兰，刘家富，李雅璀，等 . 2002. 福建省大黄鱼养殖现状分析与对策［J］. 上海水产大学学
　　报，（1）：77-83.

郑文莲，徐恭昭 . 1962. 浙江岱衢洋大黄鱼 *Pseudosciaena crocea*（Richardson）个体生殖力的研究
　　［J］. 海洋科学集刊，2：59-78.

赵传，陈永法，洪港船，等 . 1990. 东海区渔业资源调查和区划［M］. 上海：华东师范大学出版社 .